普通高等教育土木工程专业"十二五"规划教材

建 筑 材 料

（第二版）

任平弟　主编

中国铁道出版社

2014年·北京

内 容 简 介

本书主要讲述土木建筑工程常用材料的基本成分、生产工艺、技术性能、选配与应用以及材料试验等基本理论和实际应用技术。全书共 11 章,内容包括建筑材料的基本性质、水泥及其他无机胶凝材料、混凝土、建筑砂浆、建筑钢材、沥青材料、木材、墙体与屋面材料、绝热材料和吸声隔声材料、建筑装饰材料等。为便于教学和复习,每章正文后均配有复习思考题,并在书末选编了 7 个建筑材料试验。

本书供土木工程类本科学生建筑材料课程教学使用,也可供高职高专院校土建类专业学生选用。本书还可供从事土建工作的教学、科研、设计与施工人员参考。

图书在版编目(CIP)数据

建筑材料/任平弟主编. —2 版. —北京:中国
铁道出版社,2014.7
普通高等教育土木工程专业"十二五"规划教材
ISBN 978-7-113-18290-8

Ⅰ.①建… Ⅱ.①任… Ⅲ.①建筑材料-高等
学校-教材 Ⅳ.①TU5

中国版本图书馆 CIP 数据核字(2014)第 065230 号

书　　名:建筑材料(第二版)		
作　　者:任平弟　主编		

责任编辑:李丽娟	**编辑部电话**:(010)51873135	**电子信箱**:LLJ704@163.com
封面设计:郑春鹏		
责任校对:龚长江		
责任印制:李　佳		

出版发行:中国铁道出版社(100054,北京市西城区右安门西街 8 号)
网　　址:http://www.51eds.com
印　　刷:中煤涿州制图印刷厂北京分厂
版　　次:2004 年 7 月第 1 版　2014 年 7 月第 2 版　2014 年 7 月第 1 次印刷
开　　本:787 mm×1 092 mm　1/16　印张:15.25　字数:381 千
书　　号:ISBN 978-7-113-18290-8
定　　价:33.00 元

第二版前言

　　本教材为高等学校本科土木工程、工程管理及建筑学等专业的教学用书,是在第一版教材的基础上修订而成的。

　　第一版《建筑材料》的基本内容仍符合现行普通高等学校土建类本科专业人才培养的基本要求,因此,第二版修订时仍保持了原版编写大纲的基本思想和基本章节框架。但由于土木工程技术的快速发展,新技术、新材料不断涌现,国家有关标准、规范在 2008 年至 2012 年做了大量的修订,因此,新版教材着重对相关章节做适当更新和修订,以适应教学内容更新的需要。修订后的教材保留了第一版的主要特色,突出建筑材料的专业基础地位和应用技术性质,并根据现行的国家有关标准、规范和国内外有关的建筑材料新技术、新工艺、新成就改写了部分内容;书中继续保留了章后复习题和建筑材料试验内容。

　　本书由原版作者任平弟、孔书祥、唐秀军、王友松、杨巧艳、王玉锁、王学芳对原有章节进行了修订,李茂红参加了混凝土外加剂部分的修订。

　　由于新材料、新品种不断涌现,加之作者水平有限,书中难免有一些缺点和错误,敬请各位专家和广大读者批评指正。

编　者

2014 年 1 月

 # 第一版前言

随着材料科学的迅速发展和土木工程新结构、新技术、新工艺的不断涌现以及工程环境的多样化、复杂化，对建筑材料性能、品种、质量提出了更新、更高的要求，另外，建筑材料作为物质基础占工程投资比例早已超过50%以上，并且其应用技术日益专业化和高科技化，因此，建筑材料在土木工程中的功能性、技术性和经济性地位已比数年前飞速提高。

随着大型工程、新型建筑、高级住宅等建设和新的设计施工技术的应用，建筑材料的生产与使用出现了许多新的变化，新材料以及原有材料标准规范也不断更新。特别是1995年和2000年，国家先后两次颁布新的建筑材料标准和相应的设计和施工规范，2000年至2003年，原有的规范、标准也有较多的更新。为了及时更新教学内容，并尝试对建筑材料课程教学内容体系进行改革，注重理论联系实际，加强教学内容的针对性和实用性，突出建筑材料的专业基础地位和应用技术性质，经过调研分析，并广泛征求校内外专家意见，制定新的教材编写大纲，组织了具有一定教学经验的优秀教师编写教材。

本书由任平弟主编，叶跃忠主审，下列同志分工编写：任平弟负责编写第一、第二和第九章；王友松负责编写第三章；孔书祥负责编写第四章第一、二、五、六节和第五章；唐秀军负责编写第六章和建筑材料试验；杨巧艳负责编写第七章和第十章；王玉锁负责编写第四章第三、四、七节和第十一章；王学芳负责编写第八章。

本书由教育部专项经费资助。本书讲义于2003年在西南交通大学部分本、专科学生中试用。

本书编写工作得到西南交通大学有关院、系（部、处）领导和有关教师的支持和帮助，蔺安林教授、钟新樵教授、潘绍伟教授等对本书编写提出许多宝贵意见和建议，特此表示衷心感谢。

由于编者水平有限，书中疏漏和不当之处在所难免，恳请读者批评指正。

编　者

2003 年 12 月

目　录

第一章 绪 论

第一节 建筑材料的定义及分类

所谓建筑材料,可以从广义和狭义两个方面来表述。广义的建筑材料是指建造建筑物和构筑物的所有材料,包括原材料、半成品和成品的总称;狭义的建筑材料是指直接构成建筑物和构筑物的材料,即用于地基、地面、墙体、屋顶等各个部位的各种材料。

研究建筑材料的学科称为建筑材料学。建筑材料学是材料科学的一个分支。材料科学是从微观上研究材料内部结构、成分与材料性能之间相互关系和变化规律的一门应用基础科学。它是根据组成材料的物质内部分子、原子和离子排列来说明材料性质和功能及其相互关系。而建筑材料学则主要是从工程应用角度研究材料的原料、生产、成分和组成、结构和构造以及环境条件等对材料性能影响及其相互关系的一门应用科学。

作为建筑材料,应同时满足两个基本要求,即既满足建筑物和构筑物本身的技术性能要求,保证其正常使用,又能在使用中经受周围环境的影响和有害介质的侵蚀。

建筑材料种类繁多,组成各异,用途也各不相同。建筑材料有多种分类方法:

(1)按来源可以分为天然材料和人造材料。

(2)按使用部位可以分为承重材料、墙体材料、地面材料和屋面材料等。

(3)按功能用途可以分为结构材料、装饰材料、防水材料、保温绝热材料、吸声材料等。

(4)按组成物质的种类和化学成分可以分为无机材料、有机材料、复合材料等三大类。各大类中又可以进一步详细分类,见表1—1。

表1—1 建筑材料分类

建筑材料	无机材料	金属材料	黑色金属	钢、铁
			有色金属	铝及铝合金、铜及铜合金等
		非金属材料	天然石材	花岗岩、石灰岩、大理石、砂岩、玄武岩等
			烧结与熔融制品	黏土砖、陶瓷、玻璃等
			胶凝材料	水硬性胶凝材料:各种水泥
				气硬性胶凝材料:石灰、石膏、水玻璃、菱苦土等
			混凝土及砂浆等	
			硅酸盐制品等	
	有机材料	植物材料	木材、竹材及其制品等	
		合成高分子材料	塑料、涂料、胶黏剂、密封材料等	
		沥青材料	石油沥青、煤沥青及其制品等	
	复合材料	无机材料基复合材料	混凝土、砂浆、钢筋混凝土等	
			水泥刨花板、聚苯乙烯泡沫混凝土等	
		有机材料基复合材料	沥青混凝土、树脂混凝土等	
			胶合板、纤维板、竹胶板等	

第二节　建筑材料的地位与作用

　　建筑材料是建筑工程的物质基础。建筑材料的性能直接影响或决定着建筑结构形式、建筑物造型以及建筑物的功能、适用性、坚固性、艺术性、耐久性和经济性,也影响着建筑施工技术与施工方法。建筑过程中许多技术的突破往往依赖于建筑材料性能的改进与提高,新材料的出现又促进建筑设计、结构设计、施工技术以及建筑形式的发展和变化,建筑物的功能、适用性、坚固性、艺术性、耐久性等得到进一步的改善。例如,黏土砖的出现使人类结束了夯土垒石,直接使用天然材料的低级造屋建房阶段,产生了以砖木结构为主的较大规模建筑物。水泥和钢筋的出现产生了钢筋混凝土结构,钢材的出现产生了钢结构,促使建筑物向多层、高层、大跨度、多功能方向发展。标准化、定型化的装配式钢筋混凝土预制构件的应用,大大加快了建筑建设速度。而轻质高强材料的应用,减轻了建筑物自重,提高了建筑物抗震能力,同时也改善了工作与居住的空间环境。新型装饰材料的出现使建筑物的造型和建筑物的内外装饰焕然一新,生气勃勃。

　　建筑材料的用量很大,直接关系着建筑工程的造价。工业与民用建筑中,建筑材料费用一般占工程总造价的 50%～60%,而建筑装饰材料又占其中的 50%～80%。因此,了解和掌握建筑材料的性能,按照建筑物和建筑环境条件对建筑材料的要求正确合理地使用材料,充分发挥每一种材料的长处,做到材尽其能、物尽其用,并加强材料在生产、储运、使用等各个环节的管理,针对材料的性质改革施工工艺,从而可以节约材料,加快建设速度,提高工程质量与使用功能,减少维修费用,降低工程造价,增加建筑物的使用寿命及建筑物的艺术性等,有着十分重要的意义。

第三节　建筑材料的产品标准

　　建筑材料产品的技术标准是产品质量的技术依据。建筑材料产品的技术标准一般包括产品规格、分类、技术要求、验收规则、代号与标志、运输与储存及抽样方法等。

　　对于生产企业,必须按照技术标准控制产品质量,生产合格产品。对于使用部门,则应按照标准选用、设计、施工。技术标准又是建筑材料供需双方对产品质量验收的依据,是保证工程质量的前提条件。

　　我国建筑材料标准分为国家标准、部委行业标准、企业标准等三级。国家标准和部委行业标准都是全国通用标准,是国家指令性文件,各级生产、设计、施工等部门都必须严格遵照执行。按照要求执行的程度,可以区分为强制性标准和推荐标准。

　　建筑材料有关标准的代号主要有:国家标准 GB;建筑工程国家标准 GBJ;建设部行业标准 JGJ;建筑工业行业标准 JG;国家建材局标准 JC;中国工程建设标准化协会标准 CECS;地方标准 DB;企业标准 QB 等。凡未制定国家或部委行业标准的,均应制定地方或企业标准。

　　标准的表示方法是由标准名称、部门代号、编号和批准年号等组成的。例如,国家标准《通用硅酸盐水泥》(GB 175—2007),其标准名称为《通用硅酸盐水泥》,部门代号为 GB,编号为175,批准年份为 2007 年。

　　又如,住房和城乡建设部标准《普通混凝土配合比设计规程》(JGJ 55—2011),其部门代号为 JGJ,编号为 55,批准年份为 2011 年。

随着我国改革开放和加入 WTO,建筑材料产品标准还会涉及国际和国外标准,主要有:国际标准,代号为 ISO;美国材料试验学会标准,代号为 ASTM;日本工业标准,代号为 JIS;德国工业标准,代号为 DIN;英国标准,代号为 BS;法国标准,代号为 NF 等。在产品标准方面,目前我国建材产品标准还未与国际标准全面接轨,特别是在技术标准、产品检验评定、质量和环境管理体系等方面还有相当差距,这是影响我国建材产品扩大在国际市场上占有率的一个重要因素。

熟悉有关技术标准,并了解制定技术标准的科学依据十分必要。

第四节 建筑材料的发展

建筑材料的发展是随着社会生产力的发展而发展的。在我国,建筑材料的应用和生产,有着悠久的历史和突出的成就。

西安半坡遗址考古发现,距今约六七千年以前人类已采用木骨泥墙建房。陕西凤雏遗址(约在公元前 1000 年)发现了烧土瓦和在土坯墙上采用三合土(石灰、黄砂、黏土混合)抹面的建筑遗迹,这说明我国劳动人民在 3000 年前就能烧制石灰和砖瓦等人造建筑材料。

在欧洲,使用火山灰、石灰和碎石拌制天然混凝土用于建筑的时间约在公元前 2 世纪。直到 19 世纪初开始采用人工配料,再经煅烧和磨细制造水泥。因为水泥凝结后的颜色与英国波特兰岛上的石灰石颜色极为相似,故称为波特兰水泥(硅酸盐水泥)。波特兰水泥由英国人阿斯普定(J. Aspdin)于 1824 年取得专利,并很快得到广泛运用。1850 年法国人朗波制造了第一只钢筋混凝土小船,1872 年美国纽约出现了第一座钢筋混凝土房屋。水泥和钢材两种新材料的出现,为后来建造高层建筑和大跨度桥梁提供了必需的物质基础和条件。

新中国成立前,我国建筑材料工业发展缓慢。1860 年在上海等地相继建成工业化炼铁厂,1889 年建成我国第一座生产水泥的工厂(唐山水泥厂),1882 年建成中国玻璃厂。

新中国成立后,建材工业得到迅速发展。60 多年来,尤其是改革开放以来,我国建材工业已经发展成为门类比较齐全,品种基本配套,面向国际国内两个市场,独立完整的工业体系。目前,建材工业共有 80 余类,1400 多个品种和规格的产品,从业人员 1034 万人,工业企业 11万家,其中大中型企业 1300 多家,有 26 家大型建材企业列入国家 520 家重点企业。水泥、平板玻璃、建筑卫生陶瓷以及石墨、滑石等部分非金属矿产量已连续多年居世界第一。

改革开放以来,建材工业取得了长足的发展,不仅产量大幅度上升,而且建设了一批具有世界先进水平的骨干企业。但是,与世界发达国家相比,我国建材工业总体水平还比较落后,突出表现为"一高五低",即能源消耗高,劳动生产率低、生产集中度低、科技含量低、市场应变能力低、经济效益低。

从我国建材工业发展趋势来看,未来传统建筑材料的国内需求仍将保持适当的增长,但增长的速度会逐渐放慢,新型建筑材料、无机非金属新材料和非金属矿三个产业的主导产品,无论是产品品种还是数量的增长,将成为建材工业新的经济增长点。

产业结构的调整将是传统产业改造和提高的长期任务,适应市场需求结构的变化,追求产品质量的提高和改善将是建材工业发展要解决的最重要的问题。特别是水泥工业结构的调整和墙体材料工业结构的调整,将是产业结构调整的重点。

平板玻璃和建筑卫生陶瓷工业技术装备水平将进一步提高,产品质量逐步接近国际先进水平,有可能在建材工业中率先基本实现现代化,具有积极参与国际市场竞争的实力。

积极扩大建材产品出口,力争成为建材产品的出口贸易大国,将对建材工业发展起到十分重要的作用。在生产能力和水平上,我国将逐渐具备这样的能力。从未来发展趋势看,我国建材工业具有较好的发展前景。

随着科学技术进步和建筑工业的发展,一大批新型建筑材料应运而生,出现了新型建筑塑料和涂料、新型建筑陶瓷与玻璃、各种新型复合材料(纤维增强材料、夹层材料等)。材料科学的发展和电子显微镜、X射线衍射仪等现代材料科学研究方法的进步,使得对材料的微观结构、显微结构、宏观结构、性质及其相互间关系的进一步认识,对正确合理使用材料和按工程要求设计材料起到了非常重要的作用。依靠材料科学和现代工业技术,人们已开发出了许多高性能和多功能的新型材料。而社会的进步、环境保护和节能降耗及建筑业的发展,又对建筑材料提出了更高、更多的要求。因而,今后一段时期内,建筑材料有向以下几个方向发展的趋势:

(1)高性能材料。将研制轻质、高强、高耐久性、高耐火性、高抗震性、高保温性、高吸声性、优异装饰性和优异防水性的材料,这对提高建筑物的安全性、适用性、艺术性、经济性及使用寿命等有着非常重要的作用。

(2)复合化、多功能化。利用复合技术生产多功能材料、特殊性能材料以及高性能材料,这对提高建筑物的使用功能、经济性及加快施工速度等有着十分重要的作用。

(3)充分利用地方资源和工业废渣。充分利用工业废渣生产建筑材料,以保护自然资源、保护环境,维护生态平衡。

(4)节能材料。将研制和生产低能耗(低生产能耗和低建筑使用能耗)新型节能建筑材料,这对降低建筑材料和建筑物的成本以及建筑物的使用能耗,节约能源起到十分有益的作用。

第五节　学习目的与学习方法

本课程是土建类专业的专业基础课。课程的目的在于使学生获得有关建筑材料的基本理论、基本知识和基本技能,为学生学习相关专业基础课程和专业课程提供建筑材料的基础知识,并为以后从事建筑设计与施工能够合理选用建筑材料和正确使用建筑材料奠定基础。

建筑材料品种繁多,内容广泛,涉及学科面宽,其名词、概念和专业术语多,且各种建筑材料相对独立,即各章之间的联系相对较少。此外,公式推导较少,叙述较多,且许多内容为实践规律的总结,因此其学习方法应有不同的特点。学习建筑材料知识时应从材料科学的观点和方法及实践的观点来进行,否则就会感到枯燥无味,难以掌握建筑材料组成、性质、应用以及它们之间的相互联系。学习建筑材料知识时,建议注意以下几个方面的问题:

(1)了解材料的组成、结构和性质间的关系。掌握建筑材料的性质与应用是学习的目的。但材料的组成和结构决定材料的性质和应用,因此学习时应了解建筑材料的组成、结构与性质间的关系。材料内部的孔隙数量、孔隙大小、孔隙状态对材料的所有性质均有影响,并使材料的大多数性能指标降低,学习时也应特别注意。另外,外界因素对材料结构与性质也会产生一定的影响。掌握建筑材料的基本性质,是掌握各种建筑材料性质和应用的基础。

(2)运用对比的方法。通过对比各种材料的组成和结构来掌握它们的性质和应用,特别是通过对比来掌握它们的共性和特征,这在学习水泥、钢材、木材和混凝土等基本材料时尤为重要。

（3）密切联系工程实际，重视实验课并做好实验。建筑材料是一门实践性很强的课程，学习时应注意理论联系实际，利用一切机会注意观察周围已经建成或正在施工的建筑工程，提出一些问题，在学习中寻求答案，并在实验中验证和补充书本所学内容。实验课是本课程的重要教学环节，通过实验可验证所学的基本理论，学会检验常用建筑材料的试验方法，掌握一定的试验技能，并能对试验结果进行正确的分析和判断，这对培养学习与工作能力以及严谨的科学态度十分有利。

复习思考题

1. 简述建筑材料的定义与分类。
2. 简述建筑材料的发展趋势。
3. 学习建筑材料课程应注意什么问题？

第二章　建筑材料的基本性质

　　建筑物是由多种建筑材料结合构成的。因建筑材料在建筑物中所处环境和部位不同,其要求和作用也各不相同。如用于受力结构的材料,要承受各种外力的作用,所用的材料要具有相应的力学性质;根据某些建筑功能的需要,要求材料具有相应的防水、绝热、吸声、防火、装饰以及耐热、耐腐蚀等性质;由于建筑物在长期的使用过程中,受到风吹、日晒雨淋、冰冻等所引起的温度变化、干湿交替、冻融循环等作用,这就要求材料必须具有一定的耐久性能。因此,建筑材料的应用与其性质是紧密相关的。

　　为了使建筑物安全、经济、美观、经久耐用,工程技术人员必须了解和掌握建筑材料的基本性质及与之相关的组成、结构等方面的基本知识,这样才能更加合理地选择和应用建筑材料。

第一节　建筑材料的物理性质

一、材料的密度、表观密度和堆积密度

1. 密度(ρ)

密度是材料在绝对密实状态下单位体积的质量,按下式计算:

$$\rho = \frac{m}{V} \qquad\qquad (2-1)$$

式中　ρ——密度(kg/m^3或g/cm^3);

　　　m——材料在干燥状态下的质量(kg或g);

　　　V——材料在绝对密实状态下的体积或称绝对体积(m^3或cm^3)。

　　对于固体材料而言,m是指干燥至恒重状态下的质量。所谓绝对密实状态下的体积,是指不含任何孔隙状态下的体积。建筑材料中除了钢材、玻璃等少数材料外,绝大多数材料都含有一定的孔隙,如砖、石材等块状材料。对于这些有孔隙的材料,测定其密度时,应先把材料磨成细粉,经干燥至恒重后,用比重瓶(李氏瓶)测定其体积,然后按上式计算得到密度值。材料磨得越细,测得的数值就越准确。

2. 表观密度(ρ_0)

表观密度是指材料在自然状态下单位体积的质量,按下式计算:

$$\rho_0 = \frac{m}{V_0} \qquad\qquad (2-2)$$

式中　ρ_0——表观密度(kg/m^3);

　　　m——材料的质量(kg);

　　　V_0——材料在自然状态下的体积(m^3)。

　　材料在自然状态下的体积包含了材料内部孔隙的体积。当材料含有水分时,它的质量和体积都会发生变化。一般测定表观密度时,以干燥状态为准,如果在含水状态下测定表观密

度,须注明含水情况。实验室中测定的通常为烘干至恒重状态下的表观密度。材料在烘干状态下测得的表观密度,称为干表观密度;材料在潮湿状态下测得的表观密度,称为湿表观密度。质地密实坚硬的散粒状材料(如砂、石),一般测定其表观密度,在实际应用中(如混凝土配合比计算过程)近似代替其密度。

3. 堆积密度(ρ_0')

堆积密度是指粉状或散粒状材料在堆积状态下单位体积的质量,按下式计算:

$$\rho_0' = \frac{m}{V_0'} \qquad (2—3)$$

式中　ρ_0'——堆积密度(kg/m^3);

m——材料的质量(kg);

V_0'——材料的堆积体积(m^3)。

上式中材料的质量是指自然堆积在一定容器内材料的质量;堆积体积是指所用容器充满时的容积。容器的容积视材料的种类和规格而定。材料的堆积体积既包含了内部孔隙,也包含了颗粒之间的空隙。

二、材料的孔隙率(P)和空隙率(P')

1. 孔 隙 率

孔隙率是指材料体积内孔隙体积所占的比例,按下式计算:

$$P = \frac{V_0 - V}{V_0} \times 100\% = \left(1 - \frac{\rho_0}{\rho}\right) \times 100\% \qquad (2—4)$$

与孔隙率相对应的是密实度 D,即材料体积内被固体物质充实的程度,按下式计算:

$$D = \frac{V}{V_0} \times 100\% = \frac{\rho_0}{\rho} \times 100\% \qquad (2—5)$$

孔隙率或密实度的大小直接反映了材料的致密程度。材料内部孔隙的构造可分为连通孔和封闭孔,连通孔不仅彼此贯通还与外界相通,而封闭孔不仅彼此不连通,而且与外界相隔绝。孔隙按尺寸的大小又可分为极微细孔隙、细小孔隙和较粗大孔隙。孔隙的大小、分布、数量及构造特征对材料的性能产生很大的影响。

2. 空 隙 率

空隙率是指散粒状材料在某堆积体积中颗粒之间的空隙体积所占的比例,按下式计算:

$$P' = \frac{V_0' - V_0}{V_0'} \times 100\% = \left(1 - \frac{\rho_0'}{\rho_0}\right) \times 100\% \qquad (2—6)$$

与空隙率相对应的是填充率 D',即材料在某堆积体积中被颗粒填充的程度,按下式计算:

$$D' = \frac{V_0}{V_0'} \times 100\% = \frac{\rho_0'}{\rho_0} \times 100\% = 1 - P' \qquad (2—7)$$

几种常用材料的密度、表观密度及孔隙率的约值见表2—1。

表 2—1　几种常用材料的密度、表观密度及孔隙率

材　料	密度 $\rho(g/cm^3)$	表观密度 $\rho_0(kg/m^3)$	孔隙率(%)
建筑钢材	7.85	7 850	0
铝合金	2.71~2.90	2 710~2 900	0

续上表

材　料	密度 ρ(g/cm³)	表观密度 ρ_0(kg/m³)	孔隙率(%)
花岗岩	2.60~2.90	2 500~2 800	0.5~1.0
石灰岩	2.45~2.75	2 200~2 600	0.5~5.0
普通黏土砖	2.50~2.80	1 500~1 800	20~40
松木	1.55	380~700	55~75
普通玻璃	2.50~2.60	2 500~2 600	0
普通混凝土	—	2 300~2 500	3~20
石油沥青	0.95~1.10	—	—
沥青混凝土	—	2 200~2 400	2~6
天然橡胶	0.91~0.93	910~930	0
聚氯乙烯树脂	1.33~1.45	1 330~1 450	0

三、材料的亲水性和憎水性

建筑材料经常与水或空气中的水分接触,处于材料、水和空气的三相体系中。水分与不同材料表面之间的相互作用存在不同的状态。在三相交汇处某点,沿水滴表面的切线与水和材料的接触面之间的夹角 θ 称润湿角。一般认为,当 $\theta \leqslant 90°$ 时,如图2—1(a)所示,表示水分子之间的内聚力小于水分子与材料分子之间的吸引力,这种材料称为亲水性材料;当 $\theta > 90°$ 时,如图2—1(b)所示,表示水分子之间的内聚力大于水分子与材料分子之间的吸引力,这种材料称为憎水性材料。建筑材料中的混凝土、木材、砖等为亲水性材料,沥青、石蜡等为憎水性材料。亲水性材料表面做憎水处理,可提高其防水性能。

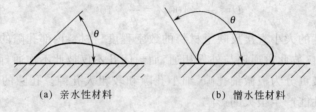

(a) 亲水性材料　　　　(b) 憎水性材料

图2—1　材料的润湿角

四、材料的吸水性和吸湿性

材料在水中能吸收水分的性质称为吸水性,常用吸水率表示,按下式计算:

$$W_{吸} = \frac{m_2 - m}{m} \times 100\% \qquad (2—8)$$

式中　$W_{吸}$——材料的吸水率(%);

m——材料在干燥状态下的质量(kg);

m_2——材料在吸水饱和状态下的质量(kg)。

吸水率有质量吸水率和体积吸水率之分。上式定义的吸水率为质量吸水率。体积吸水率是指材料吸入饱和水的体积占材料自然状态下体积的百分率。

材料的吸水率与孔隙有很大关系。若材料具有微细而连通的孔隙,则吸水率较大;若是具有封闭孔隙,则水分难以渗入,吸水率较小;若是较粗大的孔隙,水分虽容易渗入,但不易在孔内保留,仅起到润湿孔壁的作用,吸水率也较小。所以,不同的材料或同种材料不同的内部构造,其吸水率会有很大的差别。

吸湿性是指材料吸收空气中水分的性质,常以含水率表示,按下式计算:

$$W_{含} = \frac{m_1 - m}{m} \times 100\%$$ (2—9)

式中 $W_{含}$——含水率(%);

m——材料在干燥状态下的质量(kg);

m_1——材料在含水状态下的质量(kg)。

空气湿度发生变化时,含水率也会随之发生变化。与空气湿度达到平衡时的含水率,称为平衡含水率。通常材料大量吸湿后,会造成材料重量的增加、体积改变、强度降低,对于绝热材料来说,还会显著降低其绝热性能。

五、材料的耐水性、抗渗性和抗冻性

材料长期在饱和水的作用下不被破坏而且强度也不显著降低的性质称为耐水性,常用软化系数表示,按下式计算:

$$K_{软} = \frac{R_{饱}}{R_{干}}$$ (2—10)

式中 $K_{软}$——软化系数;

$R_{饱}$——材料在吸水饱和状态下的抗压强度(MPa);

$R_{干}$——材料在干燥状态下的抗压强度(MPa)。

一般材料吸水后,材料内部的结合力有所削弱,造成强度不同程度的降低,即使是致密的花岗岩长期浸泡于水中,强度也会降低3%左右。

$K_{软}$在0～1之间变动。通常将软化系数大于0.85的材料看作耐水材料。

抗渗性是指材料抵抗压力水渗透的性质,一般用渗透系数 K 表示,按下式计算:

$$K = \frac{Q\delta}{AtH}$$ (2—11)

式中 K——渗透系数(cm/h);

Q——渗透量(cm^3);

δ——试件厚度(cm);

A——透水面积(cm^2);

t——时间(h);

H——静水压力水头(cm)。

混凝土材料的抗渗性用抗渗等级 P 表示。混凝土抗渗等级分为 P4、P6、P8、P10 和 P12 等五级。渗透系数越小或抗渗等级越高,表明材料的抗渗性越好。各种防水材料及受压力水作用部位的材料,都要具有一定的抗渗性。

抗冻性是指材料在吸水饱和状态下,能经受多次冻融循环作用而不破坏,强度又不显著降低的性质,常用抗冻标号 F 表示。抗冻标号表示试件能经受的最大冻融循环次数。

当材料内部孔隙充满水,且水温降至负温时,水分会结冰而产生体积膨胀(约增大9%),对孔壁产生很大的压力(可达100 MPa),造成孔壁开裂。反复的冻融又造成材料内外层产生明显的应力差和温度差,将对材料产生不同程度的破坏。

材料的抗渗性和抗冻性与孔隙率、孔隙大小和特征等有很大关系。孔隙率小及具有封闭孔的材料具有较高的抗渗和抗冻性；若是细微而连通的孔隙，则对抗渗性和抗冻性均不利；若孔隙吸水后还有一定的空间，则可缓解冰冻的破坏作用。

六、材料的导热性、热容量和热变形性

材料传导热量的性质称为导热性。当材料两侧表面存在温度差时，热量会从材料温度较高一面传到另一面。材料的导热性可用导热系数 λ 表示，按下式计算：

$$\lambda = \frac{Q \cdot \delta}{(\tau_2 - \tau_1) \cdot F \cdot Z} \tag{2—12}$$

式中　λ——导热系数$[W/(m \cdot K)]$；

　　　Q——传导热量(J)；

　　　δ——材料厚度(m)；

　$\tau_2 - \tau_1$——材料两侧温差(K)；

　　　F——材料传热面积(m^2)；

　　　Z——传热时间(s)。

导热系数越小，表明材料越不易导热。通常 $\lambda \leqslant 0.23$ 的材料称为绝热材料。

导热系数与材料厚度之比的倒数，称为热阻 R，$R = \delta/\lambda (m^2 \cdot K/W)$，它表明热量通过材料层时所受到的阻力。

导热系数或热阻是评定材料保温绝热性能的主要指标。通常孔隙率越大、表观密度越小，导热系数越小；具有细微而封闭孔材料的导热系数比具有较粗大或连通孔材料的小；由于水的导热系数较大(0.58)，冰的导热系数更大(2.20)，所以材料受潮或冰冻后，导热性能会受到严重的影响。材料的导热系数还与材料的组成、结构、温度等因素有关。

材料受热时吸收热量、冷却时放出热量的性质，可以用比热（比热容量）表示，即

$$c = \frac{Q}{m \cdot (\tau_2 - \tau_1)} \tag{2—13}$$

式中　c——比热$[J/(kg \cdot K)]$；

　　　Q——材料吸收或放出的热量(J)；

　　　m——材料的质量(kg)；

　$\tau_2 - \tau_1$——材料受热或冷却前后的温度差(K)。

比热 c 与材料质量 m 的乘积，称为热容量 C。材料的热容量对保持室内温度的稳定性、冬期施工等有很重要的作用。几种典型材料的热工性质指标如表 2—2 所示。

表 2—2　几种典型材料的热工性质指标

材　料	导热系数$[W/(m \cdot K)]$	比热$[J/(g \cdot K)]$	材　料	导热系数$[W/(m \cdot K)]$	比热$[J/(g \cdot K)]$
铜	370	0.38	松木（横纹）	0.15	1.63
钢	55	0.46	泡沫塑料	0.03	1.30
花岗岩	2.9	0.80	冰	2.20	2.05
普通混凝土	1.8	0.88	水	0.60	4.19
烧结普通砖	0.55	0.84	静止空气	0.025	1.00

材料的热变形性是指材料在温度变化时其尺寸的变化,一般材料均具有热胀冷缩这一自然属性。材料的热变形性常用线膨胀系数表示,按下式计算:

$$\alpha_1 = \frac{\Delta L}{L \cdot (\tau_2 - \tau_1)} \qquad (2\text{—}14)$$

式中　α_1——线膨胀系数(1/K);

　　　L——材料原来的长度(mm);

　　　ΔL——材料的线变形量(mm);

　　　$\tau_2 - \tau_1$——材料在升、降温前后的温度差(K)。

土木工程一般要求材料的热变形不要太大。对于像金属、塑料等热膨胀系数大的材料,因温度和日照都易引起伸缩,成为构件产生位移的原因,在构件接合和组合时都必须予以注意。在有隔热保温要求的工程设计时,应尽量选用热容量(或比热)大、导热系数小的材料。

七、材料的吸声性和隔声性

声音由振动引起,材料吸收声音的性质称为吸声性,常以吸声系数 α 来表示。具有一定声能(E_0)的声波传到材料表面时,被材料吸收的声能(E_1)与入射总声能(E_0)之比定义为吸声系数 α,即

$$\alpha = \frac{E_1}{E_0} \times 100\% \qquad (2\text{—}15)$$

吸声系数是反映材料吸声性能的主要指标,它与声音的频率和入射方向有关。同一种吸声材料对不同频率的声音,吸收程度不同。通常以材料对 125、250、500、1000、2000、4000 Hz 六个频率的吸声系数来衡量材料的吸声性能。对六个频率的吸声系数平均值大于 0.2 的材料,被认为是吸声材料。

通常,具有细微而连通孔隙,且孔隙率较大的材料,其吸声效果较好;若具有粗大或封闭的孔隙,则吸声效果较差。另外,材料的构造形态、厚度、使用环境等因素也对其吸声性能产生一定影响。

材料隔绝声音的性质称为隔声性,常以隔声量 R 表示,其数值以分贝(dB)为单位,表达式如下:

$$R = 10\lg \frac{E_0}{E_2} \qquad (2\text{—}16)$$

式中　E_0——入射的总声能;

　　　E_2——透过材料的声能。

材料的结构越密实,密度越大,则其隔声量越大,隔声效果越好。

第二节　建筑材料的力学性质

建筑材料的力学性质是指建筑材料在外力作用下发生变形和承受外力作用而不被损坏的性质,它是建筑材料最为重要的基本性质。

一、建筑材料的强度与等级

1. 建筑材料的强度

建筑材料承受外力作用不被破坏的性质,称为材料的强度。当材料受外力作用时,其内部

产生应力,外力增加,应力相应增大,直至材料内部质点间的结合力不足以抵抗所承受的外力时,材料即发生破坏。材料破坏时,应力达极限值,这个极限应力值就是材料的强度,也称极限强度。

根据外力作用形式的不同,材料的强度分为抗压强度、抗拉强度、抗弯强度及抗剪强度等,如图 2—2 所示。

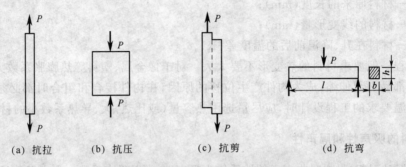

(a) 抗拉   (b) 抗压   (c) 抗剪   (d) 抗弯

图 2—2　材料受外力作用示意图

材料的这些强度是通过静力试验来测定的,故总称为静力强度。材料的静力强度通过标准试件的标准强度试验测得。材料的抗压、抗拉和抗剪强度计算公式为

$$f = \frac{P}{A} \tag{2—17}$$

式中　f——材料的极限强度(抗压、抗拉或抗剪)(MPa);

　　　P——试件破坏时的最大荷载(N);

　　　A——试件受力面积(mm^2)。

材料的抗弯强度与试件的几何外形及荷载施加的情况有关。对于矩形截面的条形试件,当其两支点间的中间作用一集中荷载时,其抗弯强度按下式计算:

$$f_{tm} = \frac{3Pl}{2bh^2} \tag{2—18}$$

式中　f_{tm}——材料的抗弯强度(MPa);

　　　P——试件破坏时的最大载荷(N);

　　　l——试件两支点间的距离(mm);

　　　b,h——试件截面的宽度和高度(mm)。

当在试件支点间的三分点处作用两个相等的集中载荷时,则其抗弯强度的计算公式为

$$f_{tm} = \frac{Pl}{bh^2} \tag{2—19}$$

式中符号的意义同上式。

材料的强度与其组成及结构有关,即使材料的组成相同,但其构造不同,强度也不同。材料的孔隙率愈大,则强度愈小。对于同一品种材料,其强度与其孔隙率之间存在近似直线的反比关系,如图 2—3 所示。一般表观密度大的材料,强度也大。晶体结构的材料,其强度还与晶粒粗细有关,其中细晶粒的多晶体材料强度较高。玻璃原是脆性材料,抗拉强度很小,但当制成玻璃纤维后,则

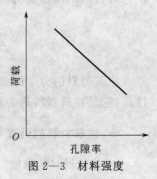

图 2—3　材料强度与孔隙率的关系

成了很好的抗拉材料。材料的强度还与其含水状态及温度有关。含有水分的材料,其强度较干燥时为低。一般温度高时,材料的强度将降低,这对于沥青混凝土尤为明显。

材料的强度与测试所用的试件形状、尺寸有关,也与试验时加荷速度及试件表面性状有关。相同的材料,采用小试件测得的强度高于大试件;加荷速度较快,强度值偏高;试件表面不平或表面涂润滑剂时,所测强度值偏低。

由此可知,材料的强度是在特定条件下测定的数值。为了使试验结果准确,且具有可比性,各国都制定了统一的材料试验标准,在测定材料强度时,必须严格按照规定的标准试验方法进行。材料的强度是材料划分等级的依据。

2. 材料的等级和牌号

建筑材料常按其强度值的大小划分为若干个等级或牌号,如烧结普通砖按抗压强度分为5个强度等级,硅酸盐水泥按抗压和抗折强度分为6个强度等级,普通混凝土按其抗压强度分为12个强度等级,碳素结构钢按其抗拉强度分为5个牌号等等。建筑材料按其强度划分等级或牌号,对生产者和使用者均有重要的意义,它可使生产者在生产中控制质量时有据可依,从而可以保证产品质量;对使用者则有利于掌握材料的性能指标,以便于合理选用材料、正确进行设计和控制工程施工质量。几种常用建筑材料的强度如表2—3所示。

表 2—3　几种常用建筑材料的强度

建筑材料	抗压强度(MPa)	抗拉强度(MPa)	抗弯强度(MPa)
花岗岩	100～250	5～8	10～14
烧结普通砖	10～30	—	—
普通混凝土	7.5～60	1～4	—
松木(横纹)	30～50	80～120	60～100
建筑钢材	235～1600	235～1600	

3. 材料的比强度

对于不同强度的材料进行比较,可采用比强度这个指标。比强度是按单位体积质量计算的材料强度指标,其值等于材料强度与其表观密度之比。比强度是衡量材料轻质高强性能的重要指标。优质结构材料的比强度较高。几种主要材料的比强度如表2—4所示。

表 2—4　几种建筑材料的比强度

建筑材料	表观密度(kg/m³)	强度(MPa)	比强度
低碳钢	7850	420	0.054
普通混凝土	2400	40	0.017
松木(顺纹抗拉)	500	100	0.200
玻璃钢	2000	450	0.225
烧结普通砖(抗压)	1700	10	0.006

由表2—4可知,玻璃钢和木材是轻质高强的高效能材料,而普通混凝土为质量大而强度较低的材料,所以努力促进普通混凝土这一当代最重要的结构材料向轻质、高强方向发展是一项重要工作。

二、材料的弹性与塑性

材料在外力作用下产生变形,当外力去除后能完全恢复到原始形状的性质称为弹性。材料的这种可恢复的变形称为弹性变形。弹性变形属可逆变形,其数值大小与外力成正比,这时的比例系数 E 称为材料的弹性模量。材料在弹性变形范围内 E 为常数,其值可用应力(σ)与应变(ε)之比表示,即

$$\frac{\sigma}{\varepsilon} = E \tag{2—20}$$

各种材料的弹性模量相差很大,通常原子键能高的材料具有高的弹性模量。弹性模量是衡量材料抵抗变形能力的一个指标。E 值愈大,材料愈不易变形,亦即刚度好。弹性模量是结构设计的重要参数。

材料在外力作用下产生变形,当外力去除后,有一部分变形不能恢复,这种性质称为材料的塑性,这种不能恢复的变形称为塑性变形。塑性变形为不可逆变形。

通常,一些材料在受力不大时,表现为弹性变形,而当外力达一定值时,则呈现塑性变形,如低碳钢就是典型的这种材料。另外许多材料在受力时,弹性变形和塑性变形同时发生,这种材料当外力取消后,弹性变形会恢复,而塑性变形不能恢复。混凝土就是这类弹塑性材料的代表,其变形曲线如图 2—4 所示。图中 ab 为可恢复的弹性变形,bO 为不可恢复的塑性变形。

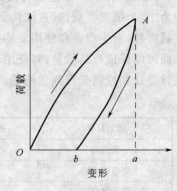

图 2—4 弹塑性材料的变形曲线

三、材料的脆性与韧性

材料受外力作用,当外力达一定值时,材料发生突然破坏,且破坏前无明显的塑性变形,这种性质称为脆性,具有这种性质的材料称脆性材料。脆性材料的抗压强度远远大于其抗拉强度,可高达数倍甚至数十倍,所以脆性材料不能承受振动和冲击荷载,也不宜用于受拉部位,只适用于作承压构件。建筑材料中大部分无机非金属材料均为脆性材料,如天然石材、陶瓷、玻璃、普通混凝土等。

材料在冲击或振动荷载作用下能吸收较大的能量,同时产生较大的变形而不被破坏的性质称为韧性。材料的韧性用冲击韧性指标 α_K 表示。冲击韧性指标系指用带缺口的试件做冲击破坏试验时,断口处单位面积所吸收的功。其计算公式为

$$\alpha_K = \frac{A_K}{A} \tag{2—21}$$

式中 α_K——材料的冲击韧性指标(J/mm^2);

  A_K——试件破坏时所消耗的功(J);

  A——试件受力断面的面积(mm^2)。

在建筑工程中,对于要求承受冲击荷载和有抗震要求的结构,如吊车梁、桥梁、路面等所用材料,均应具有较高的韧性。

四、材料的硬度与耐磨性

1. 硬　　度

硬度是指材料表面抵抗硬物压入或刻画的能力。材料的硬度愈大,则其强度愈高,耐磨性愈好。测定材料硬度的方法有多种,通常采用刻画法、压入法和回弹法,不同材料其硬度的测定方法不同。刻画法常用于测定天然矿物材料的硬度,按硬度递增顺序分为 10 级,即滑石、石膏、方解石、萤石、磷灰石、正长石、石英、黄玉、刚玉、金刚石。钢材、木材及混凝土等材料的硬度常用压入法测定,比如布氏硬度就是以压痕单位面积上所受压力来表示的。回弹法常用于测定混凝土构件表面的硬度,硬度值可以用来估算混凝土的抗压强度。

2. 耐　磨　性

耐磨性是材料表面抵抗磨损的能力。建筑工程中常用的无机非金属材料及其制成品的耐磨性可按《无机地面材料耐磨性试验方法》规定的钢轮式试验法或按《混凝土及其耐磨性试验方法》规定的滚珠轴承法进行测定。滚珠轴承法的原理是:以滚珠轴承为磨头,通过滚珠在额定负荷下回转滚动时,摩擦湿试件表面,在受磨面上磨成环行磨槽。通过测量磨槽的深度和磨头的研磨转数,计算耐磨度。此法操作简便,数据可靠,适用面广。耐磨度计算公式为

$$I_a = \frac{\sqrt{R}}{P} \tag{2—22}$$

式中　I_a——材料的耐磨度(无量纲);

　　　R——磨头转数(千转);

　　　P——磨槽深度(mm)。

材料的耐磨度愈大,表示其耐磨性愈好。材料的耐磨性与材料的组成成分、结构、强度、硬度有关。在土木建筑工程中,对于用作踏步、台阶、地面、路面等的材料,均应具有较高的耐磨性。

第三节　建筑材料的耐久性

一、材料耐久性的定义

材料长期抵抗各种内外破坏因素或腐蚀介质的作用,保持其原有性质的能力称为材料的耐久性。材料的耐久性是材料的一项综合性质,一般包括抗渗性、抗冻性、耐腐蚀性、抗老化性、抗碳化性、耐热性、耐溶蚀性、耐磨性、耐光性等许多项内容。

材料的组成、性质和用途不同,对耐久性的主要要求也不同。如结构材料主要要求强度不显著降低,而装饰材料则主要要求颜色、光泽等不发生显著的变化等。

材料的组成和性质不同,工程的重要性及所处环境不同,对材料耐久性年限的要求也不同。如处于严寒地区与水接触的混凝土,对抗冻标号的要求远远大于非受冻地区混凝土的抗冻标号;又如在一般使用条件下,普通混凝土的耐久性寿命为 50 年以上,花岗岩的耐久性寿命为数十年至数百年,而质量上乘的外墙涂料的耐久性寿命为 10~15 年。

工程上应根据工程的重要性、所处的环境及材料的特征,正确选择合理的耐久性要求。

二、影响材料耐久性的主要因素

1. 内部因素

内部因素是影响材料耐久性的根本原因。内部因素主要包括材料的组成、结构与性质。当材料的组成易溶于水或其他液体，或容易与其他物质产生化学反应时，则材料的耐水性、耐化学腐蚀性等较差；无机非金属脆性材料在温度剧变时易产生开裂，即耐急冷急热性差；晶体材料较同组成非晶体的化学稳定性高；当材料的孔隙率，特别是开口孔隙率较大时，则材料的耐久性往往较差；对有机材料，因含有不饱和键（双键或三键）等，抗老化性较差；当材料强度较高时，则材料的耐久性往往较高。

2. 外部因素

外部因素也是影响耐久性的重要因素。外部因素主要包括化学作用、物理作用、机械作用和生物作用等几方面。

化学作用：包括各种酸、碱、盐及其水溶液，各种腐蚀性气体，对材料具有化学腐蚀作用或氧化作用。

物理作用：包括光、热、电、温度差、湿度差、干湿循环、冻融循环、溶解等，可使材料的结构发生变化，如内部产生微裂纹或孔隙率增加。

机械作用：包括冲击、疲劳荷载，各种气体、液体及固体引起的磨损与磨耗等。

生物作用：包括菌类、昆虫等，可使材料产生腐朽、虫蛀等而破坏。

实际工程中，材料受到的外界破坏因素往往是多种因素同时作用。金属材料常由化学和电化学作用引起腐蚀和破坏；无机非金属材料常由化学作用、溶解、冻融、风蚀、温差、湿差、摩擦等其中某些因素或综合作用而引起破坏；有机材料常由生物作用、溶解、化学腐蚀、光、热、电等作用而引起破坏。

对材料耐久性最可靠的判断是在使用条件下进行长期观测，但这需要很长的时间。通常是根据使用条件与要求，在实验室进行快速试验，据此对材料的耐久性做出判断。

第四节　材料的组成、结构与构造

材料的组成、结构与构造是决定材料性质的内部因素。了解材料组成、结构和构造特点，对于进一步掌握材料基本性质很有必要。

一、材料的组成

物质是由分子、原子组成的。材料的组成可按不同层次来讨论。

材料的化学组成系指组成材料的化学元素及化合物的种类和数量。通常，金属材料以化学元素含量百分数表示，无机非金属材料以元素的氧化物含量表示，有机高分子材料常以构成高分子材料的一种或几种低分子化合物（单体）来表示。材料的化学成分直接影响材料的化学性质，它也是决定材料物理性质及力学性质的重要因素。

材料的矿物组成系指组成材料的矿物种类和数量。具有特定化学成分、特定结构及物理力学性质的物质或单质称为矿物。矿物是构成岩石及各类无机非金属材料的基本单元。例如，花岗岩的矿物组成主要是石英和长石，石灰岩的矿物组成主要是方解石。材料的矿物组成直接影响无机非金属材料的性质。

有机高分子材料分子组成的基本单元为链节,是由一种或几种低分子化合物按特定结构构成的基本单元。链节的多次重复即构成合成高分子材料。

二、材料的结构

材料的结构是指材料的微观组成状况,可分为微观结构和亚微观结构两个层次。

1. 微观结构

微观结构是指组成材料的原子、分子的排列方式、结合状况等,可用电子显微镜观察。材料的微观结构状况可区分为晶体、非晶体及胶体。

(1)晶体结构

晶体是由离子、原子或分子等质点在空间按一定方式重复排列而成的固体,具有特定的外形。这种有规则的排列称为晶体的空间格子(晶格),构成晶格的最基本单元称为晶胞。晶体颗粒具有各向异性性质。但是在实际晶体材料中,晶粒的大小及排列方向往往是随机的,故晶体材料往往是各向同性的。

晶体的物理力学性质,除与晶格形态有关外,还与质点间的结合力有关。这种结合力称为化学键,可分为共价键、离子键、分子键及金属键。

按组成材料的晶体质点及化学键的不同,晶体可分为原子晶体、离子晶体、金属晶体和分子晶体几种。

原子晶体:由原子以共价键构成的晶体,如石英等。共价键的结合力很强,故原子晶体的强度高、硬度大,常为电、热的不良导体。

离子晶体:由正、负离子以离子键构成的晶体。离子键的结合力也很强。离子晶体凝固时为脆硬固体,是电、热的不良导体,熔、溶时可导电。

金属晶体:由金属阳离子组成晶格,自由电子运动其间,阳离子与自由电子形成金属键,如钢铁材料等。金属键的结合力也较强,金属晶体常有较好的变形性能,具有导电及传热性质。

分子晶体:由分子及分子键(分子间范德华力)构成的晶体,如合成高分子材料的晶体。分子键结合力低,分子晶体具有较大的变形性能,为电、热的不良导体。

在实际材料中,晶体结构的结合键常常是比较复杂的。如硅酸盐结构是由共价键组成的 SiO_4 四面体单元,与钙、镁等离子以离子键形式结合而成。当 SiO_4 四面体单元相互连接成层状,层间由范德华力相结合时,其晶体易于被剥成片,如云母。

实际材料中的晶体,都有各种晶格缺陷,主要有点缺陷、线缺陷及面缺陷三种。

点缺陷:是指晶格中有空位和填隙原子,如图2—5(a)所示。这是由于晶体内原子热运动,某些质点脱离了晶格,出现了暂时的晶格空位。晶格空位削弱了晶体材料强度,但它是材料发生固相反应的媒介。晶格间隙中嵌入的杂质原子(原子直径较小)称为填隙原子。填隙原子造成晶格畸变,使晶体强度增加、塑性降低。

线缺陷(位错):是指晶体中存在着多余的半平面,如图2—5(b)所示。位错使晶体面容易滑移产生塑性变形。当晶体受力后,位错线很容易在晶体内移动,当其移至晶粒表面时,晶粒即产生了永久变形。因此,位错是使晶体材料成为不完全弹性体的原因之一,也是影响晶体结晶生长、造成杂质在晶体中扩散并改变其性能的原因。

面缺陷:晶体材料中相邻两晶粒的晶格常存在相位差,在界面处原子排列不规则,称为面缺陷,如图 2—5(c)所示。面缺陷使界面处原子滑移困难。相邻两晶粒,若其一的晶格滑移(位错在其中运动),当其至面缺陷后滑移终止,使错位不易向另一晶粒传递。因此,面缺陷使晶体材料强度提高、塑性降低。

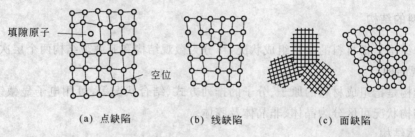

（a）点缺陷　　　　（b）线缺陷　　　　（c）面缺陷

图 2—5　晶格缺陷示意图

此外,材料的性质还与晶粒的大小及分布状态有关。一般晶粒越细、分布越均匀,材料的强度越高。

（2）非晶体结构

非晶体结构也称为无定形结构或玻璃体结构。它与结晶体的区别在于质点排列没有一定规律性(或仅在局部存在规律性)。非晶体没有特定的几何外形,是各向同性的,也没有固定的熔点,如石英玻璃等。

由于玻璃体凝固时没有结晶放热过程,在内部积蓄着大量内能,因此是一种不稳定的结构,可逐渐发生结构转化。它具有较高的化学活性,这也是它能与其他物质起化学反应的原因之一。

（3）胶体结构

胶体是指粒径为 $10^{-4} \sim 10^{-6}$ mm 的颗粒在介质中形成的分散体系。

在胶体结构中,当对胶体的物理力学性质起决定作用的是介质时,此种胶体称为溶胶,如含水较多的水泥浆体等。溶胶有可流动性质。

由于胶体颗粒极细,具有很大的表面积和表面能,当胶粒数量较多(胶体浓度大)或在物理化学作用下,胶粒相互吸附凝聚而形成网状结构。此时,胶体反映出胶粒的物理力学性质,称为凝胶,如凝固后失去流动性的水泥浆体。

凝胶体中胶粒之间由范德华力结合。在搅拌、振动等剪切力的作用下,结合键很容易断裂,使凝胶变成溶胶,黏度降低,重新具有流动性。但静置一定的时间后,溶胶又会慢慢地恢复成凝胶。这一转变过程可以反复多次。凝胶—溶胶这种互变的性质称为触变性。

2. 亚微观结构

亚微观结构是指用光学显微镜可以观察到的材料内部结构,一般可分辨的范围是 $10^{-3} \sim$ 1 mm。

材料在亚微观层次上的组成及其聚集状态,对其性质有着重要的影响。例如水泥混凝土材料,可以分为水泥基体相、骨料分散相、界面相及孔隙等,它们的状态、数量及性质将决定水泥混凝土的物理力学性质。又如木材,可以分为木纤维导管和髓线等,它们的分布、排列状况不同,使木材在宏观上形成年轮、弦向和径向、顺纹和横纹等性能的差别。钢铁材料在显微镜下,可以观察到铁素体、不同状态的珠光体、渗碳体和石墨等,它们是决定钢铁性质的重要因素。

三、材料的构造

材料的构造是指材料的宏观组织状况,如岩石的层理、木材的纹理、钢铁材料中的气孔、钢铁中表层与中心部位化学成分的偏析以及钢材中的裂纹等。胶合板、夹心板等复合材料的叠合构造,材料的性质与其构造有密切关系。

构造致密的材料,强度高;疏松多孔的材料密度低,强度也较低;层状或纤维状构造的材料,是各向异性的。

多孔材料的各种性质,除与材料孔隙率的大小有关外,还与孔隙的构造特征有关。材料中的孔隙,有与外界相连通的开口孔隙和与外界隔绝的闭口孔隙。孔隙本身又按粗细分为极细孔隙(孔径 $D<0.01$ mm)、细小孔隙(孔径 $D<1.0$ mm)、粗大孔隙(孔径 $D>1.0$ mm)。

对于开口孔隙,粗大者水分易于透过,但不易被水充满;极细孔隙,水分及溶液易被吸入,但不易在其中流动;介于二者之间的毛细孔隙,极易被水充满,水分又易在其中渗透,对材料的抗渗性、抗冻性及抗侵蚀性有不利影响。

闭口孔隙不易被水分及溶液侵入,对材料的抗渗、抗冻及抗侵蚀性能的影响较小,有时还可起有益的作用。

随着孔隙率的增大,材料表观密度减小,强度下降。含有大量分散不连通孔隙的材料,常有良好的保温隔热性能。含有大量与外界连通的微孔或气泡的材料,能吸收声波能量,可作为隔音吸声材料。

 复习思考题

1. 密度、表观密度和堆积密度有何区别?
2. 孔隙率与空隙率、密实度与填充率有何区别?
3. 试述亲水性与憎水性、吸水性与吸湿性、耐水性与抗渗性的含义及技术指标。
4. 试述导热系数和吸声系数的含义。
5. 简述材料结构及构造对其力学性能的影响。
6. 试述材料耐久性的含义及其影响因素。

第三章 水泥及其他无机胶凝材料

建筑工程中凡是经过一系列物理、化学作用，能将松散物质（如砂子、石子、砖、石块等）黏结成整体的材料统称为胶凝材料。

胶凝材料是建筑工程中重要的建筑材料，根据其化学组成，一般分为无机胶凝材料和有机胶凝材料两大类。而无机胶凝材料，按其能否在水中凝结硬化，又可分为气硬性胶凝材料（如石灰、石膏等）和水硬性胶凝材料（如水泥）。

第一节 气硬性胶凝材料

只能在空气中凝结硬化，并且只能在空气中保持或继续发展其强度的一类无机胶凝材料称之为气硬性胶凝材料。

在建筑工程中常用的气硬性胶凝材料有石灰、石膏、水玻璃等，本章仅介绍石灰、石膏这两种材料。

一、石 灰

石灰是以碳酸盐类岩石（石灰石、白云石、白垩、贝壳等）为原料，经过 $900\sim1\ 200\ ℃$ 高温的煅烧，分解出二氧化碳（CO_2）后所得到的一种胶凝材料。其主要成分为氧化钙（CaO）和氧化镁（MgO）。

根据成品加工方法的不同，可分为：

（1）块状生石灰：石灰石煅烧而成的白色疏松结构块状物，主要成分为 CaO；

（2）生石灰粉：块状生石灰磨细而得的细粉，其主要成分亦为 CaO；

（3）消石灰：生石灰加适量水消化而得的粉末，亦称熟石灰，主要成分为 $Ca(OH)_2$；

（4）石灰浆：生石灰加多量的水（约为石灰体积的 $3\sim4$ 倍）消化而得的可塑性浆体，也称为石灰膏，主要成分为 $Ca(OH)_2$ 和水。如果水分加得更多，则呈白色悬浮液，称为石灰乳。

（一）石灰的生产工艺概述

用于煅烧石灰的原料，主要以富含氧化钙的岩石（如石灰石、白云石、白垩等）为主，亦可应用含有氧化钙和部分氧化镁的岩石。

石灰石在煅烧过程中，碳酸钙的分解需要吸收热量，通常需加热至 $900℃$ 以上，其化学反应可表示如下：

$$CaCO_3 \xrightarrow{900℃} CaO + CO_2 \uparrow \qquad (3—1)$$

碳酸钙在分解时，每 100 份质量的 $CaCO_3$，失去 44 份质量的 CO_2，得到 66 份质量的 CaO。但煅烧后得到的生石灰（CaO）体积，仅比原来石灰石（$CaCO_3$）的体积减小 $10\%\sim15\%$，所以石灰是一种多孔结构材料。

优质的石灰,色质洁白或带灰色,质量较轻,块状生石灰堆积密度为 $800\sim1000$ kg/m³。石灰在烧制过程中,往往由于石灰石原料的尺寸过大或窑中温度不匀等原因,使得石灰中含有未烧透的内核,这种石灰即称为"欠火石灰"。欠火石灰的未消化残渣含量高,有效氧化钙和氧化镁含量低,使用时缺乏黏结力。另一种情况是由于烧制的温度过高或时间过长,使得石灰表面出现裂缝或玻璃状的外壳,体积收缩明显,颜色呈灰黑色,块体密度大,消化缓慢,这种石灰称为"过火石灰"。过火石灰用于建筑结构物中时仍能继续消化,以致引起体积膨胀,导致已建成的建筑物产生裂缝等破坏现象,故危害极大。

（二）石灰的消化和硬化

1. 石灰的消化

烧制成的生石灰为块状的,在使用时必须加水使其"消化"成为粉末状的"消石灰",这一过程亦称"熟化",故消石灰亦称"熟石灰"。其化学反应为:

$$CaO+H_2O \longrightarrow Ca(OH)_2+64.9kJ/mol \qquad (3—2)$$

消石灰的主要化学成分为氢氧化钙 $Ca(OH)_2$。式（3—2）中理论需水量仅为石灰的32.1%,但是由于石灰消化是一个放热反应过程,实际加水量达 70% 以上。在石灰消化时,应注意加水速度。对活性大的石灰,如果加水过慢或者水量不够,则已消化的石灰颗粒生成 $Ca(OH)_2$,包围于未消化颗粒周围,使内部石灰不易消化,这种现象称为"过烧"现象;对于活性差的石灰,如加水过快,则发热量少,水温过低,增加了未消化颗粒,这种现象称为"过冷"现象。石灰消化时,为了消除"过火石灰"的危害,可在消化后"陈伏"2～3 个星期。根据《建筑装饰装修工程质量验收规范》(GB 50210—2001)规定,抹面用的石灰膏应熟化 15d 以上。在"陈伏"期间,在其表面应有一层水分,使之与空气隔绝,以防止碳化。

2. 石灰的硬化

石灰的硬化过程包括同时进行的干燥结晶和碳化两部分。

（1）石灰浆的干燥结晶作用

石灰浆体干燥过程,由于水分蒸发形成网状孔隙,这时滞留在孔隙中的自由水由于表面张力的作用而产生毛细管压力,使石灰粒子更加密实,从而获得"附加强度"。

此外,由于水分的蒸发,引起 $Ca(OH)_2$ 溶液过饱和而结晶析出,并产生"结晶强度"。但从溶液中析出的 $Ca(OH)_2$ 数量极少,因此强度增长不显著。其反应为:

$$Ca(OH)_2+nH_2O \longrightarrow Ca(OH)_2 \cdot nH_2O \qquad (3—3)$$

（2）石灰浆的碳化作用

碳化作用是氢氧化钙与空气中的二氧化碳化合生成碳酸钙晶体,释放出水分并被蒸发,石灰浆经碳化后获得的最终强度,称为"碳化强度"。其化学反应式为:

$$Ca(OH)_2+CO_2+nH_2O \longrightarrow CaCO_3+(n+1)H_2O \qquad (3—4)$$

因为空气中二氧化碳的浓度很低,且石灰浆体的碳化过程从表层开始,生成的碳酸钙层结构致密,又阻碍了二氧化碳向内层的渗透,因此石灰浆体的碳化过程极其缓慢。

（三）石灰的技术性质和技术标准

1. 技术性质

（1）保水性和可塑性好

生石灰熟化后形成石灰浆,是一种表面吸附水膜的高度分散的 $Ca(OH)_2$ 胶体,它可以降低颗粒之间的摩擦,因此具有良好的可塑性和保水性,石灰的这一性质被常用来改善砂浆的保水性,以克服砂浆保水性差的特点。

(2)硬化慢,强度低,耐水性差

从石灰浆体的硬化过程可以看出,石灰是一种硬化缓慢的气硬性胶凝材料,硬化后的强度不高,按1:3配合比的石灰砂浆,其28d的抗压强度只有 $0.2 \sim 0.5$ MPa,不宜在长期潮湿环境中或有水环境中使用。

(3)硬化时体积收缩大

石灰在硬化过程中,要蒸发掉大量的水分,引起体积显著地收缩,易出现干缩裂缝。所以,除调制成石灰乳作薄层粉刷外,不宜单独使用。一般要掺入其他材料混合使用,如砂、纸筋、麻刀等,这样可以限制收缩,并能节约石灰。

2.技术标准

建筑工程中所使用的石灰分成三个品种:建筑生石灰、建筑生石灰粉和建筑消石灰粉。

(1)建筑生石灰按化学成分分为钙质石灰和镁质石灰。根据化学成分的含量又可分成不同等级,见表3—1。

表3—1　建筑生石灰的分类

类　别	名　称	代　号
钙质石灰	钙质石灰90	CL90
	钙质石灰85	CL85
	钙质石灰75	CL75
镁质石灰	镁质石灰85	ML85
	镁质石灰80	ML80

生石灰的识别标志有产品名称、加工情况和产品依据标准编号。生石灰块在代号后加 Q,生石灰粉在代号后加 QP。

建筑生石灰的化学成分和物理性质见表3—2、表3—3。

表3—2　建筑生石灰的化学成分

名称	氧化钙+氧化镁($CaO+MgO$)	氧化镁(MgO)	二氧化碳(CO_2)	三氧化硫(SO_3)
CL90-Q CL90-QP	≥90	≤5	≤4	≤2
CL85-Q CL85-QP	≥85	≤5	≤7	≤2
CL75-Q CL75-QP	≥75	≤5	≤12	≤2
ML85-Q ML85-QP	≥85	>5	≤7	≤2
ML80-Q ML80-QP	≥80	>5	≤7	≤2

表3—3　建筑生石灰的物理性质(JC/T 479—2013)

名称	产浆量(dm²/10 kg)	细　度	
		0.2 mm 筛余量(%)	90μm 筛余量(%)
CL90-Q	≥26	—	—
CL90-QP	—	≤2	≤7
CL85-Q	≥26	—	—
CL85-QP	—	≤2	≤7
CL75-Q	≥26	—	—
CL75-QP	—	≤2	≤7
ML85-Q	—	—	—
ML85-QP	—	≤2	≤7
ML80-Q	—	—	—
ML80-QP	—	≤2	≤7

(2)建筑消石灰按扣除游离水和结合水后($CaO+MgO$)的百分含量加以分类,见表3—4。建筑消石灰的化学成分和物理性质见表3—5、表3—6。

表3—4　建筑消石灰的分类

类　别	名　称	代　号
钙质消石灰	钙质消石灰 90	HCL90
	钙质消石灰 85	HCL85
	钙质消石灰 75	HCL75
镁质消石灰	镁质消石灰 85	HML85
	镁质消石灰 80	HML80

表3—5　建筑消石灰的化学成分

名称	氧化钙＋氧化镁($CaO+MgO$)	氧化镁(MgO)	三氧化硫(SO_3)
HCL90	≥90		
HCL85	≥85	≤5	≤2
HCL75	≥75		
HML85	≥85	>5	≤2
HML80	≥80		

注:表中数值试样以扣除游离水和化学结合水后的干基为基准。

表3—6　建筑消石灰的物理性质(JC/T 481—2013)

名称	游离水	细　度		安定性
		0.2 mm 筛余量(%)	90μm 筛余量(%)	
HCL90				
HCL85				
HCL75	≤2	≤2	≤7	合格
HML85				
HML80				

（四）石灰的应用

石灰是建筑工程中广泛应用的材料之一，将熟化好的石灰膏或消石灰粉加入过量的水稀释成的石灰乳，是一种传统的涂料，主要用于室内粉刷；若掺入适量的砂或水泥、砂，即可配制成石灰砂浆或混合砂浆，可用于墙体砌筑或抹面工程；也可掺入纸筋、麻刀等制成石灰砂浆，用于内墙或顶棚抹面。

石灰可与黏土按一定比例拌和制成石灰土，或与黏土、砂石、炉渣等填料拌制成三合土，经夯实可增加其密实度，而且黏土颗粒表面的少量活性 SiO_2 和 Al_2O_3 可与 $Ca(OH)_2$ 发生反应，生成不溶性的水化硅酸钙与水化铝酸钙，将黏土颗粒胶结起来，提高了黏土的强度和耐水性，主要用于道路工程的基层、底基层和垫层或简易面层、建筑物的地基基础等等。为了方便石灰与黏土的拌和，宜采用生石灰粉或消石灰粉，生石灰粉的应用效果会更好。另外，石灰与粉煤灰、碎石拌制的"三渣"也是目前道路工程中经常使用的材料之一。

石灰还可以用作生产各种硅酸盐制品的材料。将生石灰粉或消石灰粉与含硅材料（如天然砂、粒化高炉矿渣、炉渣、粉煤灰等）加水拌和、陈伏、成型后，经蒸压或蒸养等工艺处理，可制得硅酸盐制品，如灰砂砖、粉煤灰砖、粉煤灰砌块等。

将生石灰粉与纤维材料（如玻璃纤维）或轻质骨料（如炉渣）加水搅拌、成型，然后用二氧化碳进行人工碳化，可制成轻质的碳化石灰板材，多制成碳化石灰空心板，它的导热系数较小，保温绝热性能较好，可锯、可钉，宜用作非承重内隔墙板、天花板等。

二、石 膏

石膏胶凝材料是有着悠久发展历史的传统建筑材料之一，它具有凝结、硬化速度快，导热性低，吸声性强等特点，在建筑材料领域中得到了广泛的应用，特别是在石膏制品方面发展较快。常用的石膏胶凝材料种类有：建筑石膏、高强石膏、无水石膏水泥、高温煅烧石膏等。

（一）石膏胶凝材料的原材料

生产石膏胶凝材料的原料主要是天然二水石膏（$CaSO_4 \cdot 2H_2O$），还有天然无水石膏（$CaSO_4$）以及含 $CaSO_4 \cdot 2H_2O$ 或 $CaSO_4 \cdot 2H_2O$ 与 $CaSO_4$ 混合物的化工副产品。

天然二水石膏又称软石膏或生石膏，是以二水硫酸钙（$CaSO_4 \cdot 2H_2O$）为主要成分的矿石。纯净的石膏呈无色透明或白色，但天然石膏常因含有杂质而呈灰色、褐色、黄色、红色、黑色等颜色。

天然无水石膏（$CaSO_4$）比天然二水石膏致密，质地较硬，又称硬石膏。一般为白色，若有杂质则呈灰、红等颜色。

含 $CaSO_4 \cdot 2H_2O$ 及 $CaSO_4 \cdot 2H_2O$ 与 $CaSO_4$ 混合物的化工副产品，也可用作生产石膏胶凝材料的原料，常称之为化工石膏。如磷石膏，是生产磷酸和磷肥时所得的废料；硼石膏是生产硼酸时所得的废料；氟石膏是制造氟化氢时的副产品，此外还有盐石膏、芒硝石膏、钛石膏等，都有一定的利用价值。

（二）石膏胶凝材料的生产

生产石膏胶凝材料的主要工序是破碎、加热与磨细，生产原理是二水石膏 $CaSO_4 \cdot 2H_2O$ 脱水生成半水石膏 $CaSO_4 \cdot \frac{1}{2}H_2O$ 或无水石膏 $CaSO_4$，加热方式一般是在炉窑中进行煅烧，或在蒸压釜中进行蒸炼。由于加热温度和方式的不同，可以得到具有不同性质的石膏产品。二

水石膏的晶型转变温度随杂质类型、加温条件而异。在常压下,存在如下晶型转变关系:

$$CaSO_4 \cdot 2H_2O \xrightarrow{107\sim170℃} \beta-CaSO_4 \cdot \frac{1}{2}H_2O \xrightarrow{170\sim200℃} \beta-CaSO_4(Ⅲ)$$

$$(\beta-脱水半石膏)\xrightarrow{320\sim360℃} \beta-CaSO_4(Ⅲ)(\beta-可溶性硬石膏)\xrightarrow{400\sim750℃}$$

$$CaSO_4(Ⅱ)(不溶硬石膏)\xrightarrow{800\sim1400℃}CaSO_4(Ⅰ)+CaO+SO_3 \xrightarrow{1500℃}CaO+SO_3$$

天然二水石膏加热到 65℃时,$CaSO_4 \cdot 2H_2O$ 开始脱水;在 107~170℃时,生成半水石膏;在温度升至 200℃的过程中,脱水加速,半水石膏变为结构基本相同的脱水半水石膏,在温度升至 320~360℃时成为可溶性硬石膏,它与水调和后仍能很快凝结硬化;当温度超过 400℃时,完全失去水分,形成不溶性硬石膏,也称死烧石膏,它难溶于水,失去凝结硬化的能力;温度继续升高超过 800℃时,部分石膏分解出氧化钙,使产物又具有凝结硬化的能力,这种产品称煅烧石膏(过烧石膏)。

根据加热方式的不同,半水石膏又有 α 型和 β 型两种形态。将二水石膏在具有 0.13 MPa、124℃过饱和蒸汽条件下的蒸压釜中蒸炼,得到的是 α 型半水石膏,在非密闭的炉窑中加热得到的是 β 型半水石膏,它比 α 型半水石膏晶体要细,调制成可塑性浆体的需水量较多。

建筑工程中最常用的品种是建筑石膏,主要成分是 β 型半水石膏。

(三)建筑石膏的硬化机理

建筑石膏与水拌和后,最初成为可塑性浆体,经过一段时间反应后,将很快失去塑性,并凝结硬化成具有一定强度的固体,这种现象称为凝结硬化。

建筑石膏的凝结和硬化主要是由于半水石膏与水相互作用,还原成二水石膏:

$$CaSO_4 \cdot \frac{1}{2}H_2O + \frac{3}{2}H_2O \longrightarrow CaSO_4 \cdot 2H_2O \tag{3—5}$$

半水石膏在水中发生溶解,并很快形成饱和溶液,溶液中的半水石膏与水化合,生成二水石膏。由于二水石膏在水中的溶解度比半水石膏小得多,所以半水石膏的饱和溶液对二水石膏来说,就成了过饱和溶液,因此二水石膏从过饱和溶液中以胶体微粒析出,这样促进了半水石膏不断地溶解和水化,直到半水石膏完全溶解。在这个过程中,浆体中的游离水分逐渐减少,二水石膏胶体微粒不断增加,浆体稠度增大,可塑性逐渐降低,此时称之为"凝结",随着浆体继续变稠,胶体微粒逐渐凝聚成晶体,晶体逐渐长大、共生并相互交错,使浆体产生强度,并不断增长,这个过程称为"硬化"。实际上,石膏的凝结和硬化是一个连续的、复杂的物理化学变化过程。

(四)建筑石膏的技术性质

建筑石膏是一种白色粉末状的气硬性胶凝材料,密度为 2.60~2.75 g/cm³,堆积密度为 800~1 000 kg/m³。它与建筑石灰相比较,石膏具有以下的特点:

(1)建筑石膏凝结硬化速度快,它的凝结时间随煅烧温度、磨细程度和杂质含量等情况的不同而不同。一般与水拌和后,在常温下 3~5 min 可初凝,30 min 以内即可达终凝。在室内自然干燥状态下,达到完全硬化约需一星期。凝结时间可按要求进行调整,若要延缓凝结时间,可掺入缓凝剂,如亚硫酸盐酒精废液、硼砂或用石灰活化的骨胶、皮胶和蛋白胶等,以降低半水石膏的溶解度和溶解速度;若要加速建筑石膏的凝结,则可掺入促凝剂,如氯化钠、氯化镁、硅氟酸钠、硫酸钠、硫酸镁等,它的作用在于增加半水石膏的溶解度和溶解速度。

(2)早期强度高。石膏硬化后具有较高的抗压强度。尤其早期强度增长较快,石膏 1d 的抗压强度为 4.9~7.8 MPa,比石灰 28d 抗压强度高约 20 倍。

(3)硬化后的建筑石膏孔隙率大。石膏的水化,理论需水量只占半水石膏重量的18.6%,但实际上为使石膏浆体具有一定的可塑性,往往需加水60%~80%,多余的水分在硬化过程中逐渐蒸发,使硬化后的石膏留有大量的孔隙,一般孔隙率约为50%~60%,因此建筑石膏硬化后强度较低,表观密度较小,导热性较低,吸声性较好。

(4)微膨胀性。建筑石膏在凝结硬化过程中,体积略有膨胀,硬化时不出现裂缝,所以可不掺加填料而单独使用,并可很好地填充模型。硬化后的石膏,表面光滑、颜色洁白,其制品尺寸准确,轮廓清晰,可锯、可钉,具有很好的装饰性。

(5)耐火性能好。石膏硬化后的结晶物 $CaSO_4 \cdot 2H_2O$ 遇到火烧时,其中的结晶水脱出能吸收热量并在表面生成具有良好绝热性能的无水石膏,起到阻止火焰蔓延和温度升高的作用,所以石膏有良好的耐火性。

(6)耐水性差。建筑石膏硬化后,具有很强的吸湿性和吸水性,在潮湿的环境中,晶体间的黏结力削弱,强度明显降低,在水中晶体还会溶解而引起破坏,在流动的水中破坏更快,硬化石膏的软化系数约为 0.2~0.3;若石膏吸水后受冻,则孔隙内的水分结冰,产生体积膨胀,使硬化后的石膏体破坏。所以,石膏的耐水性和抗冻性均较差。此外,若在温度过高的环境中使用(超过 65℃),二水石膏会脱水分解,造成强度降低。因此,建筑石膏不宜用于潮湿和温度过高的环境中。

在建筑石膏中掺入一定量的水泥或其他含有活性 SiO_2、Al_2O_3 和 CaO 的材料,如粒化高炉矿渣、石灰、粉煤灰,或掺加有机防水剂等,可不同程度地改善建筑石膏制品的耐水性。

(7)塑性变形大。石膏及其制品有明显的塑性变形性能,尤其在弯曲荷载下徐变显得更加严重,因此一般不用于承重构件。如果使用,必须采取措施。

根据《建筑石膏》(GB/T 9776—2008)的规定,建筑石膏的技术要求主要有强度、细度、凝结时间,并按照 2h 强度(抗折强度)分为 3.0、2.0 和 1.6 三个等级,其基本技术要求见表3—7。

表3—7　建筑石膏的物理力学性能(GB/T 9776—2008)

技术指标 / 产品等级		3.0	2.0	1.6
2 h 强度(MPa)	抗折强度不小于	3.0	2.0	1.6
	抗压强度不小于	6.0	4.0	3.0
细度(%)	0.2 mm 方孔筛筛余不大于	10		
凝结时间(min)	初凝时间不小于	3		
	终凝时间不大于	30		

建筑石膏在贮运过程中,应防止受潮及混入杂物。不同等级的建筑石膏应分别贮运,不得混杂。一般贮存期为三个月,超过三个月,强度将降低30%左右。超过贮存期限的石膏应重新进行质量检验,以确定其等级。

(五)建筑石膏的应用

如上所述,建筑石膏具有许多优良的性能,它适宜用作室内装饰、保温绝热、吸声及阻燃等方面的材料,一般做成石膏抹面灰浆、建筑装饰制品和石膏板等。

建筑石膏硬化时不收缩,故使用时可不掺填料,直接作为抹面灰浆,或生产装饰制品、石膏零件等;也可以与石灰或石灰、砂等填料混合使用,制成内墙抹面灰浆或砂浆。若建筑石膏中掺入颜料,硬化后抛光,还可制成装饰性很好的人造大理石,用于内墙装饰。

目前应用较多的是在建筑石膏中掺入填料,加工后制成具有不同功能的复合石膏板材。石膏板具有轻质、保温绝热、吸声、不燃和可锯可钉等性能,还可调节室内温湿度,而且原料来源广泛,工艺简单,成本低,是一种良好的建筑功能材料,也是目前着重发展的轻质板材之一。

为了减轻自重,降低导热性,生产石膏时,常掺加锯末、膨胀珍珠岩、膨胀蛭石、陶粒、煤渣等轻质多孔填料,或者掺加泡沫剂、加气剂等外加剂;若掺入纸筋、麻丝、芦苇、石棉及玻璃纤维等纤维状填料,或在石膏板表面粘贴护纸板等材料,则可提高石膏板的抗折强度和减少脆性;若掺入无机耐火纤维,还可同时提高石膏板的耐火性能。

石膏的耐水性较差,为了改善其板材的耐水性能,可如前所述掺入水泥、粒化高炉矿渣、石灰、粉煤灰或有机防水剂,也可同时在石膏板表面采用耐水护面纸或防水高分子材料面层,它可用于厨房、卫生间等潮湿的场合,扩大了其应用范围。

另外,通过调整石膏板的厚度、孔眼大小、孔距、空气层厚度,可制成适应不同频率的吸声板。在石膏板表面贴上不同的贴面,如木纹纸、铝箔等,可起到一定的装饰等作用。

目前我国生产的石膏板类型主要有纸面石膏板、空心石膏板、纤维石膏板和装饰石膏板。主要用作室内墙体、墙面装饰和吊顶等。

第二节　水　泥

水泥是一种粉末状材料。当它与水或适当的盐溶液混合后,在常温下经过一定的物理和化学作用,能由浆体状逐渐凝结硬化,并且具有强度,同时能将砂、石等散粒材料或砖、砌块等块状材料胶结为整体。它不仅能像石灰和石膏那样在空气中凝结和硬化,而且能更好地在水中凝结和硬化,并能在水中保持和发展强度,因此属于水硬性胶凝材料。

水泥是基本建设中最重要的建筑材料。它不仅大量应用于工业和民用建筑,还广泛用于公路、桥梁、铁路、水利和国防等工程;用于生产各种类型的混凝土及混凝土制品。水泥在国民经济建设中起着十分重要的作用。

水泥按矿物组成可分为硅酸盐类水泥、铝酸盐类水泥、硫铝酸盐类水泥、铁铝酸盐类水泥、氟铝酸盐类水泥等;国家标准《水泥的命名、定义和术语》(GB/T 4131—1997)规定,按水泥的性能和用途可分为通用水泥、专用水泥和特性水泥。通用水泥就是目前建筑工程中常用的六大品种水泥(硅酸盐水泥、普通硅酸盐水泥、矿渣硅酸盐水泥、火山灰质硅酸盐水泥、粉煤灰硅酸盐水泥和复合硅酸盐水泥等);具有专门用途的专用水泥,主要有砌筑水泥、道路水泥、油井水泥等;具有某种比较突出性能的特性水泥,主要有快硬硅酸盐水泥、膨胀水泥、喷射水泥、抗硫酸盐硅酸盐水泥等。

水泥品种虽然很多,但从应用方面考虑,硅酸盐类水泥是最基本的。本章主要对硅酸盐水泥做较详细的介绍,而对其他水泥只作一般介绍。

一、硅酸盐水泥

(一)硅酸盐水泥的概念及生产简述

根据国家标准《通用硅酸盐水泥》(GB 175—2007)定义:凡由硅酸盐水泥熟料、0～5％的石灰石或粒化高炉矿渣、适量石膏磨细制成的水硬性胶凝材料称为硅酸盐水泥。硅酸盐水泥分为两种类型,不掺加混合材料的称为Ⅰ型硅酸盐水泥,代号P·Ⅰ;在硅酸盐水泥熟料粉磨时掺加不超过水泥质量5%的石灰石或粒化高炉矿渣混合材料的称为Ⅱ型硅酸盐水泥,代号P·Ⅱ。

按照上述定义,生产硅酸盐水泥的关键是必须有高质量的硅酸盐水泥熟料。目前国内外多数水泥厂都是以石灰石、黏土和铁矿粉为主要原料(有时需加入校正原料),将其按一定比例混合磨细,先制得具有适当化学成分的生料;再将生料在水泥窑中经过1 400～1 450℃的高温煅烧至部分熔融,冷却后即得到硅酸盐水泥熟料;最后再将适量的石膏和0～5%的石灰石或粒化高炉矿渣混合磨细至一定的细度,就得到了硅酸盐水泥。该过程简称为"两磨一烧",可用图3—1表示。

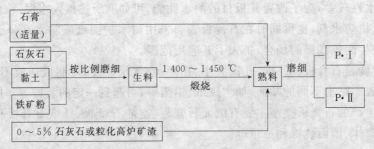

图3—1 水泥的"两磨一烧"

如果所掺加的混合材料不是石灰石或粒化高炉矿渣,或者这两种混合材料的掺量超过了5%,则生产出来的水泥就不是硅酸盐水泥,而属于在后面阐述的掺混合材料的硅酸盐水泥。

(二)硅酸盐水泥熟料矿物的组成、特性及其与水泥性质的关系

生料在煅烧过程中,首先是石灰石和黏土分别分解出CaO、SiO_2、Al_2O_3和Fe_2O_3,然后在800～1200℃的温度范围内相互反应,经过一系列的中间过程后,生成硅酸二钙($2CaO \cdot SiO_2$)、铝酸三钙($3CaO \cdot Al_2O_3$)和铁铝酸四钙($4CaO \cdot Al_2O_3 \cdot Fe_2O_3$);在1 400～1 450℃的温度范围内,硅酸二钙又与CaO在熔融状态下发生反应生成硅酸三钙($3CaO \cdot SiO_2$)。这些经过反应形成的化合物——硅酸三钙、硅酸二钙、铝酸三钙和铁铝酸四钙统称为水泥的熟料矿物。

在原料配比适当、煅烧温度控制正常的情况下,水泥熟料中不仅含有上述矿物,且每种矿物的含量还必须在一定的范围内。各种矿物单独与水作用时,表现出不同的性能,详见表3—8。

表3—8 水泥熟料矿物的组成、含量及特性

矿物名称		硅酸三钙	β型硅酸二钙	铝酸三钙	铁铝酸四钙
矿物组成		$3CaO \cdot SiO_2$	$2CaO \cdot SiO_2$	$3CaO \cdot Al_2O_3$	$4CaO \cdot Al_2O_3 \cdot Fe_2O_3$
简写式		C_3S	$\beta\text{-}C_2S$	C_3A	C_4AF
矿物含量		37%～60%	15%～37%	7%～15%	10%～18%
矿物特性	硬化速度	快	慢	最快	快
	早期强度	高	低	低	中
	后期强度	高	高	低	低
	水化热(J/g)	500	250	1340	420
	耐腐蚀性	差	好	最差	中

改变熟料矿物成分之间的比例,水泥的性质就会发生相应的变化。如果提高硅酸三钙的相对含量就可以制得高强水泥和早强水泥;如果提高硅酸二钙的相对含量,同时适当降低硅酸三钙与铝酸三钙的相对含量,即可制得低热水泥或中热水泥。

(三)水泥的水化、凝结硬化

1. 水　化

水泥加水拌和后,水泥颗粒立即分散于水中并与水发生化学反应。水泥的水化过程是水泥各种熟料矿物及石膏与水发生反应的过程。该过程极为复杂,需要经历多级反应,生成多种中间产物,最终生成比较稳定的水化产物。将比较复杂的中间过程简化,熟料矿物的水化反应如下:

硅酸盐矿物 C_3S、C_2S 与水作用时的水化反应,可近似地用如下化学反应式表示:

$$2(3CaO \cdot SiO_2) + 6H_2O \longrightarrow 3CaO \cdot 2SiO_2 \cdot 3H_2O + 2Ca(OH)_2 \qquad (3-6)$$
$$\underset{\text{水化硅酸钙凝胶}}{} \quad \underset{\text{氢氧化钙晶体}}{}$$

$$2(2CaO \cdot SiO_2) + 4H_2O \longrightarrow 3CaO \cdot 2SiO_2 \cdot 3H_2O + Ca(OH)_2 \qquad (3-7)$$

C_3A 与水接触立即生成六方板(片)状化合物 C_2AH_8 和 C_4AH_{13},它们在常温下处于介稳状态,逐渐转化为溶解度更小更加稳定的等轴晶系化合物——等轴立方形 C_3AH_6。如果水泥—水—水化产物体系温度大于 $35℃$,C_3A 直接水化成 C_3AH_6。但处于碱性介质中的 C_4AH_{13} 在室温下又能稳定存在。

$$2(3CaO \cdot Al_2O_3) + 21H_2O \longrightarrow 2CaO \cdot Al_2O_3 \cdot 8H_2O + 4CaO \cdot Al_2O_3 \cdot 13H_2O$$
$$\longrightarrow 2(3CaO \cdot Al_2O_3 \cdot 6H_2O) + 9H_2O \qquad (3-8)$$
$$\underset{\text{水化铝酸三钙晶体}}{}$$

在没有石膏的作用下,C_3A 与 C_3S、C_2S 的水化产物 $Ca(OH)_2$ 反应如下:

$$3CaO \cdot Al_2O_3 + Ca(OH)_2 + 12H_2O \longrightarrow 4CaO \cdot Al_2O_3 \cdot 13H_2O \qquad (3-9)$$

在没有石膏或石膏掺量不足以控制硅酸盐水泥水化时,上述反应是造成水泥快凝的主要原因。在石膏和氢氧化钙同时存在时,C_3A 首先与 CaO 和水反应,生成水化铝酸钙 C_4AH_{13},再与石膏反应生成钙矾石,在水化了的 C_3A 表面沉淀下来,形成有效的屏障,防止了 C_3A 的水化,避免快凝。

$$3CaO \cdot Al_2O_3 + Ca(OH)_2 + 12H_2O \longrightarrow 4CaO \cdot Al_2O_3 \cdot 13H_2O \qquad (3-10)$$
$$4CaO \cdot Al_2O_3 \cdot 13H_2O + 3(CaSO_4 \cdot 2H_2O) + 13H_2O \longrightarrow$$
$$3CaO \cdot Al_2O_3 \cdot 3CaSO_4 \cdot 31H_2O + Ca(OH)_2 \qquad (3-11)$$
$$\underset{\text{(高硫型水化硫铝酸钙——AFt)}}{}$$

当 C_3A 尚未完全水化而石膏已经耗尽时,C_3A 水化所生成的 C_4AH_{13} 又能与先前形成的钙矾石反应,生成单硫型水化硫铝酸钙:

$$3CaO \cdot Al_2O_3 \cdot 3CaSO_4 \cdot 31H_2O + 2(4CaO \cdot Al_2O_3 \cdot 13H_2O) \longrightarrow$$
$$3(3CaO \cdot Al_2O_3 \cdot CaSO_4 \cdot 12H_2O) + 2Ca(OH)_2 + 19H_2O \qquad (3-12)$$
$$\underset{\text{(单硫型水化硫铝酸钙——AFm)}}{}$$

C_4AF 与水发生的反应如下:

$$4CaO \cdot Al_2O_3 \cdot Fe_2O_3 + 7H_2O$$
$$\longrightarrow 3CaO \cdot Al_2O_3 \cdot 6H_2O + CaO \cdot Fe_2O_3 \cdot H_2O \qquad (3-13)$$
$$\underset{\text{(水化铁酸钙凝胶)}}{}$$

忽略一些次要的和少量的成分,硅酸盐水泥水化后的主要水化产物为:水化硅酸钙($3CaO \cdot 2SiO_2 \cdot 3H_2O$,简记作 $C_3S_2H_3$ 或 C—S—H),水化铁酸钙($CaO \cdot Fe_2O_3 \cdot H_2O$,简记作 CFH),水化铝酸钙（$3CaO \cdot Al_2O_3 \cdot 6H_2O$，简记作 C_3AH_6），水化硫铝酸钙（$3CaO \cdot Al_2O_3 \cdot 3CaSO_4 \cdot 31H_2O$，简记作 $C_3AS_3H_{31}$）和氢氧化钙（$Ca(OH)_2$，简记作 CH）。借助于电子显微镜等测试手段，可观察到这些水化产物的外观形貌：$C_3S_2H_3$ 和 CFH 为凝胶体，C_3AH_6 为立方晶体，$C_3AS_3H_{31}$ 为针状晶体，CH 为六方板状晶体。水泥完全水化后，水化硅酸钙约占 50% 以上，$Ca(OH)_2$ 约占 25%。

2. 凝结硬化

硅酸盐水泥的水化和凝结硬化过程是一个连续的复杂过程。

为研究方便，可以根据水泥水化放热速率随时间而变化的关系，把水泥水化、凝结硬化过程分为四个阶段（图 3—2）。

（1）初始反应期。水泥加水后，立即发生急剧的放热反应，放热率剧增，可达最大值，持续时间为 5～10 min，这个阶段称为初始反应期，在此期间出现第一个放热峰，一般认为是水泥溶解、发生水化反应，主要原因是水泥与水接触后，水泥中的铝酸三钙在有石膏的水中迅速水化，首先形成钙矾石（$C_3AS_3H_{31}$）微晶。

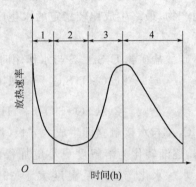

图 3—2　水泥凝结硬化过程水化放热示意图
1—初始反应期；2—潜伏期；3—凝结期；4—硬化期

（2）潜伏期。在初始反应期后，在相当一段时间（1 h 左右）内，水泥反应速度极其缓慢，放热率也很低，这一阶段反应几乎停止，故称为潜伏期。主要原因是在形成钙矾石（$C_3AS_3H_{31}$）微晶后，硅酸三钙与水反应生成可溶于水的水化硅酸钙和氢氧化钙（CH），而氢氧化钙的溶解度很低，很快过饱和析出氢氧化钙晶体。随着时间的推移，CH 和 $C_3AS_3H_{31}$ 的数量继续增加，在未水化的水泥颗粒表面形成了水化产物膜，阻滞水泥水化深入进行。

（3）凝结期。在约 1 h 后，除 CH 和 $C_3AS_3H_{31}$ 的数量继续增加外，溶解于水中的 C—S—H 形成长纤维状的水化硅酸钙凝胶，使水化产物膜破裂，水化反应又重新加速，所以放热率也很快增加，出现了第二个放热高峰。由于水化硅酸钙凝胶与 AFt 在水泥颗粒之间互相搭架，形成"网状结构"，因此水泥浆体逐渐失去塑性，并开始凝结，逐渐产生强度。凝结期大致持续 6 h 左右。

（4）硬化期。在约 6 h 后，开始进入硬化期，C—S—H 凝胶和 CH 晶体的数量显著增加；水泥核心未水化颗粒越来越少。放射状的 C—S—H 和六角形板块状的 CH 数量增加，水泥的内核变小。孔隙率开始明显减小，强度开始增加。约 24 h 后，短纤维的水化硅酸钙凝胶出现，随着时间的推移，以上各种水化产物数量的不断增加，水泥浆体的孔隙率不断减小，强度亦随之不断增强。若温度和湿度适宜，未水化的一小部分水泥颗粒内核仍继续水化，填充到孔隙中，使水泥石强度在几年甚至几十年后仍在缓慢增长。在这个阶段的反应速度较慢。

3. 水泥石

硬化后的水泥浆体称为水泥石，主要是由凝胶体（胶体与晶体）、未水化的水泥颗粒内核、游离水分和毛细孔等组成（图 3—3）。

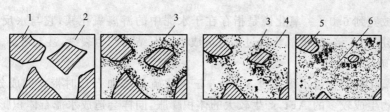

(a) 分散在水中未　(b) 在水泥颗粒表　(c) 膜层长大并　(d) 水化物进一步发展，
互相连接(凝结)　　面形成水化物膜层　水化的水泥颗粒　填充毛细孔(硬化)

图 3—3　水泥的凝结硬化过程示意图

1—水泥颗粒；2—水分；3—凝胶；4—晶体；5—未水化的水泥颗粒内核；6—毛细孔

水泥石的硬化程度越高，凝胶体含量越多，未水化的水泥颗粒内核和毛细孔含量越少，水泥石的强度越高。除熟料矿物成分和水泥细度对水泥石的硬化程度有较大影响外，下列因素也有不同程度的影响：

(1)石膏掺量。生产水泥时掺入石膏，主要是为了延缓水泥的凝结硬化速度。当不掺石膏或掺量较少时，则凝结硬化速度很快，但水化并不充分。这是由于 C_3A 在溶液中电离出的三价铝离子可促进胶体凝聚。当掺入适量石膏[一般为水泥质量的(3%～5%)]时，石膏与 C_3A 反应生成难溶的高硫型水化硫铝酸钙晶体($C_3AS_3H_{31}$)，一方面减少了溶液中铝离子的含量，另一方面形成的钙矾石覆盖在水泥颗粒表面，延缓了水化的进一步进行，从而延缓了水泥浆体的凝结速度。但石膏掺量过多时，虽然能消除 C_3A 中的三价铝离子，但是过量的二价钙离子又产生强烈的凝聚作用，反而造成了促凝效果。同时还会在后期造成体积安定性不良。

(2)温度、湿度和养护时间(龄期)。温度升高，则反应速度加快，凝结硬化速度加快；湿度较大时，水泥水化所需要的水分充足，水化及凝结硬化速度都较快；反之亦然。水泥的水化和凝结硬化过程都需要足够的时间作保证，随着时间的延长，水泥的水化程度不断增大，水化产物也不断增加。因此，温度、湿度和龄期是水泥凝结硬化的必要条件。

(3)水灰比。拌和水泥浆时，水与水泥的质量比称为水灰比。水灰比越大，水泥浆越稀，凝结硬化和强度发展越慢，且硬化后的水泥石毛细孔含量越多，强度也越低；水灰比过小时，会影响到水泥浆的施工性质，造成施工困难。只有在满足施工要求的前提下，水灰比越小，毛细孔越少，凝结硬化和强度发展较快，且强度越高。

(四)硅酸盐水泥的技术要求

1. 不溶物

不溶物是指水泥在浓盐酸中溶解保留下来的不溶性残留物，再以 NaOH 溶液处理，经盐酸中和、过滤后所得的残渣，再经高温灼烧所剩的物质。不溶物越多，对水泥质量的影响越大。国家标准《通用硅酸盐水泥》(GB 175—2007)规定，Ⅰ型硅酸盐水泥中不溶物不得超过 0.75%，Ⅱ型硅酸盐水泥中不溶物不得超过 1.50%。

2. 烧失量

烧失量是指水泥在一定温度、一定时间内加热后烧失的数量。用烧失量来限制石膏和混合材料中杂质含量，以保证水泥质量。国家标准《通用硅酸盐水泥》(GB 175—2007)规定，Ⅰ型硅酸盐水泥中烧失量不得大于 3.0%，Ⅱ型硅酸盐水泥中烧失量不得大于 3.5%。

3. 氧 化 镁

水泥中氧化镁的含量不宜超过 5.0%。如果水泥经压蒸安定性试验合格，则水泥中氧化镁的含量允许放宽到 6.0%。氧化镁是指存在于水泥中的游离氧化镁,它与水反应后生成氢氧化镁,体积膨胀 1.5 倍,如果氧化镁过多将造成水泥石结构产生裂缝,甚至破坏。

4. 三氧化硫

水泥中三氧化硫的含量不得超过 3.5%。三氧化硫是添加石膏时带入的成分,其量过多会与铝酸钙矿物生成较多的 AFt,产生较大的体积膨胀,同样会造成水泥石体积膨胀。

5. 细度(选择性指标)

细度是指水泥颗粒的粗细程度。细度对水泥性质影响很大。一般情况下,水泥颗粒越细,总表面积越大,与水接触的面积也越大,则水化速度越快,凝结硬化越快,水化产物越多,强度也越高。一般认为,水泥颗粒小于 $40\ \mu m$ 时才具有较大的活性,粒径大于 $100\ \mu m$ 时活性就很小了。但水泥颗粒越细,在生产过程中消耗的能量越多,机械损耗也越大,生产成本增加,且水泥在空气中硬化时收缩也增大。国家标准《通用硅酸盐水泥》(GB 175—2007)规定:硅酸盐水泥的细度采用比表面积测定仪(勃氏法)检验,其比表面积应大于 $300\ m^2/kg$,否则为不合格。

6. 标准稠度用水量

水泥的性质中有体积安定性和凝结时间,为了使检验的这两种性质有可比性,国家标准规定了水泥浆的稠度,获得这一稠度所需的水量称为标准稠度用水量,以水与水泥的比值来表示。

7. 凝结时间

水泥的凝结时间是指水泥净浆从加水至失去流动性所需要的时间。国家标准《通用硅酸盐水泥》(GB 175—2007)规定,硅酸盐水泥的初凝不得早于 45 min,终凝不得迟于 390 min。初凝时间不满足时为废品,终凝时间不满足时为不合格品。实际上,国产硅酸盐水泥的初凝时间一般为 1~3 h,终凝时间一般为 4~6 h。

规定水泥的凝结时间在施工中有重要意义。初凝时间不宜过早是为了有足够的时间对混凝土进行搅拌、运输、浇筑和振捣;终凝时间不宜过长是为了使混凝土尽快硬化,产生强度,尽快拆去模板,提高模板周转率。

8. 水泥体积安定性

水泥的体积安定性是指水泥在凝结硬化过程中体积变化的均匀程度。如果水泥在凝结硬化过程中产生均匀的体积变化,则为安定性合格,否则即为体积安定性不良。

引起水泥体积安定性不良的主要原因是:

(1)水泥中含有过多的游离 CaO 和游离 MgO。当水泥原料比例不当(石灰石较多)或煅烧工艺不正常时,会产生较多的游离状态的 CaO 和 MgO,它们与熟料一起,同样经历了 1 450 ℃的高温煅烧,属严重过火的 CaO 和 MgO,水化极慢,在水泥凝结硬化很长时间后才进行水化。

$$CaO + H_2O \longrightarrow Ca(OH)_2 \tag{3—14}$$

$$MgO + H_2O \longrightarrow Mg(OH)_2 \tag{3—15}$$

生成的 $Ca(OH)_2$ 与 $Mg(OH)_2$ 在已经硬化的水泥石中产生体积膨胀,使水泥石出现开裂、翘曲、疏松和崩溃等现象,甚至完全破坏。

(2)石膏掺量过多。水泥粉磨时,如掺入过多的石膏,在水泥硬化后,这些过多的石膏还会与 C_3AH_6 反应:

$$3(CaSO_4 \cdot 2H_2O) + 3CaO \cdot Al_2O_3 \cdot 6H_2O + 19H_2O \longrightarrow$$
$$3CaO \cdot Al_2O_3 \cdot 3CaSO_4 \cdot 31H_2O \tag{3—16}$$

生成的 $C_3AS_3H_{31}$ 产生 1.5 倍体积膨胀,引起水泥石开裂。

国家标准《通用硅酸盐水泥》(GB 175—2007)规定,由于游离氧化钙引起的水泥体积安定性不良可采用煮沸法检验。所谓煮沸法包括试饼法和雷氏法两种。试饼法是将标准稠度水泥净浆制成试饼,沸煮 3 h 后,若用肉眼观察未发现裂纹,用直尺检查没有弯曲现象,则称为安定性合格。雷氏法是测定水泥将在雷氏夹中沸煮硬化后的膨胀值,膨胀量小于 5.0 mm 为安定性合格。当试饼法和雷氏法结论有矛盾时,以雷氏法为准。

游离氧化镁的水化作用比游离氧化钙更加缓慢,必须用压蒸法才能检验出它的危害作用。石膏的危害作用需经长期浸在温水中才能发现。氧化镁和石膏所导致的体积安定性不良不便于检验,因此,通常在水泥生产中严格控制。国家标准规定:熟料中 MgO 的含量不得超过 5.0%,SO_3 的含量不得超过 3.5%,以保证安定性良好。如果水泥的体积安定性不良,则必须作为废品处理,不得应用于任何工程中。但某些体积安定性轻微不合格的水泥放置一段时间后,由于水泥中的游离 CaO 吸收空气中的水蒸气而熟化,因此又会变得合格。

9. 强度及强度等级

硅酸盐水泥的强度主要取决于四种熟料矿物及其比例和水泥细度,此外还和试验方法、试验条件、养护龄期有关。

水泥强度检验是按《水泥胶砂强度检验方法(ISO 法)》(GB/T 17671—1999)的规定进行的。它是将水泥、标准砂及水按 1:3:0.5 比例配制成胶砂,用规定方法制成的规格为 40 mm×40 mm×160 mm 的棱柱体标准试件,在标准条件(1d 为 20℃±2℃,相对湿度 RH>90%的空气中,1d 后放入 20℃±1℃ 的水中)下养护,测定其 3d 和 28d 时的抗折强度和抗压强度。根据 3d、28d 抗折强度和抗压强度划分硅酸盐水泥强度等级,并按照 3d 强度的大小分为普通型和早强型(用 R 表示)。

国家标准《通用硅酸盐水泥》(GB 175—2007)规定:硅酸盐水泥的强度等级分为:42.5、42.5R、52.5、52.5R、62.5、62.5R 六个等级。各强度等级、各龄期的强度值不得低于表中的数值,如有一项指标低于表中数值,则应降低强度等级,直至四个数值全部满足表 3—9 中规定。

表 3—9　硅酸盐水泥各强度等级的各龄期强度值(GB 175—2007)

强度等级	抗压强度(MPa)		抗折强度(MPa)	
	3d	28d	3d	28d
42.5	≥17.0	≥42.5	≥3.5	≥6.5
42.5R	≥22.0		≥4.0	
52.5	≥23.0	≥52.5	≥4.0	≥7.0
52.5R	≥27.0		≥5.0	
62.5	≥28.0	≥62.5	≥5.0	≥8.0
62.5R	≥32.0		≥5.5	

10. 碱含量

是指水泥中 Na_2O 和 K_2O 的含量,水泥中含碱是引起混凝土产生碱—骨料反映的条件。水泥中碱含量按 $Na_2O+0.658K_2O$ 计算值来表示。若使用活性骨料,用户要求提供低碱水泥时,水泥中碱含量不得大于 0.6%或由供需双方商定。

(五)水泥石的腐蚀与防止

硅酸盐水泥硬化后形成的水泥石,在一般使用条件下是能够抵抗多种介质侵蚀的。但在腐蚀性液体或气体的长期作用下,水泥石就会受到不同程度的腐蚀,严重时会使水泥石强度明显降低,甚至完全破坏。

1. 水泥石腐蚀的种类

对水泥石具有腐蚀的介质很多,下面介绍几种常见的典型介质对水泥石的腐蚀。

(1)软水侵蚀(溶出型侵蚀)

软水是指硬度较小的水,即水中重碳酸盐含量较小的水。雨水、雪水、工厂冷凝水及相当多的河水、江水、湖泊水等都属于软水。

当水泥石长期处于软水中时,由于水泥石中的 $Ca(OH)_2$ 可微溶于水,首先被溶出。在静水及无水压的情况下,由于周围的水容易被 $Ca(OH)_2$ 饱和,使溶解作用停止,因此,溶出仅限于表层,对整个水泥石影响不大。但在流水及压力水作用下,溶出的 $Ca(OH)_2$ 不断被流水带走,水泥石中的 $Ca(OH)_2$ 不断溶出,孔隙率不断增加,侵蚀也就不断地进行。由于水泥石中 $Ca(OH)_2$ 浓度的降低,还会使水泥石中 $C_3S_2H_3$ 等分解,引起水泥石的结构破坏和强度下降。

当环境水中含有较多的重碳酸盐,即水的硬度较高时,重碳酸盐会与水泥石中的 $Ca(OH)_2$ 作用:

$$Ca(OH)_2 + Ca(HCO_3)_2 \longrightarrow 2CaCO_3 + 2H_2O \qquad (3\text{—}17)$$

$$Ca(OH)_2 + Mg(HCO_3)_2 \longrightarrow CaCO_3 + MgCO_3 + 2H_2O \qquad (3\text{—}18)$$

生成的碳酸钙或碳酸镁几乎不溶于水,积聚在水泥石的表面孔隙内,形成密实的保护层,阻碍了外界水的侵入和 $Ca(OH)_2$ 的继续溶出,使侵蚀作用停止。

(2)盐类腐蚀

在海水、湖水、地下水及某些工业废水中,常不同程度的含有镁盐、硫酸盐、氯盐、钾盐和钠盐等,它们对水泥石都有不同程度的腐蚀作用。比较严重的是镁盐和硫酸盐,它们与水泥石接触后,会发生如下反应:

$$Ca(OH)_2 + Na_2SO_4 + 2H_2O \longrightarrow CaSO_4 \cdot 2H_2O + 2NaOH \qquad (3\text{—}19)$$

$$Ca(OH)_2 + MgSO_4 + 2H_2O \longrightarrow CaSO_4 \cdot 2H_2O + Mg(OH)_2 \qquad (3\text{—}20)$$

$$Ca(OH)_2 + MgCl_2 + H_2O \longrightarrow CaCl_2 + Mg(OH)_2 + H_2O \qquad (3\text{—}21)$$

生成的硫酸钙可直接造成水泥石膨胀破坏或与 C_3AH_6 反应生成 $C_3AS_3H_{31}$ 产生更大的膨胀破坏;生成的 $CaCl_2$ 极易溶解于水,加剧溶出型侵蚀。随着腐蚀的不断进行,水泥石中的 $Ca(OH)_2$ 浓度逐渐降低,导致部分水化产物分解,而生成的 $Mg(OH)_2$ 松软、无胶凝能力,使腐蚀作用进一步加剧。

(3)一般酸腐蚀

在一些工业废水、地下水和沼泽水中,经常含有各种不同浓度的无机酸或有机酸,而水泥石由于含有 $Ca(OH)_2$ 而呈碱性,这些酸与碱会发生反应。

(4)碳酸水腐蚀

在某些工业废水和地下水中,常溶有一定量的 CO_2 及其盐类,它们会与水泥石中的 $Ca(OH)_2$ 反应:

$$CO_2 + H_2O + Ca(OH)_2 \longrightarrow CaCO_3 + 2H_2O \qquad (3\text{—}22)$$

当水中 CO_2 浓度较低时,由于 $CaCO_3$ 沉淀到水泥石表面而使腐蚀停止;当水中 CO_2 浓度较高

时,上述反应还会继续进行:

$$CO_2 + H_2O + CaCO_3 \longrightarrow Ca(HCO_3)_2 \qquad (3—23)$$

生成的 $Ca(HCO_3)_2$ 是易溶于水的,使反应向右进行,造成水泥石的腐蚀。

(5)强碱腐蚀

强碱($NaOH$、KOH)在浓度不大时,一般对水泥石没有腐蚀。当浓度较大且水泥石中铝酸钙含量较高时,强碱会与水泥进行反应:

$$3CaO \cdot Al_2O_3 \cdot 6H_2O + 2NaOH \longrightarrow Na_2O \cdot Al_2O_3 + 3Ca(OH)_2 + 4H_2O \qquad (3—24)$$

生成的铝酸钠($Na_2O \cdot Al_2O_3$)极易溶解于水,造成水泥石腐蚀。

当水泥石受到干湿交替作用时,进入到水泥石中的 $NaOH$ 会与空气中的 CO_2 作用生成 Na_2CO_3,并在毛细孔隙内结晶析出,使水泥石被胀裂。

除上述几种腐蚀介质外,糖、氨盐、动物脂肪和含环烷酸的石油产品等对水泥石也有腐蚀作用。通常都是几种介质同时对水泥石造成腐蚀。

2. 水泥石腐蚀的原因及防止措施

(1)水泥石腐蚀的主要原因

从以上腐蚀种类可以归纳出水泥石受腐蚀的主要原因有:

①水泥石内存在容易受腐蚀的成分,即含有 $Ca(OH)_2$ 和 C_3AH_6。它们极易与介质成分发生化学反应或溶于水而使水泥石破坏。

②水泥石本身存在孔隙,腐蚀介质容易进入水泥石内部与水泥石成分互相作用,加剧腐蚀。

(2)加速腐蚀的因素

液态的腐蚀介质较固态的腐蚀介质引起的腐蚀更为严重,较高的温度、压力、较快的流速、适宜的湿度及干湿交替等均可加速腐蚀过程。

(3)防止腐蚀的措施

①根据侵蚀介质特点,合理选择水泥品种。当水泥石遭受软水侵蚀时,可使用水化产物中 $Ca(OH)_2$ 含量少的水泥;当水泥石遭受硫酸盐侵蚀时,可使用 C_3A 含量小于 5% 的水泥;在水泥生产时加入适当的混合材料,可以降低水化产物中的 $Ca(OH)_2$,从而提高抗腐蚀能力。

②提高水泥的密实度,降低孔隙率。在实际施工中,尽量降低混凝土或砂浆中的水灰比,选择级配良好的骨料,掺入外加剂、改善施工方法等均可提高水泥石的密实度。另外,在水泥石表面进行碳化处理或采取其他表面密实措施,都能提高水泥石的表面密实度,从而减少腐蚀介质进入水泥石内部,达到防腐效果。

③在水泥石表面设置保护层。当水泥石处在较强的腐蚀介质中使用时,根据不同的腐蚀介质,可在混凝土或砂浆表面覆盖玻璃、塑料、沥青、耐酸陶瓷和耐酸石料等耐腐蚀性较高、且不透水的保护层,隔断腐蚀介质与水泥石的接触,保护水泥石不受腐蚀。

当水泥石处于多种介质同时侵蚀时,应分析清楚对水泥石侵蚀最严重的介质,采取相应措施,提高水泥石的耐腐蚀性。

(六)硅酸盐水泥的性能、应用及存放

1. 性能与应用

(1)凝结硬化快,早期强度及后期强度高

硅酸盐水泥的凝结硬化速度快,早期强度及后期强度均高,适用于有早强要求的混凝土、冬期施工混凝土,地上、地下重要结构的高强混凝土和预应力混凝土工程。

（2）抗冻性好

硅酸盐水泥采用合理的配合比和充分养护后,可获得低孔隙率的水泥石,并有足够的强度,因此有优良的抗冻性,适用于严寒地区水位升降范围内遭受反复冻融的混凝土工程。

（3）水化热大

硅酸盐水泥熟料中含有大量的 C_3S 及较多的 C_3A,在水泥水化时,放热速度快且放热量大,因而不宜用于大体积混凝土工程,但可用于低温季节或冬期施工。

（4）耐腐蚀性差

由于硅酸盐水泥的水化产物中含有较多的 $Ca(OH)_2$ 和 C_3AH_6,耐软水和化学侵蚀性能较差,不宜用于经常与流动淡水或硫酸盐等腐蚀介质接触的工程,也不宜用于经常与海水、矿物水等腐蚀介质接触的工程。

（5）耐热性差

水泥石中的一些重要成分在高温下会发生脱水或分解,使水泥石的强度下降以至破坏。当受热温度为 $100\sim200℃$ 时,由于尚存的游离水能发生继续水化,生成的水化产物能使水泥石的强度有所提高,且混凝土的导热系数相对较小,故短时间内受热混凝土不会破坏。但当温度较高且受热时间较长时,水泥石中的水化产物脱水、分解,使水泥石发生体积变化,强度下降,以致破坏。因此,硅酸盐水泥不宜用于有耐热要求的混凝土工程。

（6）抗碳化性好

水泥石中的 $Ca(OH)_2$ 与空气中 CO_2 反应成 $CaCO_3$ 的过程称为碳化。碳化会使水泥石内部碱度降低,产生微裂纹,对钢筋混凝土还会导致钢筋锈蚀。

由于硅酸盐水泥在水化后形成较多的 $Ca(OH)_2$,碳化时碱度降低不明显,故适用于空气中 CO_2 浓度较高的环境,如铸造车间等。

（7）干缩小

硅酸盐水泥在硬化过程中形成大量的水化硅酸钙凝胶体,使水泥石密实,游离水分少,不易产生干缩裂纹,可用于干燥环境的混凝土工程。

（8）耐磨性好

硅酸盐水泥强度高,耐磨性好,且干缩小,可用于路面与地面工程。

硅酸盐水泥的密度为 $3\,000\sim3\,150\ kg/m^3$,堆积密度为 $1\,000\sim1\,600\ kg/m^3$。

2. 硅酸盐水泥的运输与储存

水泥在储存和运输过程中,应按不同强度等级、品种及出厂日期分别储运,并注意防潮、防水。袋装水泥的堆放高度不得超过 10 袋。即使是良好的储存条件,水泥也不宜久存。在空气中水蒸气及二氧化碳的作用下,水泥会发生部分水化和碳化,使水泥的胶结能力及强度下降。一般储存 3 个月后,强度降低约 $10\%\sim20\%$,6 个月后降低 $15\%\sim30\%$,1 年后降低 $25\%\sim40\%$。因此水泥的有效储存期为 3 个月。如果超过 6 个月,在使用时应重新检测,按实际强度使用。

二、普通硅酸盐水泥、矿渣硅酸盐水泥、火山灰质硅酸盐水泥、粉煤灰硅酸盐水泥和复合硅酸盐水泥

这些硅酸盐系列水泥是指由硅酸盐水泥熟料、适量混合材料及石膏共同磨细制成的水硬性胶凝材料。

（一）水泥混合材料

在水泥生产过程中加入的人工或天然的矿物材料称为水泥混合材料。它可以改善水泥某些性能，拓宽水泥强度等级，扩大应用范围。按照参与水泥水化的程度，将混合材料分为非活性混合材料和活性混合材料两大类。

1. 非活性混合材料

在常温条件下，不能与 $Ca(OH)_2$ 或水泥发生水化反应的混合材料称为非活性混合材料。将非活性混合材料掺入水泥中可提高水泥产量，降低水泥成本，调整水泥强度等级，也可以减少水化热，改善耐腐蚀性及和易性。磨细的石灰石、石英砂、黏土、慢冷矿渣及各种废渣都属于非活性混合材料。

2. 活性混合材料

在常温条件下，能与 $Ca(OH)_2$ 或水泥发生水化反应并生成相应的具有水硬性水化产物的混合材料称为活性混合材料。活性混合材料除具有非活性混合材料的作用外，还能产生一定的强度，并能明显改善水泥的性质。常用的活性混合材料有以下两种：

（1）粒化高炉矿渣

将炼铁高炉中的熔融矿渣经水淬等急冷方式而成的松软颗粒称为粒化高炉矿渣，又称水淬矿渣。急冷矿渣的结构为不稳定的玻璃体，储有较高的潜在化学活性，其活性成分为活性氧化硅和活性氧化铝。即使在常温下，也可以与 $Ca(OH)_2$ 反应产生强度。在用石灰石做溶剂的碱性矿渣中，因其含有少量的硅酸二钙等成分，磨细后本身就具有一定的水硬性。

（2）火山灰质混合材料

火山喷发时形成的一系列矿物材料统称为火山灰质混合材料，包括浮石、火山渣（灰）、凝灰岩等。还有一些天然材料或工业废渣，由于其成分与火山灰材料相似，也称为火山灰质混合材料，如烧黏土、粉煤灰、自燃煤矸石、硅藻土（石）等。

按化学成分和活性来源将火山灰质混合材料分为三类：

①以 SiO_2 为主要活性成分的含水硅酸质材料，如硅藻土、蛋白石和硅质渣等。

②以 SiO_2 和 Al_2O_3 为主要活性成分的铝硅玻璃质材料，如火山灰、凝灰岩、浮石和粉煤灰等。

③以 Al_2O_3 为主要活性成分的烧黏土质混合材料，如烧黏土、煤渣、自燃煤矸石等。

粉煤灰是火力发电厂以煤粉作燃料，燃烧后收集起来的粒径为 $1\sim50~\mu m$ 的极细灰渣颗粒，呈玻璃态实心或空心球状，由于其主要活性成分为 SiO_2 和 Al_2O_3，所以也把粉煤灰划归为火山灰质混合材料，属铝硅玻璃质。

3. 活性混合材料的水化

在常温下，活性混合材料与水拌和后，本身不会硬化或硬化极为缓慢，强度很低。但在 $Ca(OH)_2$ 的饱和溶液中，活性混合材料会发生显著的水化作用，生成具有水硬性的水化硅酸钙和水化铝酸钙：

$$x Ca(OH)_2 + SiO_2 + n H_2O \longrightarrow x CaO \cdot SiO_2 \cdot (x+n) H_2O \tag{3—25}$$

$$y Ca(OH)_2 + Al_2O_3 + m H_2O \longrightarrow y CaO \cdot Al_2O_3 \cdot (y+n) H_2O \tag{3—26}$$

式中，x、y 值随混合材料的种类、$Ca(OH)_2$ 和活性 SiO_2 的比率、环境温度及作用时间的变化而变化，一般为 1 或稍大；n、m 值一般为 $1\sim2.5$。

当有石膏存在时，石膏可与上述反应生成的水化铝酸钙进一步反应生成水硬性的水化硫铝酸钙。

氢氧化钙或石膏的存在是活性混合材料的潜在活性得以发挥的必要条件,故称之为活性混合材料的激发剂。氢氧化钙称为碱性激发剂,石膏称为硫酸盐激发剂。

活性混合材料的水化速度较水泥熟料慢,且对温度敏感。高温下水化速度明显加快,强度提高;低温下,水化速度很慢。故活性混合材料适合高温养护。

4. 掺活性混合材料的硅酸盐水泥的水化特点

掺活性混合材料的硅酸盐水泥在与水拌和后,首先是水泥熟料水化,然后水化生成的 $Ca(OH)_2$ 再与活性混合材料中的活性 SiO_2 和活性 Al_2O_3 反应(亦称二次水化)生成相应的水化产物。通过该水化过程和活性混合材料的水化特点可知,掺活性混合材料的水泥较硅酸盐水泥的凝结硬化速度慢,早期强度低。

(二)普通硅酸盐水泥、矿渣硅酸盐水泥、火山灰质硅酸盐水泥、粉煤灰硅酸盐水泥和复合硅酸盐水泥

这些硅酸盐水泥的组分应符合表3—10的规定。

表3—10　掺混合材硅酸盐水泥的组分

品　种	代号	组分(%)			
		熟料+石膏	粒化高炉矿渣	火山灰质混合材料	粉煤灰
普通硅酸盐水泥	P·O	≥85且<95		>5且≤15	
矿渣硅酸盐水泥	P·S·A	≥50且<80	>20且≤50		
	P·S·B	≥30且<50	>50且≤70		
火山灰硅酸盐水泥	P·P	≥60且<80		>20且≤40	>20且≤40
粉煤灰硅酸盐水泥	P·F	≥60且<80			
复合硅酸盐水泥	P·C	≥50且<80		>20且≤50	

根据国家标准《通用硅酸盐水泥》(GB 175—2007):凡由硅酸盐水泥熟料、6%～15%混合材料、适量石膏磨细制成的水硬性胶凝材料,称为普通硅酸盐水泥(简称普通水泥),代号 P·O。

掺活性混合材料时,最大掺量不得超过15%,其中允许用不超过水泥质量5%的窑灰或不超过水泥质量10%的非活性混合材料来代替。

掺非活性混合材料时,最大掺量不得超过水泥质量的10%。

国家标准对普通硅酸盐水泥的技术要求有:

(1)细度。80 μm 方孔筛筛余不得超过10%。

(2)凝结时间。初凝不得早于45 min,终凝不得迟于10 h。

(3)强度和强度等级。根据3d和28d龄期的抗折和抗压强度,将普通硅酸盐水泥划分为42.5、42.5R、52.5、52.5R 四个强度等级,各强度等级、各龄期的强度值不得低于表3—11中的规定。

普通硅酸盐水泥的细度、体积安定性、氧化镁含量、三氧化硫含量、碱含量等其他技术要求与硅酸盐水泥相同。

由于混合材料的掺量较少,故普通硅酸盐水泥与硅酸盐水泥的性质基本相同,仅略有差别。主要表现为:①早期强度略低;②耐腐蚀性略有提高;③耐热性稍好;④水化热略低;⑤抗冻性、耐磨性、抗碳化性略有降低。

表 3—11 普通硅酸盐水泥各强度等级、各龄期的强度值（GB 175—2007）

强度等级	抗压强度（MPa）		抗折强度（MPa）	
	3d	28d	3d	28d
42.5	17.0	42.5	3.5	6.5
42.5R	22.0	42.5	4.0	6.5
52.5	23.0	52.5	4.0	7.0
52.5R	27.0	52.5	5.0	7.0

由于普通硅酸盐水泥的性质与硅酸盐水泥差别不大，因此，在应用方面两种水泥基本相同。但是有一些硅酸盐水泥不能用的地方普通硅酸盐水泥可以用，使得普通硅酸盐水泥成为建筑行业应用面最广、使用量最大的水泥品种。

（三）矿渣硅酸盐水泥、火山灰质硅酸盐水泥和粉煤灰硅酸盐水泥

1. 定　义

根据国家标准《通用硅酸盐水泥》（GB 175—2007）规定：凡由硅酸盐水泥熟料和粒化高炉矿渣、适量石膏磨细制成的水硬性胶凝材料称为矿渣硅酸盐水泥（简称为矿渣水泥），代号 P·S。水泥中粒化高炉矿渣的掺量按质量百分比计为 20%～70%。允许用石灰石、窑灰、粉煤灰和火山灰质混合材料中的一种材料代替粒化高炉矿渣，代替数量不得超过水泥质量的 8%，替代后水泥中的粒化高炉矿渣不得少于 20%。

根据国家标准《通用硅酸盐水泥》（GB 175—2007）规定：凡由硅酸盐水泥熟料和火山灰质混合材料、适量石膏磨细制成的水硬性胶凝材料称为火山灰质硅酸盐水泥（简称火山灰水泥），代号 P·P。水泥中火山灰质混合材料掺加量按质量百分比计为 20%～40%。

根据国家标准《通用硅酸盐水泥》（GB 175—2007）规定：凡由硅酸盐水泥熟料和粉煤灰、适量石膏磨细制成的水硬性胶凝材料称为粉煤灰硅酸盐水泥（简称粉煤灰水泥），代号 P·F。水泥中粉煤灰掺加量按质量百分比计为 20%～40%。

2. 技术要求

（1）细度、凝结时间、体积安定性

这三种水泥的细度要求是：0.08 mm 方孔筛筛余不大于 10%，或 0.45 mm 方孔筛筛余不大于 30%，而凝结时间、体积安定性要求与普通硅酸盐水泥相同。

（2）氧化镁、三氧化硫含量

规定水泥中氧化镁的含量同硅酸盐水泥，当水泥中氧化镁含量为 5%～6% 时，如矿渣硅酸盐水泥中混合材总量大于 40% 或火山灰硅酸盐水泥和粉煤灰硅酸盐水泥混合材料掺加量大于 30%，制成的水泥可不做压蒸体试验。

矿渣水泥中的三氧化硫含量不得超过 4.0%；火山灰水泥和粉煤灰水泥中的三氧化硫不得超过 3.5%。

（3）强度等级

这三种水泥根据 3d 与 28d 的抗折强度和抗压强度划分强度等级，分别有 32.5、32.5R、42.5、42.5R、52.5、52.5R 等。各强度等级、各龄期的强度不得低于表 3—12 中的数值。

表 3—12　矿渣水泥、火山灰水泥和粉煤灰水泥各强度等级、各龄期强度值(GB 175—2007)

强度等级	抗压强度(MPa)		抗折强度(MPa)	
	3d	28d	3d	28d
32.5	10.0	32.5	2.5	5.5
32.5R	15.0	32.5	3.5	5.5
42.5	15.0	42.5	3.5	6.5
42.5R	19.0	42.5	4.0	6.5
52.5	21.0	52.5	4.0	7.0
52.5R	23.0	52.5	4.5	7.0

3. 性质与应用

　　矿渣水泥、火山灰水泥和粉煤灰水泥都是在硅酸盐水泥熟料的基础上加入大量活性混合材料磨细制成的。由于三者所用的活性混合材料的化学组成与化学活性基本相同,因而三者的大多数性质和应用相同或接近,即这三种水泥在许多情况下可替代使用。但由于这三种水泥所用活性材料的物理性质与表面特征等有些差异,又使得这三种水泥各自有着一些独特的性能与用途。

　　(1)三种水泥的共性

　　①凝结硬化慢,早期强度低,后期强度发展较快。其主要原因是水泥中熟料含量少、二次水化又比较慢,导致 3d 强度较低;后期由于二次水化的不断进行及熟料的继续水化,水化产物不断增多,使得水泥强度发展较快,后期强度可赶上甚至超过同强度等级的硅酸盐水泥(图 3—4)。这三种水泥不宜用于早强要求高的工程,如冬期施工、现浇工程等。由于粉煤灰表面非常致密,早期强度比矿渣水泥和火山灰水泥还低,适合用于承载晚的工程。

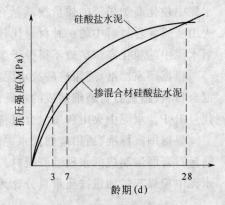

图 3—4　掺混合材硅酸盐水泥与硅酸盐水泥强度增长示意图

　　②对温度敏感,适合高温养护。这三种水泥在低温下水化明显减慢,强度较低。采用高温养护时可大大加速活性混合材料的水化,并可加速熟料的水化,故可大大提高早期强度,且不影响常温下后期强度的发展。而硅酸盐水泥或普通硅酸盐水泥,利用高温养护虽可提高早期强度,但后期强度的发展受到影响,比一直在常温下养护的强度低。这是因为在高温下这两种水泥的水化速度很快,短时间内即生成大量的水化产物,这些水化产物对未水化水泥熟料颗粒的后期水化起到了阻碍作用。因此,硅酸盐水泥和普通硅酸盐水泥不适合于高温养护。

　　③耐腐蚀性好。由于熟料少,水化后生成的 $Ca(OH)_2$ 量较少,并且二次水化还要消耗大量的 $Ca(OH)_2$,使得水泥石中的 $Ca(OH)_2$ 量进一步减少,水泥石抵抗流动淡水及硫酸盐等腐蚀介质的能力较强,因此,这三种水泥可用于有耐腐蚀要求的混凝土工程。

　　值得注意的是,如果火山灰水泥所掺入的是以 Al_2O_3 为主要活性成分的烧黏土质混合材料,水化后水化铝酸钙数量较多,因而,这种火山灰水泥抵抗硫酸盐腐蚀的能力较弱,不宜用于硫酸盐环境中。

④水化热小。由于熟料少,使水化放热量大幅度降低,因此可用于大体积混凝土工程中。

⑤抗冻性差、耐磨性差。由于加入较多的混合材料,使水泥的需水量增加,水分蒸发后易形成毛细管通路或粗大孔隙,水泥石的孔隙率较大,导致抗冻性和耐磨性差。因此,不宜用于严寒地区水位升降范围内的混凝土工程和有耐磨要求的混凝土工程中。

⑥抗碳化能力差。由于这三种水泥水化产物中 $Ca(OH)_2$ 量很少,碱度较低,故抗碳化能力差。不宜用于 CO_2 浓度高的环境中。但在一般工业与民用建筑中,它们对钢筋仍具有良好的保护作用。

(2)三种水泥的特性

①矿渣水泥。由于硬化后 $Ca(OH)_2$ 含量少,矿渣本身又是高温形成的耐火材料,故矿渣水泥的耐热性较好,可用于温度不高于 200℃ 的混凝土工程中,如热工窑炉基础等。粒化高炉矿渣玻璃体对水的吸附能力差,即矿渣水泥的保水性差,易产生泌水而造成较多连通孔隙,因此矿渣水泥的抗渗性差,且干燥收缩也较普通水泥大,不宜用于有抗渗性要求的混凝土工程。

②火山灰水泥。火山灰混合材料含有大量的微细孔隙,使其具有良好的保水性,并且在水化过程中形成的大量水化硅酸钙凝胶,能使火山灰水泥的水泥石结构较致密,从而具有较高的抗渗性和耐水性,可优先用于有抗渗要求的混凝土工程。但火山灰水泥长期处于干燥环境中时,水化反应就会中止,强度也会停止增长,尤其是已经形成的凝胶体还会脱水收缩并形成微细的裂纹,使水泥石结构破坏,因此火山灰水泥不宜用于长期处于干燥环境中的混凝土工程。

③粉煤灰水泥。由于粉煤灰呈球形颗粒,比表面积小,对水的吸附能力差,因而粉煤灰水泥的干缩小,抗裂性好。但由于它的泌水速度快,若施工处理不当易产生失水裂缝,因而不宜用于干燥环境。此外,泌水会造成较多的连通孔隙,故粉煤灰水泥的抗渗性较差,不宜用于抗渗要求高的混凝土工程。

(四)复合硅酸盐水泥

根据国家标准《通用硅酸盐水泥》(GB 175—2007)的规定,凡由硅酸盐水泥熟料、两种或两种以上规定的混合材料、适量石膏磨细制成的水硬性胶凝材料称为复合硅酸盐水泥(简称复合水泥),代号 P·C。水泥中混合材料总掺量按质量百分比计应大于 20%,但不超过 50%。

水泥中允许用不超过 8% 的窑灰代替部分混合材料;掺矿渣时,混合材料掺量不得与矿渣水泥重复。

复合水泥的水化、凝结硬化过程基本上与掺混合材料的硅酸盐水泥相同。

复合水泥的细度、安定性、凝结时间的要求和氧化镁、三氧化硫的含量要求均同矿渣硅酸盐水泥、火山灰硅酸盐水泥和粉煤灰硅酸亚水泥,强度等级划分为 32.5、32.5R、42.5、42.5R、52.5、52.5R。各强度等级的各龄期强度值不得低于表 3—13 中的要求。

表 3—13　复合水泥各强度等级、各龄期的强度值(GB 175—2007)

强度等级	抗压强度(MPa)		抗折强度(MPa)	
	3d	28d	3d	28d
32.5	10.0	32.5	2.5	5.5
32.5R	15.0	32.5	3.5	5.5
42.5	15.0	42.5	3.5	6.5
42.5R	19.0	42.5	4.0	6.5

强度等级	抗压强度（MPa）		抗折强度（MPa）	
	3d	28d	3d	28d
52.5	21.0	52.5	4.0	7.0
52.5R	23.0	52.5	5.0	7.0

由于在复合硅酸盐水泥中掺入了两种或两种以上的混合材料,可以相互取长补短,克服了掺单一混合材料水泥的一些弊病,其早期强度接近于普通水泥,而其他性能优于矿渣水泥、火山灰水泥、粉煤灰水泥,因而适用范围广。

三、其他系列水泥

随着现代建设工程项目的增多,通用水泥已不能完全满足各类工程的要求,因此,一些具有特殊功能的水泥被采用。本书主要介绍快硬硫铝酸盐水泥、膨胀水泥、自应力水泥、道路硅酸盐水泥、砌筑水泥及铝酸盐水泥等。

(一)快硬硫铝酸盐水泥和快硬铁铝酸盐水泥

以适当成分的生料,经煅烧所得以无水硫铝酸钙和硅酸二钙为主要矿物成分的熟料,加入适量石膏和 0~10% 的石灰石,磨细制成的早期强度高的水硬性胶凝材料,称为快硬硫铝酸盐水泥,其代号为 R·SAC。

以适当成分的生料,经煅烧所得以无水硫铝酸钙、铁相和硅酸二钙为主要矿物成分的熟料,加入适量石膏和 0~15% 的石灰石,磨细制成的早期强度高的水硬性胶凝材料,称为快硬铁铝酸盐水泥,其代号为 R·FAC。

快硬硫铝酸盐水泥的水化及硬化特点:水泥加水后,熟料中的无水硫铝酸钙会与石膏发生反应,生成高硫型水化硫铝酸钙(AFt)晶体和铝胶,AFt 在较短时间内形成坚硬骨架,而铝胶不断填充孔隙,使水泥石结构很快致密,从而使早期强度发展很快。熟料中的硅酸二钙水化生成水化硅酸钙凝胶,则可使后期强度进一步增长。

快硬硫铝酸盐水泥和快硬铁铝酸盐水泥的细度要求为比表面积不小于 350 m²/kg。初凝时间不早于 25 min,终凝时间不迟于 180 min。快硬硫铝酸盐水泥和快硬铁铝酸盐水泥均以 3d 抗压强度分为 42.5、52.5、62.5、72.5 四个强度等级。各龄期强度不得低于表 3—14 中数值。

表 3—14　快硬硫铝酸盐水泥、快硬铁铝酸盐水泥水泥强度要求(JC 933—2003)

强度等级	抗压强度（MPa）			抗折强度（MPa）		
	1d	3d	28d	1d	3d	28d
42.5	34.5	42.5	48.0	6.5	7.0	7.5
52.5	44.0	52.5	58.0	7.0	7.5	8.0
62.5	52.5	62.5	68.0	7.5	8.0	8.5
72.5	59.0	72.5	78.0	8.0	8.5	9.0

快硬硫铝酸盐水泥和快硬铁铝酸盐水泥均具有早期强度高,抗硫酸盐腐蚀的能力强,抗渗性好,抗冻性好,水化热大,耐热性差的特点,因此适用于冬期施工、抢修及有硫酸盐腐蚀的工程,也可用于浆锚、喷锚、拼装、节点、地质固井、堵漏等混凝土工程。

（二）膨胀水泥和自应力水泥

一般水泥在凝结硬化过程中都会产生一定的收缩，使水泥混凝土出现裂纹，影响混凝土的强度及其他许多性能。而膨胀水泥则克服了这一弱点，在硬化过程中能够产生一定的膨胀，增加水泥石的密实度，消除由收缩带来的不利影响。

使水泥产生膨胀的反应主要有三种：氧化钙、氧化镁的水化反应生成氢氧化钙、氢氧化镁以及形成 AFt，因为前两种反应产生的膨胀不易控制，目前广泛采用的是以 AFt 为膨胀成分的各种膨胀水泥。

膨胀水泥根据膨胀值大小可分为膨胀水泥和自应力水泥两大类。膨胀水泥的膨胀率较小，主要用于补偿水泥在凝结硬化过程中产生的收缩，因此又称为无收缩水泥或收缩补偿水泥；自应力水泥的膨胀值较大，在限制膨胀的条件下（如配有钢筋时），由于水泥石的膨胀作用，使混凝土受到压应力，从而达到了预应力的作用，同时还增加了钢筋的握裹力。

以适当比例的硅酸盐水泥或普通硅酸盐水泥、高铝水泥熟料和天然二水石膏粉磨细而成的膨胀性的水硬性胶凝材料称为自应力硅酸盐水泥。自应力硅酸盐水泥根据 28d 自应力值分为 S1、S2、S3、S4 四个等级。

明矾石膨胀水泥适用于补偿收缩混凝土、防渗抹面、预制构件梁、柱的接头和构件拼装接头等。

自应力铝酸盐水泥是以一定量的高铝水泥熟料和二水石膏磨细而成的大膨胀率胶凝材料。自应力铝酸盐水泥按（1:2 标准砂浆）28d 自应力值分为 3.0、4.5 和 6.0 三个级别。

以适当成分的生料，经煅烧所得的无水硫酸钙和硅酸二钙为主要矿物成分的熟料，加入适量石膏粉磨细而成的可调膨胀性能的水硬性胶凝材料称为膨胀硫铝酸盐水泥。

（三）道路硅酸盐水泥

1. 定　　义

以适当成分的生料烧至部分熔融，所得以硅酸钙为主要成分和较多铁铝酸钙的硅酸盐水泥熟料称为道路硅酸盐水泥熟料。

由道路硅酸盐水泥熟料、0～10％活性混合材料和适量石膏磨细制成的水硬性胶凝材料，称为道路硅酸盐水泥，其代号为 P·R。

2. 道路硅酸盐水泥的技术指标

（1）细度：0.08 mm 方孔筛筛余不得大于 10％。

（2）凝结时间：初凝时间不得早于 1.5 h，终凝时间不得迟于 10 h。

（3）体积安定性：沸煮法检验合格。

（4）干缩率和耐磨性：28 d 干缩率不得大于 0.10％，耐磨性以磨耗量表示，不得大于 3.00 kg/m²。

（5）强度等级：按照《道路硅酸盐水泥》（GB 13693—2005）的规定，道路硅酸盐水泥分为 32.5、42.5、52.5 三个等级，各强度等级各龄期强度不得低于表 3—15 的规定。

表 3—15　道路硅酸盐水泥强度要求（GB 13693—2005）

强度等级	抗压强度（MPa）		抗折强度（MPa）	
	3d	28d	3d	28d
32.5	16.0	32.5	3.5	6.5
42.5	21.0	42.5	4.0	7.0
52.5	26.0	52.5	5.0	7.5

3. 特性与应用

道路硅酸盐水泥是一种强度高(特别是抗折强度高),耐磨性好,干缩小,抗冲击性好,抗冻性和抗硫酸盐比较好的专用水泥,适用于道路路面、机场跑道面、城市广场等工程。

(四)砌筑水泥

砌筑水泥对于我国大量的砖混结构有着特殊的意义。它既适应建筑砂浆强度的要求,又可保证砂浆中胶凝材料的数量。

1. 定 义

根据《砌筑水泥》(GB/T 3183—2003),凡由一种或一种以上的水泥混合材料,加入适量硅酸盐水泥熟料和石膏,经磨细制成的水硬性胶凝材料称为砌筑水泥,代号 M。

水泥中混合材料掺加量按质量百分比计应大于 50%,允许掺入适量的石灰石或窑灰。水泥中混合材料掺加量不得与矿渣硅酸盐水泥重复。

2. 技术指标

(1)细度:0.08 mm 方孔筛筛余不大于 10%。

(2)凝结时间:其初凝时间不早于 60 min,终凝时间不迟于 12 h。

(3)安定性:沸煮法检验应合格。

(4)三氧化硫:含量不大于 4.0%。

(5)保水率:不低于 80%。

(6)强度:砌筑水泥分为 12.5、22.5 两个强度等级,各龄期的强度应不低于表 3—16 的数值。

表 3—16　砌筑水泥各强度等级、各龄期的强度值(GB/T 3183—2003)

强度等级	抗压强度(MPa)		抗折强度(MPa)	
	7d	28d	7d	28d
12.5	7.0	12.5	1.5	3.4
22.5	10.0	22.5	2.0	4.0

3. 砌筑水泥的性质与应用

砌筑水泥是低强度水泥,硬化慢,但和易性好,主要用于工业与民用建筑的砌筑砂浆、抹面砂浆和垫层混凝土等,不得用于结构混凝土。

(五)铝酸盐水泥

铝酸盐水泥是以石灰石和矾土为主要原料,加入适当成分的生料,烧至全部或部分熔融所得以铝酸钙为主要矿物的熟料,经磨细制成的水硬性胶凝材料,代号 CA。由于熟料中氧化铝的含量大于 50%,因此又称高铝水泥。

1. 矿物成分与水化产物

铝酸盐水泥的主要矿物成分是铝酸一钙($CaO \cdot Al_2O_3$)和二铝酸一钙($CaO \cdot 2Al_2O_3$),还有少量的铝方柱石、七铝酸十二钙和硅酸二钙。

铝酸盐水泥加水后发生化学反应,由于环境温度不同,其水化产物也不同:

当温度小于 20℃时

$$CaO \cdot Al_2O_3 + 10H_2O \longrightarrow CaO \cdot Al_2O_3 \cdot 10H_2O \qquad (3—27)$$

当温度在 20～30℃时

$$2(CaO \cdot Al_2O_3) + 11H_2O \longrightarrow 2(CaO \cdot Al_2O_3 \cdot 8H_2O) + Al_2O_3 \cdot 3H_2O \qquad (3—28)$$

当温度大于 30℃时

$$3(CaO \cdot Al_2O_3) + 12H_2O \longrightarrow 3CaO \cdot Al_2O_3 \cdot 6H_2O + 2(Al_2O_3 \cdot 3H_2O) \quad (3—29)$$

熟料矿物 $CaO \cdot 2Al_2O_3$ 的水化与 $CaO \cdot Al_2O_3$ 基本相同,主要水化产物都是 $CaO \cdot Al_2O_3 \cdot 10H_2O$(简写为 CAH_{10})、$2CaO \cdot Al_2O_3 \cdot 8H_2O$(简写为 C_2AH_8)和 $Al_2O_3 \cdot 3H_2O$[即 $Al(OH)_3$ 凝胶,简写为 AH_3]。次要成分铝方柱石几乎不水化,七铝酸十二钙的水化产物也是 C_2AH_8,硅酸二钙可与水反应生成硅酸凝胶。

水化生成的 CAH_{10} 和 C_2AH_8 能迅速形成片状或针状晶体,相互交错、连生、长大,形成较坚固的架状结构;生成的 $Al(OH)_3$ 凝胶填充在晶体骨架的空隙中,使水泥形成致密结构,并迅速产生很高的强度。

CAH_{10} 和 C_2AH_8 都是亚稳定相,随时间的推移逐渐转变为稳定的 C_3AH_6。高温、高湿条件下,上述转变极为迅速。伴随着晶型转变,水泥石中固相体积减少 50% 以上,强度大大降低。表 3—17 为铝酸盐水泥矿物水化反应特点。

表 3—17 铝酸盐水泥矿物水化反应特点

矿物名称	化学成分	特 性
铝酸一钙	$CaO \cdot Al_2O_3$	水硬活性很高,凝结正常,硬化快,是强度的主要来源,早期强度高,后期增进率不高
二铝酸一钙	$CaO \cdot 2Al_2O_3$	硬化慢,早期强度低,后期强度高
硅铝酸二钙	$2CaO \cdot Al_2O_3 \cdot SiO_2$	活性很差,惰性矿物
七铝酸十二钙	$12CaO \cdot 7Al_2O_3$	凝结迅速,强度不高

2. 技术要求

(1)细度:比表面积不小于 $300~m^2/kg$ 或 $0.045~mm$ 筛余量不大于 20%。

(2)凝结时间要求见表 3—18。

(3)强度等级:各类型铝酸盐水泥的不同龄期强度值不得低于表 3—19 的数值。

表 3—18 铝酸盐水泥凝结时间

水泥类型	凝结时间	
	初凝时间(min)	终凝时间(h)
CA-50	不早于 30	不迟于 6
CA-60	不早于 60	不迟于 18
CA-70	不早于 30	不迟于 6
CA-80	不早于 30	不迟于 6

表 3—19 铝酸盐水强度要求

类 型	抗压强度(MPa)				抗折强度(MPa)			
	6 h	1 d	3 d	28 d	6 h	1 d	3 d	28 d
CA-50	20	40	50	—	3.0	5.5	6.5	—
CA-60	—	20	45	85	—	2.5	5.0	10.0
CA-70	—	30	40	—	—	5.0	6.0	—
CA-80	—	25	30	—	—	4.0	5.0	—

3. 铝酸盐水泥的性质与应用

(1)凝结硬化快,早期强度高,高温下后期强度下降

铝酸盐水泥加水后迅速与水反应,硬化速度极快,其 1d 强度可达到极限强度的 60%~80% 左右,因此,适用于抢建、抢修、冬期施工等特殊需要的工程。但由于铝酸盐水泥硬化体中的晶体结构在长期使用过程中会发生转变,$Al(OH)_3$ 凝胶也会出现老化现象,引起铝酸盐水泥混凝土后期强度下降较大,故应按最低稳定强度值设计,不宜用于长期承重的结构。铝酸盐水泥混凝土最低稳定强度值以试件脱模后放入 50℃±2℃ 水中养护,取龄期为 7d 和 14d 强度值之低者来确定。

(2)耐热性强

从铝酸盐水泥水化特性上看,铝酸盐水泥不宜在温度高于 30℃ 的环境下施工和长期使用,但高于 900℃ 的环境下可用于配制耐热混凝土。这是由于温度在 700℃ 时可产生固相反应,由烧结结合代替水化结合,即瓷性胶结代替了水硬胶结,这种烧结结合作用随温度的升高而更加明显。因此铝酸盐水泥可作为耐热混凝土的胶结材料,可制成使用温度达到 900~1300℃ 的耐热混凝土和砂浆,用于窑炉衬砖等。

(3)抗渗性及抗硫酸盐性好

铝酸盐水泥在水化后不析出 $Ca(OH)_2$,且硬化后结构比较致密,有较强的抗渗性和抗硫酸盐腐蚀性能,同时对碳酸、稀盐酸等侵蚀性溶液也有较好的稳定性,因此铝酸盐水泥可用于抗硫酸盐侵蚀的工程。

(4)水化热大,放热快

铝酸盐水泥水化热集中于早期释放,1 天内即可释放出水化热总量的 70%~80%,而硅酸盐水泥放出同样热量需要 7d。如此集中的水化放热作用使铝酸盐水泥适合低温季节,特别是寒冷地区的冬期混凝土工程,不宜浇筑大体积混凝土工程。

(5)耐碱性很差

水化铝酸钙遇碱即发生化学反应,使水泥石结构疏松,强度大幅度降低。因此铝酸盐水泥不得用于接触碱性溶液的工程。

除特殊情况外,铝酸盐水泥一般不得与硅酸盐水泥、石灰等能析出氢氧化钙的胶凝物质混合使用;可以与具有脱模强度的硅酸盐水泥混凝土接触使用,但接茬处不应长期处于潮湿状态。

 # 复习思考题

1. 硅酸盐水泥熟料的矿物成分有哪些?它们相对含量的变化对水泥性能有什么影响?

2. 硅酸盐水泥水化后的主要产物有哪些?其形态和特性如何?

3. 水泥石的组成有哪些?每种组成对水泥石的性能有何影响?

4. 水泥石凝结硬化过程中为什么会出现体积安定性不良?安定性不良的水泥有什么危害?如何处理?

5. 在国家标准中,为什么要限制水泥的细度、初凝时间和终凝时间必须在一定范围内?

6. 既然硫酸盐对水泥石有腐蚀作用,为什么在水泥生产过程中还要加入石膏($CaSO_4 \cdot 2H_2O$)?

7. 硅酸盐水泥有哪些特性,主要适用于哪些工程? 在使用过程中应注意哪些问题? 为什么?

8. 在水泥中掺入活性混合材料后,对水泥性能有何影响?

9. 与硅酸盐水泥比较,掺混合材料的水泥在组成、性能和应用等方面有何不同?

10. 矿渣水泥、火山灰水泥和粉煤灰水泥这三种水泥在性能及应用方面有何异同?

11. 下列混凝土工程中,应优先选用哪种水泥? 不宜选用哪种水泥?

(1)干燥环境的混凝土;(2)湿热养护的混凝土;(3)厚大体积的混凝土;(4)水下工程的混凝土;(5)60 MPa 的混凝土;(6)热工窑炉的基础;(7)路面工程的混凝土;(8)冬期施工的混凝土;(9)严寒地区水位升降范围内的混凝土;(10)水库闸门等有抗渗要求的混凝土;(11)经常与流动淡水接触的混凝土;(12)经常受硫酸盐腐蚀的混凝土;(13)紧急抢修工程;(14)修补建筑物裂缝。

12. 与硅酸盐水泥比较,铝酸盐水泥在性能及应用方面有哪些不同?

第四章 混 凝 土

混凝土是由胶凝材料、粗细骨料和水按适当的比例配制,经一定时间后硬化而成的人造石材。目前使用最多的是以水泥为胶凝材料的混凝土,称为水泥混凝土,它是现今世界上用途最广、用量最大的人造建筑材料,也是重要的建筑结构材料。

混凝土在建筑工程中应用广泛,它除原材料来源丰富,价格较金属、木材和塑料便宜,经久耐用,能耗少外,还具有以下优点:

(1)混凝土拌和物具有良好的可塑性,可用来制成不同形状和不同尺寸的构件或整体结构物。

(2)可根据不同要求,改变组成成分及其数量比例,配制不同性能要求的混凝土。

(3)与钢筋有牢固的黏结力,并与钢筋热膨胀系数相近,二者可复合为钢筋混凝土。

(4)耐久性良好,一般不需要维护保养,维修费用低。

(5)可预制成各种构件进行装配,也可浇筑为整体结构物以增强其抗震性。

混凝土的缺点是自重大,抗拉强度低,干燥时易收缩,脆性大。

混凝土按其表观密度的大小,可分为:

重混凝土——表观密度>2800 kg/m³;

普通混凝土——表观密度=2000~2800 kg/m³;

轻混凝土——表观密度<2000 kg/m³。

按其用途可分为普通混凝土、防水混凝土、耐热混凝土、耐酸混凝土、膨胀混凝土、防辐射混凝土、道路混凝土、装饰混凝土等。

按其所用胶凝材料可分为水泥混凝土、沥青混凝土、聚合物混凝土、树脂混凝土、水玻璃混凝土等。

按其生产和施工方法可分为预拌混凝土、喷射混凝土、泵送混凝土、压力灌浆混凝土、离心混凝土、碾压混凝土、挤压混凝土、真空吸水混凝土、加气混凝土等。

第一节 普通混凝土的组成材料

普通混凝土是以水泥为胶凝材料,以砂、石为骨料加水拌和,经过浇筑成型,凝结硬化形成的石状材料。在混凝土组成材料中,砂、石对混凝土起骨架作用,其中小颗粒的骨料填充大颗粒的空隙。水泥和水组成水泥浆,它包裹在所有粗、细骨料的表面并填充在骨料空隙中。在混凝土硬化前,水泥浆起润滑作用,使得混凝土拌和物具有流动性,便于施工;在混凝土硬化后起胶结作用,把砂、石骨料胶结为整体,使得混凝土具有强度,成为坚硬的人造石材,其结构如图4—1所示。

混凝土的质量在很大程度上取决于组成材料的性质和用量,

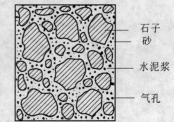

图4—1 混凝土拌和物

同时也与混凝土的施工工艺(搅拌、振捣、养护等)有关。因此必须了解混凝土组成材料的性质、作用及质量要求,才能合理选用组成材料。

一、水 泥

水泥是混凝土中最重要的组成材料,应从以下两方面合理选用水泥。

1. 水泥品种的选择

配制混凝土时,选用水泥的品种应根据工程特点和所处环境条件,按所掌握的各种水泥特性进行合理选择。在满足工程需要的前提下,可选用价格较低的水泥品种,以节约工程造价。

2. 水泥强度等级的选择

水泥强度等级的选择应与混凝土设计强度等级相适应,原则上是配制高强度等级的混凝土选用高强度等级的水泥,配制低强度等级的混凝土选用低强度等级的水泥。对普通混凝土,一般以水泥强度为混凝土强度的 0.9~1.5 倍为宜。

如选用高强度水泥配制低强度等级混凝土时,会使水泥用量偏少,影响混凝土的和易性及密实度,因此应掺入一定数量的掺合料(如粉煤灰)。如采用低强度水泥配制高强度等级的混凝土,需用水泥量较大,不经济,并且影响混凝土的其他性质。

二、细 骨 料

粒径在 0.15~4.75 mm 之间的骨料称为细骨料。混凝土的细骨料主要采用天然砂,有时也采用人工砂和混合砂。天然砂按照其产源可分为河砂、海砂和山砂。山砂富有棱角,表面粗糙,与水泥浆粘结力好,但含泥量和含有机杂质较多。海砂颗粒表面圆滑,比较洁净,但常混有贝壳碎片,而且含盐分较多。河砂颗粒介于山砂和海砂之间,比较洁净,而且分布较广。一般工程上大都采用河砂。人工砂是用岩石轧碎而成,富有棱角,比较洁净,其缺点是片状颗粒和石粉较多,而且成本较高。

砂按其技术要求分为Ⅰ类、Ⅱ类、Ⅲ类。Ⅰ类砂宜用于强度等级大于 C60 的混凝土;Ⅱ类砂宜用于强度等级 C30~C60 及有抗冻、抗渗或其他要求的混凝土;Ⅲ类砂宜用于强度等级小于 C30 的混凝土和建筑砂浆。

(一)有害杂质含量要求

砂中的有害杂质(如云母、硫酸盐及硫化物、有机物、黏土、淤泥和尘屑以及轻物质等)都会使混凝土的强度、耐久性降低,因此其含量必须控制在一定范围内,如表 4—1 所示。对于重要工程,混凝土用砂还需进行碱骨料活性检验。

表 4—1 砂中有害杂质含量限值

项 目	指 标		
	Ⅰ类	Ⅱ类	Ⅲ类
云母含量(按质量计,%)	≤1	≤2	
硫化物与硫酸盐含量(按 SO_3 质量计,%)	≤0.5		
有机物含量(用比色法试验)	合格		
氯化物含量(以氯离子质量计,%)	≤0.01	≤0.02	≤0.06
轻物质(按质量计,%)	≤1.0		

天然砂中含泥量和泥块含量应符合表 4—2 的规定。对于有抗渗、抗冻或其他特殊要求的小于或等于 C25 混凝土用砂,其含泥量不应大于 3.0%,泥块含量不应大于 1.0%。

表 4—2　天然砂中含泥量和泥块含量

混凝土强度等级	≥C60	C55～C30	≤C25
含泥量(按质量计,%)	≤2.0	≤3.0	≤5.0
泥块含量(按质量计,%)	≤0.5	≤1.0	≤2.0

(二)砂的坚固性

天然砂的坚固性用硫酸钠溶液检验,砂样经 5 次循环后其质量损失应符合表 4—3 的规定。

对于有抗疲劳、耐磨、抗冲击要求的混凝土用砂或有腐蚀介质作用或处于水位变化区的地下结构用砂,其坚固性指标应小于 8%。

人工砂采用压碎指标法进行试验,压碎指标值应小于表 4—4 的规定。

表 4—3　砂的坚固性指标

项　目	指　标		
	Ⅰ类	Ⅱ类	Ⅲ类
质量损失(%)	≤8		≤10

表 4—4　压碎指标

项　目	指　标		
	Ⅰ类	Ⅱ类	Ⅲ类
单级最大压碎指标(%)	≤20	≤25	≤30

(三)砂的颗粒级配及粗细程度

砂的颗粒级配是指砂中大小不同的颗粒搭配的情况。级配良好的砂应当是小颗粒的砂恰好填满中等颗粒砂的空隙,而中等颗粒的砂又恰好填满大颗粒砂的空隙,使得砂的总空隙率为最小。因此用于填充砂粒空隙的水泥浆较少,来达到节约水泥和提高强度的目的。

砂的粗细程度是指不同粒径的砂混合在一起后的总体粗细程度。砂子通常分为粗砂、中砂和细砂。在相同质量条件下,粗砂的总表面积较小,包裹砂粒表面的水泥浆用量较少;反之细砂的总表面积较大,包裹砂粒表面的水泥浆用量较多。因此,一般来说,用粗砂拌制混凝土比用细砂拌制混凝土所需水泥浆要少。但如砂子过粗,易使混凝土拌和物产生离析、泌水等现象,影响混凝土的工作性。

由此可知,当混凝土的和易性要求为一定时,为了节约水泥而又能满足和易性要求,应该选用级配良好的粗砂。

砂的颗粒级配和粗细程度,常用筛分析的方法来测定。

砂筛分析法是用一套标准筛将砂子试样依次进行筛分,标准筛以 7 个为一套,筛孔边长依次为 9.50、4.75、2.36、1.18、0.6、0.3 及 0.15 mm,将 500 g 烘干砂试样由粗到细依次过筛,然后称出剩留在各个筛上的砂质量,并计算出各筛上的分计筛余率 a_i 和累计筛余率 A_i,分计筛余率和累计筛余率的关系如表 4—5 所示。

表 4—5　筛分试验计算

筛孔边长(mm)	分计筛余率(%)	累计筛余率(%)
4.75	a_1	$A_1 = a_1$
2.36	a_2	$A_2 = a_1 + a_2$
1.18	a_3	$A_3 = a_1 + a_2 + a_3$

筛孔边长（mm）	分计筛余率（%）	累计筛余率（%）
0.6	a_4	$A_4 = a_1 + a_2 + a_3 + a_4$
0.3	a_5	$A_5 = a_1 + a_2 + a_3 + a_4 + a_5$
0.15	a_6	$A_6 = a_1 + a_2 + a_3 + a_4 + a_5 + a_6$

砂的粗细程度可用累计筛余率计算细度模数 M_x 来表示。

$$M_x = (A_2 + A_3 + A_4 + A_5 + A_6 - 5A_1)/(100 - A_1) \qquad (4-1)$$

砂按其细度模数可分为粗砂（$M_x = 3.7 \sim 3.1$）、中砂（$M_x = 3.0 \sim 2.3$）、细砂（$M_x = 2.2 \sim 1.6$）和特细砂（$M_x = 1.5 \sim 0.7$）。

砂的细度模数并不能反映砂级配的好坏，细度模数相同的砂，级配可能不同。因此，在配制混凝土时，还必须考虑砂的级配区。

我国《建筑用砂》(GB/T 14684—2011)规定，砂按 $600~\mu m$ 筛孔的累计筛余率分成三个级配区，见表4—6。建筑用砂的颗粒级配，应处于表4—6中的任何一个级配区内。但表中所列的累计筛余率，除 4.75 mm 和 $600~\mu m$ 筛号外，允许有超出分区界线，其总量不应大于 5%。以累计筛余率为纵坐标，以筛孔尺寸为横坐标，根据表4—6的规定，可画出1、2、3级配区的筛分曲线，如图4—2所示。

表4—6 砂的级配区规定

筛孔尺寸	级 配 区		
	1 区	2 区	3 区
	累计筛余率（%）		
9.50 mm	0	0	0
4.75 mm	10～0	10～0	10～0
2.36 mm	35～5	25～0	15～0
1.18 mm	65～35	50～10	25～0
600 μm	85～71	70～41	40～16
300 μm	95～80	92～70	85～55
150 μm	100～90	100～90	100～90

配制混凝土时宜优先选用 2 区砂。当采用 1 区砂时，应提高砂率，并保持足够的水泥用量，满足混凝土的和易性；当采用 3 区砂时，宜适当降低砂率；当采用特细砂时，应符合相应规定。配制泵送混凝土，宜选用中砂。

混凝土用砂应就地取材，若某些地区的砂料出现过粗、过细或自然级配不良时，可采用人工级配（即将两种砂掺配使用）来调整其粗细程度和改善颗粒级配。

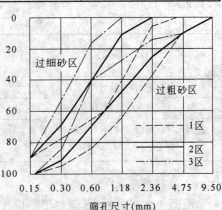

图4—2 砂的级配区曲线

（四）骨料的含水状态

图 4—3 表示骨料的四种含水状态。骨料若不含水分，称完全干燥状态；若内部含有部分水分，称为气干状态；骨料颗粒表面干燥，而颗粒内部的孔隙为水饱和时，称为饱和面干状态，此时的含水率称为饱和面干含水率；若骨料不仅内部孔隙为水饱和，而且表面还有部分表面水，则称为含水润湿状态。由于骨料含水率不同，在拌制混凝土时，将影响混凝土的用水量和骨料用量。计算混凝土配合比时，一般以完全干燥状态骨料为基准，而一些大型水利工程常以饱和面干骨料为基准。当细骨料表面含有表面水时，常会出现砂的表观体积明显增大的现象，称为砂的湿胀。

(a) 干燥状态　　　(b) 气干状态　　　(c) 饱和面干　　　(d) 湿润状态

图 4—3　骨料的含水状态

三、粗 骨 料

粒径大于 4.75 mm 的骨料称为粗骨料。常用的粗骨料有天然卵石（砾石）和人工碎石。天然卵石有河卵石、海卵石和山卵石等。河卵石表面光滑，少棱角，比较洁净，有的具有天然级配。而山卵石含有较多黏土等杂质，使用前需冲洗干净，河卵石最为常用。碎石是将坚硬岩石轧碎而成，一般比天然卵石干净，而且表面粗糙，颗粒富有棱角，与水泥石黏结较牢。

按卵石、碎石技术要求分为Ⅰ类、Ⅱ类、Ⅲ类。Ⅰ类宜用于强度等级大于 C60 的混凝土；Ⅱ类宜用于强度等级 C30～C60 及有抗冻、抗渗或其他要求的混凝土；Ⅲ类宜用于强度等级小于 C30 的混凝土。

选用粗骨料也应就地取材，其品质必须符合《建设用卵石、碎石》(GB/T 14685—2011)规定的质量指标。

（一）有害杂质含量

粗骨料中有害杂质主要有黏土、淤泥、有机物、硫化物和硫酸盐等，其危害作用同细骨料中的有害杂质相同。有害杂质含量应符合表 4—7 规定的要求。

表 4—7　粗骨料中有害杂质含量规定

项　　目	质量指标		
	Ⅰ类	Ⅱ类	Ⅲ类
含泥量（按质量计，%）	≤0.5	≤1.0	≤1.5
泥块含量（按质量计，%）	0	≤0.2	≤0.5
硫化物及硫酸盐含量（折算成 SO_3 按质量计，%）	≤0.5	≤1.0	
有机物	合格		

（二）颗粒形状

混凝土用粗骨料，其颗粒形状以接近正方形或球形为佳，针状或片状颗粒含量尽可能少。针状颗粒是指颗粒长度大于骨料平均粒径 2.4 倍，片状颗粒则是指颗粒厚度小于骨料平均粒径的 0.4 倍。平均粒径指一个粒级的骨料其上、下限粒径的平均值。对针状、片状颗粒含量的限定见表 4—8。

表 4—8 针、片状颗粒含量限值

项　　目	指　　标		
	Ⅰ类	Ⅱ类	Ⅲ类
针、片状颗粒(按质量计,%)	<5	<10	<15

(三)最大粒径及颗粒级配

1.最大粒径

粗骨料中公称粒级的上限称为该粒级的最大粒径,当骨料最大粒径增大时,骨料的比表面积减小,保证一定厚度润滑层所需的水泥浆数量减少。因此,在条件许可情况下,粗骨料的最大粒径尽可能选用得大些。但骨料最大粒径受混凝土结构形式和配筋疏密程度限制。根据《混凝土质量控制标准》(GB 50164—2011)的规定,混凝土用的粗骨料最大公称粒径不得大于构件截面最小尺寸的 1/4,且不得大于钢筋最小净间距的 3/4;对混凝土实心板,骨料的最大公称粒径不宜大于板厚的 1/3,且不得大于 40 mm;对于大体积混凝土,粗骨料最大公称粒径不宜小于 31.5 mm。

2.颗粒级配

粗骨料和细骨料一样,要求石子具有良好的颗粒级配,使粗骨料的空隙率和总表面积较小,这样拌制的混凝土水泥用量较少,密实度较好,有利于改善混凝土拌和物的和易性,并能提高混凝土的强度。

石子的颗粒级配也是通过筛分试验来测定的,石子标准筛的筛孔边长为 2.36、4.75、9.50、16、19、26.5、31.5、37.5、53、63、75 及 90 mm 等 12 个筛,普通混凝土用碎石或卵石的颗粒级配应符合表 4—9 的规定。试样筛分析所需筛号,可根据需要选用。

表 4—9 碎石或卵石的颗粒级配

公称粒级(mm)		累计筛余(%)											
		方孔筛(mm)											
		2.36	4.75	9.50	16.0	19.0	26.5	31.5	37.5	53.0	63.0	75.0	90
连续粒级	5~16	95~100	85~100	30~60	0~10	0							
	5~20	95~100	90~100	40~80	—	0~10	0						
	5~25	95~100	90~100	—	30~70	—	0~5	0					
	5~31.5	95~100	90~100	70~90	—	15~45	—	0~5	0				
	5~40	—	95~100	70~90	—	30~65	—	—	0~5	0			
单粒粒级	5~10	95~100	80~100	0~15	0								
	10~16		95~100	80~100	0~15								
	10~20		95~100	85~100	—	0~15	0						
	16~25			95~100	55~70	25~40	0~10						
	16~31.5		95~100		85~100			0~10	0				
	20~40			95~100	—	80~100		0~10	0				
	40~80					95~100		—	70~100	30~60	0~10		0

粗骨料的颗粒级配有连续级配和间断级配两种。连续级配要求颗粒尺寸由大到小连续分级,每一级骨料都占有适当的比例。由于连续级配的骨料含有各种大小颗粒,相互搭配比例比较合适,配制的混凝土拌和物和易性较好,不易产生分层离析现象,因此建筑工程中多采用连续级配的石子。间断级配是人为地去除粗骨料中的某些粒级,造成颗粒粒级的间断,大颗粒间的空隙直接由比它小得多的颗粒来填充,从而降低空隙率,达到节约水泥的目的,但混凝土拌和物易产生离析现象,增加施工困难。对于低流动性和干硬性混凝土来说,如采用强力振动来施工,则采用间断级配是适宜的。

(四)强　度

为了保证混凝土的强度,粗骨料应具有足够的强度。粗骨料强度一般以碎石或卵石的立方强度或压碎指标来反映。

测定碎石的立方强度是从母岩中制取 50 mm×50 mm×50 mm 的立方体(或直径与高均为 50 mm 的圆柱体)试件,在吸水饱和状态下测定其极限抗压强度值。其极限抗压强度值与设计的混凝土抗压强度之比不应小于 1.5,而且岩浆岩的强度不应低于 80 MPa,变质岩不应小于 60 MPa,沉积岩不应小于 30 MPa。

碎石的强度用立方体抗压强度表示,比较直观,但在实际中存在试件加工困难,而且对卵石来说,无法用此种方法测定,因此常用压碎指标来衡量粗骨料的强度。压碎指标是将一定气干状态下 10～20 mm 的石子装入规定的圆筒内,加荷至 200 kN,卸荷后称取试样重(G),然后用孔径为 2.5 mm 的筛进行筛分,称取试样的剩余重(G_1),则压碎指标为

$$压碎指标 = \frac{G-G_1}{G} \times 100\% \tag{4—2}$$

压碎指标越大,表示粗骨料抵抗碎裂的能力越差。压碎指标应符合表 4—10 的要求。

表 4—10　压碎指标

项　　目	指　　标		
	Ⅰ类	Ⅱ类	Ⅲ类
碎石压碎指标	≤10	≤20	≤30
卵石压碎指标	≤12	≤14	≤16

(五)坚　固　性

粗骨料的坚固性是指碎石、卵石在气候、外力或其他物理因素作用下抵抗碎裂的能力。对有抗冻性要求的混凝土所用粗骨料,要求测定其抗冻性。用硫酸钠溶液检验,测定五次循环后的质量损失,应满足表 4—11 的要求。

表 4—11　坚固性指标

项　　目	指　　标		
	Ⅰ类	Ⅱ类	Ⅲ类
质量损失(%)	≤5	≤8	≤12

四、混凝土拌和及养护用水

混凝土拌和用水按其水源可分为饮用水、地表水、地下水、再生水、混凝土企业设备洗刷水

和海水等。

在拌制混凝土的用水中，不得含有影响水泥正常凝结硬化的有害杂质或油脂、糖类等。未经处理的海水严禁用于钢筋混凝土和预应力混凝土。

根据《混凝土用水标准》(JGJ 63—2006)的规定，对混凝土用水的质量要求是：不影响混凝土的凝结硬化；无损于混凝土强度发展及耐久性；不加快钢筋脆断；不污染混凝土表面。对混凝土用水中的物质含量限值见表4—12。

表 4—12　混凝土用水中的物质含量限值

项　　目	预应力混凝土	钢筋混凝土	素混凝土
pH 值	≥5	≥4.5	≥4.5
不溶物(mg/L)	≤2 000	≤2 000	≤5 000
可溶物(mg/L)	≤2 000	≤5 000	≤10 000
氯化物(以 Cl^-)(mg/L)	≤500	≤1 000	≤3 500
硫酸盐(以 SO_4^{2-} 计)(mg/L)	≤600	≤2 000	≤2 700
碱含量(mg/L)	≤1 500	≤1 500	≤1 500

注：碱含量按 $Na_2O+0.658K_2O$ 计算值来表示。采用非碱活性骨料时，可不检验碱含量。

第二节　混凝土的性能

要生产质量优良的混凝土，不仅需要选择质量合格的组成材料，而且还要求混凝土拌和物具有适于施工的和易性，以期硬化后能够得到均匀密实的混凝土；要求具有足够的强度，以保证建筑物能够安全地承受各种设计荷载；要求具有一定的耐久性，以保证结构物在所处的环境经久耐用。

一、新拌混凝土的性能

由胶凝材料、砂、石及水拌制成的混合料，称为混凝土拌和物，又称新拌混凝土。混凝土拌和物必须具备良好的和易性，才能便于施工和制得密实均匀的混凝土硬化体，从而保证混凝土的质量。

(一)和易性的概念

混凝土的和易性是指在一定条件下，便于各种施工操作并能获得均匀、密实的混凝土的一种综合性能，它包括流动性、黏聚性和保水性等三个方面的含义。

流动性是指混凝土拌和物在自重或外力作用下能产生流动并均匀、密实地充满模型的性能。流动性的大小主要取决于用水量和水泥浆用量的多少。流动性直接影响着浇捣施工的难易和混凝土的质量。

黏聚性是指混凝土拌和物在施工过程中其组成材料之间具有一定的黏聚力，不致产生分层和离析的现象。黏聚性的大小主要取决于水泥浆用量的多少或配合比是否恰当。黏聚性差的混凝土拌和物，或者发涩，或者产生石子下沉，石子与砂浆容易分离，振捣后会出现蜂窝、空洞等现象。

保水性是指混凝土拌和物在施工过程中具有一定的保水能力，不致产生严重的泌水现象。

保水性差的拌和物,在混凝土捣实后,一部分水分易从内部析出至表面,在水渗流之处留下许多毛细管孔道,成为以后混凝土内部的透水通道。另外,在水分上升的同时,一部分水还会滞留在石子及钢筋的下缘形成水隙,从而减弱水泥浆与石子及钢筋的胶结作用。所有这些都会影响混凝土的密实性,降低混凝土的强度和耐久性。

因此,为了保证混凝土的均匀性,不仅要求混凝土拌和物具有足够的流动性,而且还要具有良好的黏聚性和保水性。

(二)和易性的测定方法

混凝土和易性是一种综合性的技术性质,目前主要采用一定的试验方法测定混凝土拌和物的流动性,再辅以直观的经验目测评定黏聚性和保水性。按《混凝土质量控制标准》(GB 50164—2011)的规定,混凝土拌和物的稠度以坍落度与坍落扩展度或维勃稠度作为指标。坍落度与坍落扩展度适用于流动性较大的混凝土拌和物,维勃稠度适用于干硬性混凝土拌和物。

1. 坍落度与坍落扩展度法

将混凝土拌和物按规定方法装入坍落筒中,装捣刮平后,将坍落筒垂直向上提起,此时坍落筒中混凝土拌和物则因自重而产生坍落,量出坍落的毫米数,即为混凝土拌和物的坍落度值(图4—4)。

当混凝土拌和物的坍落度大于 220 mm 时,用钢尺测量混凝土扩展后最终的最大直径和最小直径,用其算术平均值作为坍落扩展度值。

在测定混凝土拌和物的坍落度的同时,还应用捣棒敲击已坍落的混凝土拌和物试体,观察其受击后下沉、坍落情况及四周泌水情况,然后凭目击情况判断混凝土拌和物黏聚性和保水性的优劣。

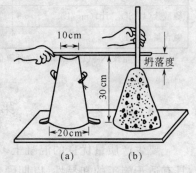

图 4—4 混凝土坍落度试验

坍落度试验只适用于骨料最大粒径不超过 40 mm 的混凝土拌和物。

根据坍落度的大小,可将混凝土拌和物分为:

干硬性混凝土——坍落度<10 mm;

低塑性混凝土——坍落度=10～40 mm;

塑性混凝土——坍落度=50～90 mm;

流动性混凝土——坍落度=100～150 mm;

大流动性混凝土——坍落度>160 mm。

《混凝土质量控制标准》规定,坍落度检验适用于坍落度不小于 10 mm 的混凝土拌和物,维勃稠度检验适用于维勃稠度 5～30 s 的混凝土拌和物,扩展度适用于泵送高强混凝土和自密实混凝土。

2. 维勃稠度测定

用维勃稠度仪(图4—5)测定拌和物的工作性是由瑞士的维勃纳(Bahrner)提出的,现已得到广泛应用。试验时先将混凝土拌和物按规定方法装入存放在圆桶内的截头圆锥桶(无底)内,装满后垂直向上提走圆锥桶,再在拌和物锥体顶面盖一透明玻璃圆盘,然后开启振动台,同时计时,记录当玻璃圆盘底面布满水泥浆时所用的时间,以秒计,所读秒数即为维勃稠度值。

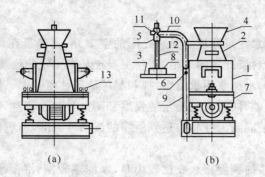

(a)   (b)

图 4—5 维勃稠度仪

1—容器;2—坍落度筒;3—透明圆盘;4—喂料斗;5—套筒;6—定位螺丝;7—振动台;
8—荷重;9—支柱;10—旋转架;11—测杆螺丝;12—测杆;13—固定螺丝

（三）坍落度的选择

工程中选择混凝土拌和物的坍落度,应根据结构形式、运输方式和距离、泵送高度、浇筑和振捣方式以及工程所处环境条件等确定。原则上,在便于施工操作和捣固密实的条件下,应尽可能选择较小的坍落度,以节约水泥并能够得到质量合格的混凝土。

（四）影响和易性的主要因素

1. 混凝土拌和物的单位用水量

混凝土中单位用水量(每 1 m³ 混凝土中的用水量)是决定混凝土拌和物流动性的基本因素。在采用一定的骨料情况下,如果单位用水量一定,单位水泥用量增减不超过 50～100 kg,坍落度大体上保持不变,这就是所谓的固定用水量法则。这一法则给混凝土配合比设计带来了方便,即通过固定单位用水量,变化水胶比,从而得到既满足和易性要求,又满足强度要求的设计。

混凝土拌和物的单位用水量,当混凝土的水胶比在 0.40～0.80 范围时,应根据粗骨料品种、规格及施工要求按表 4—13 和表 4—14 选用;当混凝土水胶比小于 0.4 时,可通过试验确定。

表 4—13 干硬性混凝土的用水量(kg/m³)

拌和物稠度		卵石最大粒径(mm)			碎石最大粒径(mm)		
项目	指标	10.0	20.0	40.0	16.0	20.0	40.0
	16～20	175	160	145	180	170	155
维勃稠度(s)	11～15	180	165	150	185	175	160
	5～10	185	170	155	190	180	165

表 4—14 塑性混凝土的用水量(kg/m³)

所需坍落度 (mm)	卵石最大粒径(mm)				碎石最大粒径(mm)			
	10.0	20.0	31.5	40.0	16.0	20.0	31.5	40.0
10～30	190	170	160	150	200	185	175	165
35～50	200	180	170	160	210	195	185	175
55～70	210	190	180	170	220	205	195	185
75～90	215	195	185	175	230	215	205	195

注:(1)本表用水量系采用中砂时的平均值。如采用细砂,每 1 m³ 混凝土用水量可增加 5～10 kg,采用粗砂则可减少 5～10 kg。

(2)掺用各种外加剂或掺合料时,可相应减少用水量。

2. 水泥浆数量

在混凝土拌和物中,水泥浆除填充骨料之间的空隙外,还包裹在骨料周围,形成具有一定厚度的润滑层,以减少骨料彼此间的摩阻力,使混凝土具有一定的流动性。在水胶比不变的情况下,单位体积拌和物内,水泥浆用量越多,拌和物的流动性也越大。但水泥浆用量过大,将会出现流浆现象,黏聚性变差,同时对混凝土的强度和耐久性也会产生不利影响,而且多耗了水泥。因此水泥浆用量以使混凝土拌和物达到所需的流动性为准,不应任意增大。

3. 水 胶 比

水胶比决定着水泥浆的稠度。水胶比较小时,水泥浆较稠,混凝土拌和物的流动性较小,而黏聚性较好,泌水较少。当水胶比过小时,会使拌和物流动性过低,影响施工。因此,水胶比不能过大或过小,应根据混凝土强度和耐久性要求合理选用。

4. 砂 率

砂率(β_s)是指混凝土拌和物中所用砂的质量占骨料总质量的百分数,即

$$\beta_s = \frac{m_{s0}}{m_{g0} + m_{s0}} \times 100\% \qquad (4—3)$$

试验证明,砂率对拌和物的和易性有很大影响。图4—6显示砂率对拌和物坍落度的影响存在极大值。这是由于在混凝土配合比设计中,细骨料填充粗骨料的空隙,水泥浆填充砂子的空隙并有一定富余,并在骨料的表面形成润滑层,减少石子颗粒间的摩阻力,所以在一定的砂率范围内,随着砂率增大,润滑作用显著增加,流动性可以提高;另一方面,在砂率增加的同时,骨料的总表面积必随之增大,会使得水泥浆由富余变为不足,拌和物显得干稠,流动性反而随着砂率的增加而降低。另外,砂率过小还会使拌和物黏聚性和保水性变差,容易产生离析、流浆等现象。所以,砂率有一个合理值。采用合理砂率时,在用水量和水泥用量不变的情况下,可使拌和物获得所要求的流动性和良好的黏聚性与保水性。

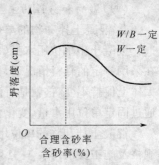

图4—6 合理砂率

5. 组成材料特性

(1)水泥品种的影响

在水泥用量和用水量一定的情况下,水泥品种对坍落度也有影响。普通硅酸盐水泥与火山灰水泥相比需水量较小,水泥浆较稀,流动性较好;矿渣水泥中的矿渣在形成过程中呈玻璃态,不易磨细,保水性差,泌水性较大。

(2)骨料性质的影响

骨料由于其在混凝土中占据的体积最大,因此它的性质对拌和物和易性的影响也较大。骨料的性质指骨料的品种、级配、颗粒粗细及表面形状等。级配较好的骨料,其拌和物流动性较大,黏聚性与保水性较好,针状和片状骨料较少而球形骨料较多,其拌和物流动性较大;表面光滑的骨料,如河砂、卵石,其拌和物流动性较大;骨料的最大粒径增大,由于其表面积减小,拌和物流动性较大。

6. 外 加 剂

混凝土拌和物掺入减水剂或引气剂可大幅度提高拌和物的流动性,引气剂还可有效改善拌和物的黏聚性和保水性,二者还分别对混凝土硬化后的强度与耐久性起着十分有利的作用。

7. 温度和时间

提高温度会使混凝土拌和物的坍落度减小。随着时间的延长,混凝土拌和物的坍落度也会逐渐降低,特别是夏季施工时,经过长途运输或掺用外加剂的混凝土,这种随温度和时间的增长而变化的现象更加显著。

二、硬化混凝土的性质

硬化后混凝土最重要的技术性质是强度和变形,即在外力作用下有关变形的性能和抵抗破坏的能力。

(一)混凝土的强度

混凝土强度是工程施工中控制和评定混凝土质量的主要指标。混凝土强度有抗压、抗拉、抗弯和抗剪等强度,其中以抗压强度为最大,抗拉强度最小,一般抗拉强度只有抗压强度的1/8～1/20。因此,在结构工程中,混凝土主要用于承受压力。

1. 抗压强度及强度等级

我国采用立方体抗压强度作为混凝土的强度特征值。根据标准试验方法,规定以边长为150 mm 的立方体试件为标准试件,在标准养护条件(温度 20℃±2℃,相对湿度 95% 以上)下养护 28 d,通过测定抗压强度来确定。混凝土强度等级小于 C60 时,用非标准试件测得的强度值应乘以尺寸换算系数:200 mm×200 mm×200 mm 试件为 1.05,100 mm×100 mm×100 mm 试件为 0.95。当混凝土强度等级大于等于 C60 时,宜采用标准试件,使用非标准尺寸试件时,尺寸折算系数应由试验确定。

混凝土的强度等级根据立方体抗压强度标准值确定。立方体抗压强度标准值是指按标准试验方法测得的立方体抗压强度总体分布中的一个值,强度低于该值的概率应为 5%。混凝土强度等级采用符号"C"与立方体抗压强度标准值(以 MPa 计)表示,划分为 C15、C20、C25、C30、C35、C40、C45、C50、C55、C60、C65、C70、C75、C80、C85、C90、C95、C100 等 19 个强度等级。

在结构设计中,考虑到受压构件是棱柱体(或圆柱体)而不是立方体,所以采用棱柱体试件比立方体试件更能反映混凝土的实际受压情况。由棱柱体试件测得的抗压强度称为棱柱体抗压强度,又称为轴心抗压强度。我国目前采用 150 mm×150 mm×300 mm 的棱柱体进行棱柱体抗压强度试验。据统计,轴心抗压强度约为同截面立方体抗压强度的 0.8 倍。

2. 混凝土的抗拉强度

混凝土的抗拉强度很低,一般只有抗压强度的1/8～1/20,并且这个比值随着混凝土强度等级的提高而降低。所以在结构设计中,一般不考虑混凝土承受拉力。但混凝土的抗拉强度对于混凝土抵抗产生裂缝有着密切的关系,在进行构件的抗裂度检算时,抗拉强度是一项主要指标。

确定混凝土抗拉强度常用的方法是劈裂法,简称劈裂强度。如图 4—7 所示,劈裂抗拉强度按下式计算:

$$f_{ts} = \frac{2P}{\pi \cdot A} = 0.637\frac{P}{A} \qquad (4—4)$$

式中　f_{ts}——混凝土劈裂抗拉强度(MPa);

　　　P——破坏荷载(N);

　　　A——试件劈裂面面积(mm^2)。

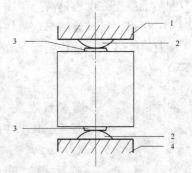

图 4—7　混凝土劈裂抗拉试验
1—上压板;2—垫条;
3—垫层;4—下压板

目前我国混凝土劈裂抗拉强度采用 150 mm×150 mm×150 mm 的试件作为标准试件。采用 100 mm×100 mm×100 mm 非标准试件测得的劈裂抗拉强度值,应乘以尺寸换算系数 0.85;当混凝土强度等级大于等于 C60 时,宜采用标准试件。

3. 影响混凝土强度的因素

影响混凝土强度的因素很多,包括原材料的质量、成分配合及施工等各个环节,均可能对混凝土强度产生一定影响。这些因素主要如水泥强度等级与水胶比、骨料种类及质量、养护条件及龄期等。

(1)水泥强度等级和水胶比

普通混凝土的受力破坏,主要出现在水泥石与骨料的分界面上以及水泥石中。因为这些部位往往存在有孔隙、水隙和潜在微裂缝等结构缺陷,是混凝土的薄弱环节。骨料首先破坏的可能性较小,因为骨料强度一般要大于水泥石和黏结面的强度。所以,混凝土强度主要取决于水泥石强度和其与骨料之间的黏结力。而水泥石的强度及其与骨料间黏结力又取决于水泥强度等级和水胶比的大小。试验证明,在相同配合比情况下,所用水泥强度等级越高,混凝土的强度越高;在水泥品种、强度等级不变情况下,混凝土强度随着水胶比的增大而有规律地降低。

从理论上讲,水泥水化时所需的水一般只占水泥质量的 23% 左右,但在拌制混凝土拌和物时,为了获得必要的流动性,常常需要多加一些水。一般常用的塑性混凝土,水胶比通常在 0.4~0.8 之间。混凝土中多余的水分不仅使水泥浆变稀,胶结力减弱,而且多余的水分残留在混凝土中形成水泡或水道,随混凝土硬化蒸发后留下孔隙,从而减少混凝土实际受力面积,而且在混凝土受力时,容易在孔隙周围产生应力集中。因此,水胶比越大,多余水分越多,留下的孔隙也越多,混凝土的强度也越低。反之,混凝土的强度越高。但如果水胶比过小,则拌和物过于干硬,在一定的捣实成型条件下,混凝土难于成型密实,从而使混凝土强度下降。混凝土强度与水胶比的关系如图 4—8 所示。

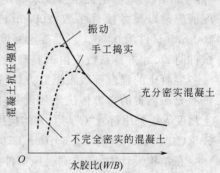

图 4—8　混凝土强度与水胶比的关系

在相同水胶比和相同试验条件下,水泥强度等级越高,则水泥石强度越高,从而使用其配制的混凝土强度也越高。

根据大量试验结果,在材料相同的情况下,混凝土 28d 强度 $f_{cu,0}$ 与其水胶比(W/B)及胶凝材料 28d 胶砂抗压强度 f_b 的关系符合下列经验公式:

$$\frac{W}{B}=\frac{\alpha_a \cdot f_b}{f_{cu,0}+\alpha_a \cdot \alpha_b \cdot f_b} \tag{4—5}$$

式中　α_a,α_b——经验系数,与骨料的品种、水泥品种等因素有关:按《普通混凝土配合比设计规程》(JGJ/T 55—2011),卵石采用 $\alpha_a=0.49$,$\alpha_b=0.13$;碎石采用 $\alpha_a=0.53$,$\alpha_b=0.20$;

　　　　f_b——胶凝材料 28d 胶砂抗压强度值。

当胶凝材料 28d 胶砂抗压强度值(f_b)无实测值时,可按下式计算:

$$f_b=\gamma_f \gamma_s f_{ce}$$

式中　γ_f,γ_s——粉煤灰影响系数和粒化高炉矿渣影响系数,可按表 4—15 选用;

f_{ce}——水泥胶砂 28d 抗压强度(MPa),可实测,也可按 $f_{ce}=\gamma_c f_{ce,g}$ 计算,其中 $f_{ce,g}$ 为水泥强度等级,γ_c 为水泥强度等级值的富余系数,可按实际统计资料确定,也可按表 4—16 选用。

表 4—15 粉煤灰影响系数(γ_f)和粒化高炉矿渣粉影响系数(γ_s)

掺量(%) 种类	粉煤灰影响系数 γ_f	粒化高炉矿渣粉影响系数 γ_s
0	1.00	1.00
10	0.85~0.95	1.00
20	0.75~0.85	0.95~1.00
30	0.65~0.75	0.90~1.00
40	0.55~0.65	0.80~0.90
50	—	0.70~0.85

表 4—16 水泥强度等级值的富余系数(γ_c)

水泥强度等级值	32.5	42.5	52.5
富余系数	1.12	1.16	1.10

混凝土强度经验公式很具有实际意义。它可以解决以下两个问题:一是当所采用的水泥强度等级已定,欲配制某种强度的混凝土时,可以估计应采用的水胶比值;二是当已知采用的水泥强度等级及水胶比值时,可以估计 28d 可达到的强度。

(2)骨　料

混凝土骨料级配良好、砂率适当时,由于组成了坚强密实的骨架,有利于强度的提高。一般骨料本身强度都比水泥石强度高(轻骨料除外),所以不直接影响混凝土的强度。

碎石骨料表面粗糙、多棱角,与水泥石黏结力比较大;卵石骨料表面光滑,与水泥石黏结力较小。因而在水泥强度等级和水胶比相同条件下,碎石混凝土强度高于卵石混凝土强度。

(3)龄　期

在正常养护条件下,混凝土的强度随龄期而增长,在最初的 7d 内增长很快,7d 后逐渐减慢,28d 后增长就很缓慢了。但只要具备一定的温、湿度条件,混凝土的强度增长可延续数十年之久。混凝土强度与龄期的关系如图 4—9 所示。试验证明,在标准条件下养护的混凝土,其强度大致与龄期的对数成正比。

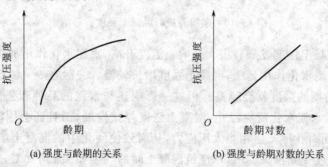

(a) 强度与龄期的关系　　　　　(b) 强度与龄期对数的关系

图 4—9　混凝土强度增长曲线

$$\frac{f_n}{f_{28}}=\frac{\lg n}{\lg 28} \tag{4—6}$$

式中　f_n——混凝土 n 天龄期的抗压强度(MPa);

　　　f_{28}——混凝土 28d 龄期的抗压强度(MPa);

　　　n——养护龄期(d),$n \geqslant 3$。

利用上式可根据混凝土某一已知龄期的混凝土强度,推算同一混凝土另一龄期的强度。但应注意,由于水泥品种的不同,或养护条件的不同,混凝土强度的增长与龄期的关系也不一样。用上式推算所得结果,与实际情况相比,早期偏低,后期偏高,所以仅可作一般估算参考。

(4)养护条件

混凝土浇捣完毕后,必须保持适当的温度和足够的湿度,使水泥充分水化,以保证混凝土强度不断发展。如果在干燥的环境中,混凝土首先表面干燥,由于负压作用,混凝土内部的水分会不断蒸发排出,使得混凝土内部水分不足,影响水化反应的进行,并影响强度的发展,有时还会出现裂缝。

图 4—10 表示潮湿养护对混凝土强度的影响。由图可知,混凝土受干燥日期越早,其强度损失越大。混凝土硬化期间缺水,将会导致结构疏松,易形成干缩裂缝,增大渗水而影响混凝土的耐久性。为此,施工规范规定,在混凝土浇筑完毕后,应在 12 h 内进行覆盖并开始浇水,在夏季施工混凝土进行自然养护时,更要特别注意浇水保潮养护。对于采用硅酸盐水泥、普通硅酸盐水泥或矿渣硅酸盐水泥配制的混凝土,采用浇水和潮湿覆盖的养护时间不得少于 7d。对于采用粉煤灰硅酸盐水泥、火山灰质硅酸盐水泥、复合硅酸盐水泥配制的混凝土,或掺加缓凝剂的混凝土以及大掺量矿物掺合料的混凝土,采用浇水和潮湿覆盖的养护时间不得少于 14d。

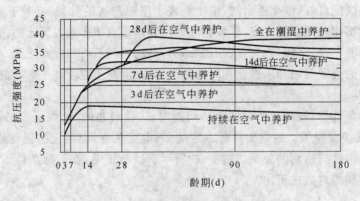

图 4—10　潮湿养护对混凝土强度的影响

养护温度对混凝土强度发展有很大影响。温度升高,水泥水化作用加快,混凝土强度增长也较快;温度越低,则水化作用延缓,混凝土强度增长较慢。一般在 5~40℃ 的范围内,温度越高,28d 以前各个龄期的强度就会越高。但这一影响还与水泥的品种和强度等级有关。当温度降至 0℃ 以下时,水泥水化反应停止,混凝土强度停止发展,而且还会因混凝土中的水分结冰产生体积膨胀,而对孔壁产生相当大压应力,从而致使硬化中的混凝土结构遭到破坏,导致混凝土已获得的强度受到损失。所以,浇筑混凝土时的气温如果低于 5℃,就应按冬期施工办法来处理。

（5）施工方法

拌制混凝土时采用机械搅拌比人工拌和更均匀。对于水胶比小的混凝土拌和物,采用强制式搅拌机比采用自由落体式效果更好。实践证明,在相同配合比和成型密实条件下,机械搅拌的混凝土强度一般比人工搅拌的提高10％左右。

浇筑混凝土时采用机械成型比人工捣实要密实得多,这对低水胶比的混凝土尤为显著。由于在振动作用下,暂时破坏了水泥浆的凝聚结构,降低了水泥浆的稠度,同时骨料间的摩阻力也大大减小,从而使混凝土拌和物的流动性提高,得以很好地填满模型,且内部孔隙减少,有利于混凝土的密实度和强度的提高。

另外,采用分次投料搅拌新工艺,也能提高混凝土的强度。

（6）试验条件

混凝土的抗压强度是通过破坏性试验来测定的。同样的混凝土,如果试验条件不同,试验结果也不同。试验结果主要受试件形状和尺寸的影响。试验证明,在其他条件相同的情况下,试件尺寸越小,测得的强度越高。其原因主要有:第一,试件端面与试验机承压板之间存在着摩阻力。混凝土试件在逐渐增大的压力荷载下,在沿荷载作用方向发生纵向变形的同时,也会按泊松比效应产生横向变形。试验机上下两个承压板（钢板）的弹性模量比混凝土大5～15倍,而泊松比则不大于混凝土的两倍,所以,在荷载作用下承压板的横向应变小于混凝土的横向应变（假定在横向都能自由变形）,因而上下承压板对试件的横向膨胀起了约束作用。这种约束作用就是试件与承压面间摩阻力的来源。愈接近试件的端面,这种约束作用愈大。在距离端面大约 $\frac{\sqrt{3}}{2}a$（a 为试件的横向尺寸）的范围以外,约束作用才会消失。第二,试件的大小不同,试件中缺陷出现的几率也不一样。由于试件中的裂缝、孔隙和局部软弱等缺陷,都将导致减少受力面积或引起应力集中,因而会降低试件的强度。试件尺寸增大时,存在缺陷的概率也会增大。

由于试件尺寸对混凝土抗压强度有影响,故当使用非标准尺寸试件时,试验结果应乘上一个换算系数。我国当前采用 150 mm×150 mm×150 mm 的立方体作为标准试件,如采用其他尺寸的试件时,所测得的抗压强度应乘以换算系数。

（7）提高混凝土强度的措施

为了施工的需要及满足工程结构的要求,常常需要提高混凝土的强度。混凝土的增强措施如下:

①采用高强度等级的水泥

在混凝土配合比不变的情况下,采用高强度等级水泥可提高混凝土28 d 龄期的强度,采用早强型水泥可提高混凝土的早期强度。

②采用低水胶比的混凝土拌和物

降低混凝土拌和物的水胶比,可以大大减少游离水,从而也减少内部孔隙和毛细管,提高硬化混凝土的强度。但水胶比减少过多,将影响拌和物的流动性,造成施工困难,可采取掺加混凝土减水剂的办法,使混凝土在低水胶比的情况下仍然有良好的和易性。

③施工采用机械搅拌和振捣

当施工采用干硬性混凝土或低流动性混凝土时,必须同时采用机械搅拌和机械振捣混凝土,否则不可能使混凝土达到成型密实和强度提高。

④采用蒸压养护

将成型的混凝土制品置于高压釜内养护。一般釜内温度为 180℃,压力为 8 个大气压左右。这样水泥水化析出的氢氧化钙与二氧化硅反应,生成结晶较好的水化硅酸钙,可有效地提高混凝土强度,并加速水泥的水化与硬化。这种方法对掺有活性混合材的水泥更为有效。

4. 混凝土的变形

混凝土在硬化和使用过程中,由于受物理、化学及力学性质等因素影响,常会发生各种变形,包括硬化过程中的化学收缩、湿胀干缩变形、温度变形及荷载作用下的变形等。

(1)化学收缩

混凝土在硬化过程中,由于水泥水化产物的体积小于反应前物质的总体积,致使混凝土出现体积收缩,这种收缩称为化学收缩。其收缩量随混凝土的龄期的增加而增加,一般在 40d 后渐趋稳定。化学收缩是不可逆的。化学收缩将使混凝土的孔隙率增大,降低混凝土的密实性。

(2)干缩湿胀

混凝土因周围环境湿度的变化,会产生湿胀干缩变形,这是由于混凝土中水分的变化引起的。当混凝土在水中硬化时,由于凝胶体中胶体粒子吸附水膜增厚,胶体粒子间的距离增大,会产生微小的膨胀。当混凝土在空气中硬化时,由于吸附水蒸发而引起凝胶体失水、紧缩;毛细孔水的蒸发使孔中的负压增大产生收缩力,使混凝土产生干缩。已干燥的混凝土再次吸水变湿时,原有的干缩变形将大部分消失,也有少部分(约 30%~50%)是不消失的。

混凝土湿胀变形量很小,一般没多大影响,但干缩变形对混凝土的危害较大,往往会引起混凝土开裂,故在实际工程中应予以注意。影响混凝土干缩的因素很多。防止过大收缩的主要措施有:①限制水泥用量,保证一定骨料用量;②选择合适的水泥品种;③减小水胶比,充分捣实;④加强早期养护。

由于干缩是混凝土的固有性质,因此必须由钢筋和伸缩缝加以限制。混凝土板设置伸缩缝或每 3 m 长设置一道深的人工槽,可以使混凝土板与基底相对自由地活动而防止板中间开裂。

(3)温度变形

混凝土也具有热胀冷缩的性质。混凝土的温度膨胀系数为 $(0.6\sim1.3)\times10^{-5}/℃$,即温度每改变 1℃,每米长的混凝土将产生 0.01 mm 的膨胀或收缩变形。温度变形对大体积混凝土极为不利。

在混凝土硬化初期,水泥水化会放出较多的热量。由于混凝土是热的不良导体,散热缓慢,所以在大体积混凝土中的内部,温度将增高,有时可高达 40~50℃,从而导致混凝土内部产生显著体积膨胀,与此同时,混凝土外部却随着气温的降低而冷却收缩,混凝土内部膨胀与外部收缩这两种作用相互抵制,结果使混凝土外部产生很大的拉应力。当外部混凝土所受拉应力超过当时混凝土的极限抗拉强度时,外部就会开裂,这种裂缝会严重降低混凝土结构的整体性和耐久性。为此,大体积混凝土施工常常采用低热水泥,并掺加缓凝剂及采取人工降温等措施。

对于纵长的结构物,例如混凝土挡土墙或路面等,都应设伸缩缝或温度钢筋。

(4)受荷变形

①混凝土的弹塑性变形

混凝土是多相复合材料,不是完全的弹性体而是弹塑性体。在它受力时,既会产生可以恢复的弹性变形,又会产生不可恢复的塑性变形,所以应力—应变曲线不是直线而是曲线。普通混凝土的应力与应变的比值随着其应力的增大而减小,并不完全遵循虎克定律。

②混凝土弹性模量

在应力—应变曲线上任一点的应力与应变的比值,称为混凝土在该应力下的变形模量,它反映了混凝土所受应力与应变之间的关系。混凝土弹性模量的测定,采用 150 mm×150 mm×300 mm 的棱柱体试件,取其轴心抗压强度(f_{cp})值的 1/3 作为试验控制应力荷载值,经对中和两次预压(加荷方法如图 4—11 所示),测得应力和变形值,然后按下式计算混凝土弹性模量:

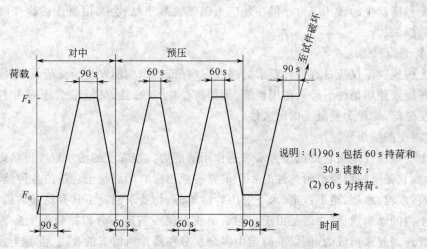

图 4—11　混凝土弹性模量加荷方法示意图

$$E_c = \frac{F_a - F_0}{A} \times \frac{L}{\Delta n} \tag{4—7}$$

式中　E_c——混凝土弹性模量(MPa);

　　　　F_a——应力为 1/3 轴心抗压强度时的荷载(N);

　　　　F_0——应力为 0.5 MPa 时的初始荷载(N);

　　　　A——试件承压面积(mm^2);

　　　　L——测量标距(mm);

　　　　Δn——最后一次从 F_0 加荷至 F_a 时试件两侧变形的平均值(mm)。

$$\Delta n = \varepsilon_a - \varepsilon_0 \tag{4—8}$$

式中　ε_a——F_a 时试件两侧变形的平均值(mm);

　　　　ε_0——F_0 时试件两侧变形的平均值(mm)。

混凝土的弹性模量取三个试件测得值的算术平均值。

混凝土的弹性模量随着混凝土强度的提高而提高,当混凝土强度在 C10~C60 之间时,其弹性模量约为 $(1.75\sim3.60)\times10^4$ MPa。在结构设计中,当计算钢筋混凝土的变形、裂缝开展及大体积混凝土的温度应力时,都需要用到混凝土的弹性模量。

混凝土弹性模量主要随着骨料和水泥石弹性模量的变化而变化。由于水泥石的弹性模量一般低于骨料的弹性模量,所以混凝土骨料含量较多,则混凝土弹性模量较高。此外,混凝土水胶比减小、养护较好及龄期较长时,混凝土弹性模量较大。

试验证明,混凝土受拉弹性模量与受压弹性模量相近,数值略低于受压弹性模量。

③混凝土的徐变

常温下,混凝土承受的外荷载不超过使用荷载时,会产生一种不可恢复的长期变形,称为徐变。之所以会产生徐变,是由于硬化后的混凝土中存在着凝胶体,在作用荷载不变的情况下,凝胶体会发生缓慢迁移,使变形增加,这种在恒定荷载作用下随着时间的增长而产生的变形是不可恢复的,但到一定时期后可以稳定下来。徐变与作用应力成正比。

混凝土的徐变一般可达 $(3\sim15)\times10^{-4}$。对于钢筋混凝土构件,混凝土的徐变能消除内部的应力集中,使应力比较均匀地重新分布;对于大体积混凝土,混凝土的徐变能消除一部分由于温度变形所产生的破坏应力。但在预应力钢筋混凝土结构中,混凝土的徐变将使钢筋的预应力受到损失。

5. 混凝土的耐久性

混凝土构筑物不仅应具有设计要求的强度,以保证构筑物能安全承受荷载,还应具有在所处的自然环境及使用条件下经久耐用性能,例如抗渗性、抗冻性、抗侵蚀性、抗碳化性以及预防碱—骨料反应等,统称为混凝土的耐久性。

(1)混凝土的抗渗性

混凝土的抗渗性是指它抵抗压力水渗透作用的能力。混凝土的渗水程度直接影响着混凝土的耐久性,它是反映混凝土耐久性的一个重要特征指标。用混凝土建造的各种地下结构物,如地下建筑、水池、水坝、地下铁道、水下及山岭隧道等,均要求混凝土具有足够的抗渗性。

混凝土内的渗水通道,主要是由于水泥石中或水泥石与砂石骨料接触面上各种各样的缝隙和毛细管连通起来形成的,例如混凝土中多余水分在蒸发后留下的孔道,混凝土拌和物泌水时在骨料颗粒和钢筋下缘形成的水囊或水膜,或者由内部到表面所留下的泌水通道等。所有的孔道、缝隙和水囊,在压力水作用下,将形成连通的渗水管道。此外,施工不当也很容易形成渗水孔道或缝隙。

混凝土的抗渗性用抗渗等级 P 表示。根据《普通混凝土长期性能和耐久性能试验方法》(GB/T 50082—2009)的规定,混凝土抗渗等级测定采用顶面直径为 175 mm、底面为 185 mm、高为 150 mm 的圆台体标准试件,在规定试验条件下测定六个试件中有三个试件端面渗水时为止,则混凝土抗渗等级以六个试件中四个未出现渗水时的最大水压力计算,计算式为

$$P=10H-1 \tag{4—9}$$

式中 P——混凝土抗渗等级;

H——六个试件中三个渗水时的水压力(MPa)。

混凝土抗渗等级分为 P4、P6、P8、P10 及 P12 等五级,相应表示混凝土抵抗 0.4 MPa、0.6 MPa、0.8 MPa、1.0 MPa 及 1.2 MPa 的水压力而不渗水。设计时应按工程实际承受水压选择抗渗等级。

提高混凝土抗渗性的措施有:混凝土尽量采用低水胶比;骨料要致密、干净、级配良好;混凝土施工振捣密实;养护混凝土要有适当的温、湿度及足够的时间;掺加引气剂或引气减水剂等。

(2)混凝土的抗冻性

混凝土的抗冻性是指混凝土在水饱和状态下,能经受多次冻融循环作用而不破坏,同时强度也不显著降低的性能。水结冰时,体积约膨胀 9%,所以当混凝土内部可渗水的孔隙或毛细管中的水分结冰膨胀时,将产生相当大的内压力,作用在孔隙或毛细管壁上,引起混凝土的开

裂或破坏。由于混凝土内孔隙或毛细管的形状、尺寸、分布位置以及充水程度的不同,混凝土冻害程度也不同。在冻害作用下,混凝土内部的微裂缝将随着冻融循环次数的增多而加大,并逐渐扩展和连接,以至逐渐降低了混凝土的强度,在外观上表现为混凝土的掉棱、掉角、脱皮等破坏现象。

混凝土的抗冻性以抗冻等级 F 表示。混凝土的抗冻等级,是以标准养护 28d 龄期的立方体试件,在吸水饱和后于 +5℃ ~ -18℃ 情况下进行反复冻融,最后以相对动弹性模量下降至不低于 60%、质量损失率不超过 5% 时混凝土所能承受的最大冻融循环次数来表示。混凝土的抗冻等级分为 F50、F100、F150、F200、F250、F300、F350、F400 和大于 F400 等 9 个等级,其中数字表示混凝土在水冻水融条件能经受的最大冻融循环次数。

混凝土的抗冻性也可用抗压强度损失率不超过 25% 和质量损失率不超过 5% 时所承受的最大循环次数来表示,称为混凝土抗冻标号,分为 D25、D50、D100、D150、D200、D250、D300 和大于 D300 等,其中数字表示混凝土在气冻水融条件下能经受的最大冻融循环次数。

(3)混凝土的抗侵蚀性

混凝土不密实时,外界侵蚀性介质就会通过内部的孔隙或毛细管通道侵入到水泥石内部进行化学反应,从而引起混凝土的腐蚀破坏。因此,要提高混凝土耐化学腐蚀性,关键在于选用耐腐蚀性好的水泥和提高混凝土内部的密实性。从材料本身来说,混凝土的耐化学腐蚀性,主要取决于水泥石的抵抗能力。

(4)混凝土的碳化

混凝土的碳化是指空气中的二氧化碳与水泥石中的氢氧化钙发生化学反应,生成碳酸钙和水。碳化过程是二氧化碳由表及里向混凝土内部进行,碳化深度大致随其碳化时间的延长而增大,但增大速度逐渐减慢。混凝土碳化深度 D(mm)大致与其碳化时间 t(天或年)的平方根成正比,即

$$D = \alpha \cdot \sqrt{t} \qquad\qquad (4—10)$$

式中 α 为碳化速度系数,它反映混凝土抗碳化能力的强弱。α 值越大,表示碳化速度越快,混凝土的抗碳化能力越差。

碳化会使混凝土的碱度降低,减弱对钢筋的保护作用。当碳化深度超过混凝土保护层而达到钢筋表面时,混凝土内部的钢筋就具备了腐蚀的前提,在水与空气存在的条件下,就会产生腐蚀,而钢筋腐蚀会引起体积膨胀,使混凝土保护层出现裂缝及剥落现象。碳化还会引起混凝土的收缩,易使混凝土表面产生微细裂缝。但表层混凝土碳化时生成的碳酸钙,可减少水泥石孔隙,对防止有害介质的内侵具有一定缓冲作用。

(5)混凝土中的碱—骨料反应

碱—骨料反应是指混凝土内水泥中的碱(Na_2O 和 K_2O)与骨料中的活性二氧化硅发生化学反应,生成碱—硅酸凝胶,其吸水后会产生体积膨胀(体积可增大 3 倍),从而导致混凝土受到膨胀压力的作用而开裂的现象。

发生碱—骨料反应的三个必要条件是:①水泥中的碱含量高,以等当量 Na_2O 计,($Na_2O + 0.658K_2O$)% 大于 0.6%;②骨料中夹杂有活性氧化硅,由活性氧化硅组成的矿物有蛋白石、玉髓和鳞石英等,它们常常存在于流纹岩、安山岩、凝灰岩等天然岩石中;③有水存在。干燥情况下,不会发生碱—骨料反应。

工程中应对骨料进行检验。对含有活性骨料并确认有可能发生碱—骨料反应时,可采取

以下措施:①采用碱含量小于 0.6% 的水泥;②采用火山灰质硅酸盐水泥,或在硅酸盐水泥中掺加沸石岩或凝灰岩等火山灰质材料,以便于吸收钠离子和钾离子,使反应物均匀分布于混凝土中,而不集中于骨料颗粒表面;③适当掺入引气剂,以降低碱—骨料反应时膨胀带来的破坏作用。

(6)提高混凝土耐久性的措施

混凝土的耐久性,主要决定于组成材料的品质和混凝土本身的密实度及孔隙特征。混凝土密实,不仅强度高,而且毛细管孔道少,环境水不易渗入,因而其耐久性也高。在相同密实度条件下,混凝土中的孔隙小且封闭而分散时,耐久性较高。提高混凝土耐久性的主要措施如下:

①合理选择水泥品种。根据工程所处环境及使用条件,合理选用水泥品种。

②适当控制混凝土的水胶比和水泥用量。选用较小的水胶比,尽量减少拌和用水量,这样可以减少由多余游离水分造成的各种孔隙,而且还可以减少混凝土拌和物因沉降和泌水作用形成的各种渗水通道,因此,在各国的有关规范中,大都把控制最大水胶比作为保证混凝土耐久性的主要措施。我国规范规定的混凝土最大水胶比限值见表 4—26(见后)。

为了保证混凝土具有足够的密实度,保护钢筋不致生锈,以及使钢筋与混凝土能够牢固地黏着,要求混凝土中有足够的水泥用量,为此,规范规定,钢筋混凝土最小胶凝材料用量应符合表 4—27 的规定(见后)。

③掺用引气剂或减水剂。掺用引气剂或减水剂,对提高混凝土耐久性效果显著。

④改善施工方法,提高施工质量。进行混凝土施工时,应做到搅拌透彻、灌注均匀、振捣密实、养护加强。

第三节　混凝土外加剂和掺合料

混凝土材料是当今世界上使用量最大、应用最为广泛的建筑材料,自发明至今已有近 200 年的历史,现已普遍用于高层、超高层建筑、大跨度桥梁、水工大坝、海洋资源开发等所有土木建筑工程中。随着建筑技术的不断进步,对混凝土的要求也越来越高,混凝土不仅要能做到可调凝、早强、高强、水化热低、大流动度、轻质、低脆性、高密实和高耐久性等以及其他特殊性能,而且还要求制备的成本低、成型容易、养护简单等。为达到这些目的,掺入不同特性的外加剂可以改善混凝土的各种性能,如和易性、凝结时间、早期和后期强度、抗渗性、抗冻性、抗锈性等。正是由于外加剂的研究和发展,促进了混凝土生产、施工工艺的发展及新型混凝土的出现。掺外加剂的混凝土在工程中的应用比例越来越大,不少国家使用掺外加剂的混凝土已占混凝土总量的 60%～90%。因此,外加剂已逐渐成为混凝土中必不可少的第五种组分。外加剂品种已由最初的几种发展到目前近 20 类几百个品种。

混凝土外加剂是指在混凝土拌制之前或拌制过程中掺入,用以改善新拌混凝土或(和)硬化混凝土性能的物质,其掺量一般不大于水泥质量的 5%(特殊情况除外),简称外加剂。掺量大于 5% 的一般为掺合料。但混凝土外加剂不应与水泥工艺外加剂混为一谈,在水泥生产过程中掺入的混合材料、石膏和助磨剂以及在混凝土拌和时掺入的掺合料等均不属于混凝土外加剂。混凝土外加剂仅是作用于无机胶凝材料混凝土中以水泥作胶凝材料的混凝土,用以改善水泥混凝土性能的物质。

一、混凝土的外加剂

（一）外加剂的分类与定义

1. 外加剂的分类

混凝土外加剂按其主要使用功能可分为四类。

（1）调节或改善混凝土拌和物流变性能的外加剂，如普通减水剂、高效减水剂、缓凝高效减水剂、早强减水剂、缓凝减水剂、引气减水剂、泵送剂、絮凝剂、灌浆剂。

（2）调节混凝土凝结时间、硬化性能的外加剂，如缓凝剂、早强剂、速凝剂。

（3）改善混凝土耐久性的外加剂：

①增强混凝土物理力学性能的外加剂，如防冻剂、膨胀剂、密实剂。

②增强混凝土抗侵蚀作用的外加剂，如防水剂、阻锈剂、碱骨料反应抑制剂、杀菌剂、减缩剂。

（4）改善混凝土其他性能的外加剂：

①调节混凝土空气含量的外加剂，如引气剂、加气剂、消泡剂、稳泡剂。

②改变混凝土特殊性能的外加剂，如着色剂、芳香剂、保水剂（增稠剂）、界面剂（黏结剂）、脱模剂。

2. 外加剂命名及定义

（1）普通减水剂。在不影响混凝土工作性的条件下，能使单位用水量减少，或在不改变单位用水量的条件下可改善混凝土的工作性，或同时具有以上两种效果又不显著改变含气量的外加剂。

（2）高效减水剂。在不改变混凝土工作性的条件下，能大幅度地减少单位用水量并显著提高混凝土强度，或不改变单位用水量的条件下可显著改善工作性的减水剂。

（3）早强减水剂。兼有早强作用的减水剂。

（4）缓凝减水剂。兼有缓凝作用的减水剂。

（5）引气减水剂。兼有引气作用的减水剂。

（6）引气剂。能使混凝土中产生均匀分布的微气泡，并在硬化后仍能保留其气泡的外加剂。

（7）泡沫剂。因物理作用而引入大量空气于混凝土中，从而能用以生产泡沫混凝土的外加剂。

（8）加气剂。在混凝土拌和时和浇筑后发生化学反应，放出氢、氧、氮等气体并形成气孔的外加剂。

（9）早强剂。能提高混凝土早期强度并对后期强度无显著影响的外加剂。

（10）缓凝剂。能延缓混凝土凝结时间并对后期强度无显著影响的外加剂。

（11）阻锈剂。能阻止或减小混凝土中钢筋或金属预埋件发生锈蚀作用的外加剂。

（12）膨胀剂。能使混凝土在硬化过程中产生微量体积膨胀以补偿收缩，或少量剩余膨胀使体积更为致密的外加剂。

（13）速凝剂。能使混凝土急速凝结、硬化的外加剂。

（14）防水剂（抗渗剂）。能降低混凝土在静水压力下透水性的外加剂。

（15）泵送剂。能改善混凝土拌和物泵送性能的外加剂。

(16)防冻剂。能使混凝土在负温下硬化并在规定时间内达到足够强度的外加剂。

(17)灌浆剂。能改善浆料的浇筑特性,对流动性、膨胀性、体积稳定性、泌水离析等一种或多种性能有影响的外加剂。

(二)常用外加剂的组成与特性

1. 减 水 剂

(1)减水剂分类

减水剂通常按其化学成分分类。

①木质素系减水剂

减水剂的主要品种是木质素磺酸钙(又称 M 型减水剂),它是由生产纸浆或纤维浆的木质废液,以发酵处理、脱糖、浓缩、干燥、喷雾而制成的粉状物质。

M 型减水剂可改善混凝土的抗渗性及抗冻性,改善混凝土拌和物的工作性,减小泌水性,适用于大模板和大体积浇筑滑模施工、泵送混凝土及夏季施工等,但掺入 M 型减水剂不利于冬期施工,也不宜蒸汽养护。

②多环芳香族磺酸盐系减水剂

此类减水剂大多是通过合成途径制取,其主要成分为芳香族磺酸盐甲醛缩合物,原料是煤焦油中各馏分、萘、蒽、甲基萘等,经磺化、缩合而成。这类减水剂大都使用工业下脚料,又因生产工艺多样,故品种较多,多数为萘系的。

萘系减水剂的减水、增强、改善耐久性等效果均优于木质素系,属于高效减水剂。萘系减水剂对不同品种水泥的适应性都较强,主要用于配制要求早强、高强的混凝土及流态混凝土。

③溶性树脂系减水剂

溶性树脂系减水剂是世界上普遍应用的另一种高效减水剂。它是将三聚氰胺与甲醛反应制成三羟甲基三聚氰胺,然后用亚硫酸氢钠磺化,反应生成以三聚氰胺甲醛树脂磺酸盐为主要成分的一类减水剂。

树脂系减水剂属早期、非引气型高效减水剂,其减水及增强效果比萘系减水剂更好,对混凝土蒸养工艺适应性好,蒸养出池强度可提高 20%～30%,可缩短蒸养时间。

该减水剂适用于高强混凝土、早强混凝土、蒸养混凝土及流态混凝土等。

(2)减水剂的作用机理

①高效减水剂的作用机理

高效减水剂和普通减水剂基本上都是阴离子表面活性剂,它们在混凝土中所起的表面活性作用可概括如下:

a. 水泥粒子对高效减水剂的吸附以及高效减水剂对水泥的分散作用。

水泥加水转变成水泥浆后,在微观上是一种絮凝状结构,这是由于粒子间的范德华力作用、水化初期开始形成架物状水泥水化矿物、水泥主要矿物在水化过程中带不同电荷因而产生互相吸引等原因造成的。絮凝状结构中包裹了不少水。当减水剂分子被浆体中的水泥粒子吸附,在其表面形成扩散双电层,成为一个个极性分子或分子团,憎水端吸附于水泥颗粒表面而亲水端朝向水溶液,形成单分子层或多分子层的吸附膜。这种效果是拉拢了水分子而隔开了絮凝状的水泥粒子,使其处于高度的分散状态,释放出絮凝体中被包裹的水分子。同时,由于表面活性剂的定向吸附,使水泥颗粒朝外一侧带有同种电荷,产生了相斥作用,其结果是使水泥浆体形成一种不很稳定的悬浮状态,如图 4—12 和图 4—13 所示。

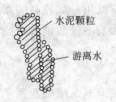

图 4—12　水泥浆的凝絮结构

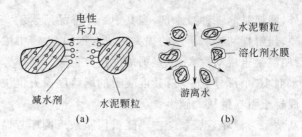

图 4—13　减水剂作用简图

b. 水泥颗粒表面的润滑作用

减水剂的极性亲水端朝向水溶液,多以氢键形式与水分子缔合,再加上水分子之间的氢键缔合,构成水泥微粒表面的一层水膜,阻止水泥颗粒间的直接接触,起到润滑作用。

水泥浆中的微小气泡,同样为减水剂分子的定向吸附极性基团所包裹,使气泡与气泡及气泡与水泥微粒间的因同电性相斥而类似在水泥微粒间加入许多滚珠,只是非引气性高效减水剂引入微细气泡较少而引气性高效减水剂引入的微细气泡多罢了。

c. 新型高效减水剂与水泥微粒间的立体吸附层结构

掺有高效减水剂的水泥浆中,高效减水剂的有机分子长链实际上在水泥微粒表面呈现出各种吸附状态。

不同的吸附形态是因高效减水剂分子链结构的不同所致,它直接影响到掺有该类减水剂混凝土的坍落度经时变化。近年来的研究表明,萘系和三聚氰胺系减水剂的吸附状态是棒状链,因而是平直的吸附,静电排斥作用较弱。其结果是 Zeta 电位降低很快,静电平衡容易随着水泥水化进程的发展受到破坏,使范德华尔引力占主导,坍落度经时变化大,也即坍落度损失大。而氨基磺酸类高效减水剂分子在水泥微粒表面呈环状、引线状和齿轮状吸附,它使水泥微粒之间的静电斥力呈现立体的、交错纵横式,立体的静电斥力和 Zeta 电位经时变化小,宏观表现为分散性更好,坍落度经时变化小。而多羧酸系接枝共聚物高效减水剂大分子在水泥微粒表面的吸附状态多呈现齿形。这种减水剂不但具有对水泥微粒极好的分散性,而且能保持坍落度经时变化很小。据分析,其一是由于接枝共聚物有很大量羧基存在,具有一定的螯合能力,加之枝链的立体静电斥力构成对粒子间凝聚作用的阻碍。其二是因为在强碱性介质(例如水泥浆体)中,接枝共聚链逐渐断裂开,释放出羧酸分子,使上述第一个效应不断得以重现。其三是接枝共聚物 Zeta 电位绝对值比萘系(NS)和三聚氰胺系(MS)减水剂低,因此要达到相同的分散状态时,所需要的电荷总量也不如 NS 及 MS 那样多。换句话说,掺量一样时,接枝共聚物对水泥粒子的分散效果更好。

②高效减水剂对新拌混凝土的影响

坍落度损失从大到小的排列顺序:

甲基萘系＞蜜胺树脂系＞萘系＞古玛隆重树脂系＞氨基磺酸盐系

对新拌混凝土的影响因素还有高效减水剂投入的先后顺序、方法、水泥中 C_3A、碱、石膏形态和数量的影响。如果水泥处在干燥状态时即与减水剂溶液接触,前者将后者吸附,就会严重削弱减水剂的分散作用。采用后掺法,即在混凝土拌和料加水搅拌 1～3 min 后再加入减水剂,这时水泥中一部分 C_3A 已经和水泥中的石膏作用生成水化硫铝酸钙,它对减水剂颗粒的吸附作用远小于 C_3A,因而能很好地使全部减水剂粒子发挥作用从而减缓坍落度损失。

此外,即使是同一种减水剂,当其中一个样品所含游离硫酸盐数量大时,该减水剂易使水泥浆变硬,新鲜拌和物坍落度的损失很快。例如,生产中浓硫酸和液碱用量都较高的萘系减水剂,尽管使混凝土流动性大,但是坍落度损失也大。稠环芳烃系减水剂中硫酸钠含量通常高于萘系减水剂 10 个百分点左右,其混凝土的坍落度损失也快于萘系减水剂。

对混凝土引气量从大到小:

甲基萘系＞稠环芳烃系＞古玛隆重树脂系＞稠环芳烃系＞萘系＞氨基磺酸盐系

对混凝土凝结时间影响从快到慢:

蜜胺树脂系＞萘系＞古玛隆树脂系＞稠环芳烃系＞氨基磺酸盐系

③对硬化混凝土性能的影响

a. 高效减水剂的使用能大幅度降低混凝土拌和的用水量,即降低水胶比,因此硬化后混凝土的空隙率就比较低。此外,高效减水剂对水泥的分散性能好,因而可改善水泥水化程度。二者综合的效果是显著提高混凝土各个龄期的强度,但 1 天龄期或更长期抗压强度则与不掺减水剂的空白混凝土相差不大。

b. 能提高混凝土的抗张、抗弯强度,但幅度小于抗压强度的提高,尤其对高强度混凝土,此趋势更明显。

c. 对中低强度混凝土来说,掺高效减水剂后,混凝土静力弹性模量有所提高,但 C60 以上高强混凝土则很少提高,而且强度越高,骨料弹性模量对混凝土弹性模量的影响越显著。例如石灰岩碎石混凝土弹性模量比花岗石碎石的大 35%,混凝土弹性模量实测值一般为:C30 级 $E=3.0\times10^4$ MPa,C60 级 $E=4.0\times10^4$ MPa,C90 级石灰岩混凝土 $E=4.5\times10^4$ MPa,花岗石混凝土 $E=3.35\times10^4$ MPa。

2. 引 气 剂

引气剂是在混凝土搅拌过程中能引入大量均匀分布、稳定而封闭的微小气泡且能保留在硬化混凝土中的外加剂。

(1)引气剂分类

①松香树脂类:松香热聚物、松脂皂类等;

②烷基和烷基芳烃磺酸盐类:十二烷基磺酸盐、烷基苯磺酸盐、烷基苯酚聚氧乙烯醚(OP乳化剂)等;

③脂肪醇磺酸盐类:脂肪醇聚氧乙烯醚、脂肪醇聚氧乙烯磺酸钠、脂肪醇硫酸钠等;

④皂甙类:三萜皂甙等;

⑤其他:蛋白质盐、石油磺酸盐等。

(2)引气剂的作用机理

引气剂也是表面活性剂,其与减水剂的区别在于:减水剂的活性作用主要发生在固—水界面,而引气剂的活性作用则发生在水—气界面。溶于水中的引气剂掺入混凝土拌和物中后,能显著降低水的表面张力,在水的搅拌作用下,容易引入空气形成许多微小的气泡。由于引气剂分子定向排列在气泡表面,使气泡坚固而不易破裂。气泡形成的数量与加入的引气剂种类和数量有关。

(3)对混凝土性能的影响

引气剂的掺入会增加混凝土含气量,可改善混凝土拌和物的和易性,同时可减少混凝土拌和物的泌水,但会导致混凝土强度降低,而泌水减少又会导致毛细管通道减少从而改善混凝土抗渗性,提高抗冻性。

(4)适用范围

引气剂及引气减水剂可用于抗冻混凝土、抗渗混凝土、抗硫酸盐混凝土、泌水严重的混凝土、贫混凝土、轻骨料混凝土、人工骨料配制的普通混凝土、高性能混凝土以及有饰面要求的混凝土,不宜用于蒸养混凝土及预应力混凝土,必要时应经试验确定。

3. 早 强 剂

早强剂是加速混凝土早期强度发展的外加剂。

(1)早强剂分类

早强剂按其化学成分分为无机早强剂、有机早强剂及复合早强剂三大类。

①强电解质无机盐类:硫酸盐、硫酸复盐、硝酸盐、亚硝酸盐、氯盐等;

②水溶性有机化合物类:三乙醇胺、甲酸盐、乙酸盐、丙酸盐等;

③复合早强剂类:有机化合物、无机盐复合物。

(2)早强剂的作用机理

不同的早强剂,其早强机理也不同。

①常用无机盐类早强剂作用机理

常用的无机盐类早强剂主要是 $CaCl_2$ 和 Na_2SO_4。$CaCl_2$ 水溶液与水泥中 C_3A 反应生成水化氯铝酸钙($3CaO \cdot Al_2O_3 \cdot CaCl_2 \cdot 32H_2O$)沉淀,同时还与 $Ca(OH)_2$ 作用生成氧氯化钙[$CaCl_2 \cdot 3Ca(OH)_2 \cdot 12H_2O$]和[$CaCl_2 \cdot Ca(OH)_2 H_2O$]沉淀,增加了水泥浆中固相的比例,形成坚强的骨架,有助于水泥浆结构的形成,最终表现为硬化快,早期强度高。Na_2SO_4 掺入混凝土中后,会迅速与水泥水化生成的 $Ca(OH)_2$ 作用生成二水石膏,此时生成的二水石膏有高度分散性,均匀分布于混凝土中,它与 C_3A 反应比外掺石膏更快,能更迅速生成水化硫铝酸钙,大大加快混凝土的硬化过程,起早强作用。

②三乙醇胺类早强剂作用机理

三乙醇胺是一种较好的络合剂。在水泥水化的碱性溶剂中,三乙醇胺能与 Fe^{3+} 和 Al^{3+} 等离子形成比较稳定的络离子,这种络离子与水泥水化物作用形成结构复杂、溶解度小的盐,从而使混凝土中固相比例增加,提高混凝土早期强度。

(3)对混凝土性能的影响

早强剂可提高混凝土早期强度,且对后期混凝土强度无不利影响,其中 $CaCl_2$ 会降低混凝土抗硫酸盐性,而 Na_2SO_4 则能提高混凝土的抗硫酸盐侵蚀性。含氯盐早强剂会加速混凝土中钢筋的锈蚀,因此掺量不宜过大。$CaCl_2$ 的掺量一般为水泥质量的 $1\% \sim 2\%$,掺量超过 4% 会引起快凝。为了防止氯盐对钢筋的锈蚀,除了根据不同场合限制混凝土氯盐掺量外,一般将氯盐与阻锈剂复合使用。含 Na_2SO_4 的早强剂掺入到含有活性骨料(蛋白石等)的混凝土中,会加速碱—骨料反应,导致混凝土破坏。Na_2SO_4 对钢筋无锈蚀作用,其掺量宜为 $0.5\% \sim 2\%$。

(4)适用范围

早强剂及早强减水剂适用于蒸养混凝土及常温、低温和最低温度不低于 $-5℃$ 环境中施工的有早强要求的混凝土工程,多用于冬期施工和抢修工程及需要在短期内拆模的混凝土工程。其中,氯化物对钢筋有锈蚀作用,常与阻锈剂复合使用。炎热环境条件下不宜使用早强剂和早强减水剂。

4. 缓 凝 剂

缓凝剂是延长混凝土凝结时间的外加剂。

(1)缓凝剂分类

缓凝剂按其材料成分分类。

①糖类:糖钙、葡萄糖酸盐等;

②木质素磺酸盐类:木质素磺酸钙、木质素磺酸钠等;

③羟基羧酸及其盐类:柠檬酸、酒石酸钠钾等;

④无机盐类:磷酸盐、锌盐等;

⑤其他:胺盐及其衍生物、纤维素醚等。

(2)缓凝剂的作用机理

无机类缓凝剂一般是在水泥颗粒表面形成一层难溶的薄膜,对水泥的正常水化起阻碍作用,从而导致缓凝。而有机类缓凝剂多为表面活性剂,能吸附在水泥颗粒表面,使所有水泥颗粒带同种电荷而相互排斥,从而阻碍水泥水化产物粘连和凝结,起缓凝作用。

(3)对混凝土性能的影响

缓凝剂的主要作用是延缓水泥水化速度,使混凝土凝结时间延长,但掺量不宜过大,否则会引起强度降低。如糖蜜的适宜掺量为 $0.2\% \sim 0.5\%$,掺量过大会使混凝土长时间疏松不硬,强度严重下降。缓凝剂对不同品种水泥的缓凝效果不同,甚至会出现相反效果。因此,使用前应进行搅拌,检验其效果。各类缓凝剂缓凝效果与环境温度有关。如糖类缓凝剂,环境温度越低,缓凝效果越好。

(4)适用范围

缓凝剂、缓凝减水剂及缓凝高效减水剂可用于大体积混凝土、碾压混凝土、炎热气候条件下施工的混凝土、大面积浇筑的混凝土、避免冷缝产生的混凝土、需较长时间停放或长距离运输的混凝土、自流平免振混凝土、滑模施工或拉模施工的混凝土及其他需要延缓凝结时间的混凝土。缓凝高效减水剂可配制高强高性能混凝土。缓凝剂宜用于日最低气温 5℃ 以上施工的混凝土,不宜单独用于有早强要求的混凝土及蒸养混凝土。柠檬酸及酒石酸钠钾等缓凝剂不宜单独用于水泥用量较低、水灰比较大的贫混凝土。当掺用含有糖类及木质素磺酸盐类物质的外加剂时,应先做水泥适应性试验,合格后方可使用。使用缓凝剂施工时,宜根据使用温度选择适宜品种并调整掺量,满足施工要求方可使用。

5. 速 凝 剂

速凝剂是能使混凝土迅速凝结硬化的外加剂。

(1)速凝剂分类

速凝剂根据其状态和组分不同分类。

①在喷射混凝土工程中可采用的粉状速凝剂:以铝酸盐、碳酸盐为主要成分的无机盐混合物。

②在喷射混凝土工程中可采用的液状速凝剂:以铝酸盐、水玻璃为主要成分,与其他无机盐复合而成的复合物。

(2)速凝剂的作用机理

加入水泥中的石膏因变成 Na_2SO_4 而失去缓凝作用,从而促使 C_3A 迅速水化,并在溶液中析出其水化物,导致水泥浆迅速凝固。

（3）对混凝土性能的影响

速凝剂掺入混凝土中，在几到十几分钟内使混凝土凝结，1 h 即可产生强度。温度升高时，速凝作用有增强效果，水灰比增大，速凝效果降低。速凝剂可使混凝土 1d 强度提高 2～3 倍，但后期强度下降，28d 强度约为不掺时的 80%～90%。

（4）适用范围

速凝剂主要用于喷射混凝土和喷射砂浆，亦可用于需要速凝的其他混凝土。

（三）外加剂的选择和使用

1. 外加剂的选择

外加剂的品种应根据工程设计和施工要求选择，通过试验及技术经济比较确定。掺外加剂混凝土所用水泥，宜采用硅酸盐水泥、普通硅酸盐水泥、矿渣硅酸盐水泥、火山灰硅酸盐水泥、粉煤灰硅酸盐水泥和复合硅酸盐水泥，并应检验外加剂与水泥的适应性，符合要求后方可使用。

掺外加剂混凝土所用各原材料应符合国家现行有关标准的规定。试配掺外加剂的混凝土时，应采用工程所用的原材料，当原材料性能要求发生变化时，应再进行试配。

不同品种外加剂复合使用时，应注意其相容性及对混凝土性能的影响，使用前应进行试验，满足要求后方可使用。

2. 外加剂掺量

外加剂均应有适宜掺量。掺量过小达不到预期效果，掺量过大则会影响混凝土质量，甚至造成质量事故，故应通过试验试配确定最佳掺量。外加剂掺量以胶凝材料总量的百分比表示，或以 mL/kg 胶凝材料表示。外加剂的掺量应按供货单位推荐掺量、使用要求、施工条件、混凝土原材料等因素通过试验最终确定。

3. 外加剂的掺加方法

外加剂的掺量很少，必须保证其在混凝土中均匀分散，一般不能直接加入混凝土搅拌机内。对于可溶于水泥的外加剂，应先配成一定浓度的溶液，随水加入搅拌机中。对于不溶于水的外加剂，应与适量水泥或砂混合均匀后再加入搅拌机内。另外，外加剂的掺入时间对于效果的发挥也有很大的影响，如为保证减水剂的减水效果，减水剂有同掺法、后掺法及分次掺入法三种。

二、混凝土的掺合料

混凝土掺合料是指在混凝土搅拌前或搅拌过程中直接掺入到混凝土中的矿物材料。

混凝土掺合料与水泥混合材料在种类上基本相同，主要有粉煤灰、粒化高炉矿渣、硅灰及其他工业废渣，其中粉煤灰是目前用量最大、使用范围最广的掺合料。

1. 粉 煤 灰

粉煤灰也叫飞灰，是电厂粉煤炉烟道气体中收集的粉尘。粉煤灰按煤种分为 F 类和 C 类。F 类粉煤灰是由无烟煤或烟煤煅烧收集的粉煤灰；C 类粉煤灰是由次烟煤或褐煤煅烧收集的粉煤灰，其 CaO 含量一般大于 10%。国家标准《用于水泥和混凝土中的粉煤灰》（GB/T 1596—2005）把拌制混凝土和砂浆用的粉煤灰按其品质分为Ⅰ、Ⅱ、Ⅲ三个等级，其相应的技术要求见表 4—17。

表 4—17　用于水泥和混凝土中的粉煤灰的技术要求

项 目		Ⅰ级	Ⅱ级	Ⅲ级
细度(45 μm 方孔筛筛余,%)	F 类	≤12.0	≤25.0	≤45.0
	C 类			
需水量比(%)	F 类	≤95	≤105	≤115
	C 类			
烧失率(%)	F 类	≤5.0	≤8.0	≤15.0
	C 类			
含水率(%)	F 类	≤1.0		
	C 类			
三氧化硫(%)	F 类	≤3.0		
	C 类			
游离氧化钙(%)	F 类	≤1.0		
	C 类	≤1.4		
安定性　雷式夹煮沸后增加距离(mm)	C 类	≤5.0		

与 F 类粉煤灰相比,C 类粉煤灰一般具有需水量比小、活性高和自硬性好等特征。但由于 C 类粉煤灰中往往含有游离氧化钙,所以用作混凝土掺合料时,必须对其体积安定性进行检验,合格后方可使用。

粉煤灰掺入混凝土中,可以改善混凝土拌和物的和易性、可泵性,能降低混凝土的水化热,使混凝土的弹性模量提高,提高混凝土抗化学侵蚀、抗渗、抗碱—骨料反应等耐久性。

粉煤灰掺合料适用于一般工业与民用建筑结构和构筑物用的混凝土,尤其适用于泵送混凝土、大体积混凝土、抗渗混凝土、需要抗化学侵蚀的混凝土、蒸汽养护混凝土、地下和水下工程混凝土以及碾压混凝土等。

2. 粒化高炉矿渣粉

粒化高炉矿渣粉简称矿渣粉,是指在炼铁炉中浮于铁水表面的熔渣,排出时用水急冷得到的矿渣经磨至一定细度获得的粉状物。

根据国家标准《用于水泥和混凝土中的粒化高炉矿渣粉》(GB/T 18046—2008)的规定,矿渣粉应满足表 4—18 的技术要求。

表 4—18　用于水泥和混凝土中的粒化高炉矿渣技术要求

项 目		S105 级	S95 级	S75 级
密度(g/cm³)		≥2.8		
比表面积(m²/kg)		≥500	≥400	≥300
活性指数(%)	7d	≥95	≥75	≥55
	28d	≥105	≥95	≥75
流动度比(%)		≥95		
含水率(%)		≤1.0		
三氧化硫(%)		≤4.0		
氯离子(%)		≤0.06		

续上表

项　目	S105 级	S95 级	S75 级
烧失率	≤3.0		
玻璃体含量（%）	≥85		
放射性	合格		

矿渣粉根据其活性指数和流动度比两项指标分为 S105、S95 和 S75 三个等级。活性指数是指以矿渣粉取代 50% 水泥后的试验胶浆强度值与完全用水泥制作的对比胶砂强度值之比。流动度则是这两种胶砂流动度的比值。

矿渣粉掺入混凝土中，可使混凝土水化热降低，提高抗化学腐蚀和抑制碱—骨料反应等耐久性，并大幅度提高后期强度。

与普通混凝土一样，掺矿渣粉的混凝土可用作钢筋混凝土、预应力钢筋混凝土和素混凝土。大掺量矿渣粉混凝土更适用于大体积混凝土和水下工程混凝土等。矿渣粉还适用于配制高强度混凝土和高性能混凝土。

3. 硅　灰

硅灰是在冶炼硅铁合金或工业硅时通过烟道排出的粉尘，经收集得到的以无定形二氧化硅为主要成分的粉体材料。硅灰颗粒的平均粒径为 $0.1 \sim 0.2~\mu m$，比表面积为 $20\,000 \sim 25\,000~m^2/kg$，密度为 $2.2~g/m^3$，堆积密度只有 $250 \sim 300~kg/m^3$。

硅灰中无定型 SiO_2 的含量在 90% 以上，所以其活性非常高。其中的 SiO_2 在水化早期就可以与 $Ca(OH)_2$ 发生反应，可配制出 100 MPa 以上的高强度混凝土。硅灰取代水泥后，可改善混凝土拌和物的和易性，提高混凝土的强度，提高混凝土抗化学侵蚀性、抗冻性、抗渗性和抑制碱—骨料反应，且效果比粉煤灰好得多。另外，硅灰掺入混凝土中，可使混凝土早期强度提高。

由于硅灰的售价较高，故目前主要用于配制高强度和超高强度混凝土、高抗渗混凝土以及其他要求高性能的混凝土。

第四节　混凝土的质量控制

一、混凝土的拌制

混凝土搅拌机应符合现行国家标准《混凝土搅拌机》(GB/T 9124)的相关规定。混凝土搅拌宜采用强制式搅拌机。混凝土搅拌的最短时间如表 4—19 所示。

表 4—19　混凝土搅拌的最短时间（s）

混凝土坍落度（mm）	搅拌机型	搅拌机出料量（L）		
		<250	250~500	>500
≤40	强制式	60	90	120
>40 且<100	强制式	60	60	90
≥100	强制式	60		

注：(1) 混凝土搅拌的最短时间系指全部材料装入搅拌机中起到开始卸料的时间；

　　(2) 当搅拌高强度混凝土时，搅拌时间应适当延长；

　　(3) 当采用自落式搅拌机时，搅拌时间宜延长 30 s；

　　(4) 对于双卧轴强制式搅拌机，可在保证搅拌均匀的情况下适当缩短搅拌时间。

冬期施工搅拌混凝土时,宜优先采用加热水的方法提高拌和物温度,也可以同时采用加热骨料的方法提高拌和物温度。当拌和用水和骨料加热时,拌和用水的加热温度不应超过60℃,骨料的温度不应超过40℃;当骨料不加热时,拌和用水可加热到60℃以上。应先投入骨料和热水进行搅拌,然后再投入胶凝材料等共同搅拌。

二、混凝土的运输

在运输过程中,应控制混凝土不离析、不分层,并应控制混凝土拌和物性能满足施工要求。

当采用机动翻斗车运输混凝土时,道路应平整。

当采用搅拌罐车运送混凝土拌和物时,搅拌罐在冬期应有保温措施。

当采用搅拌罐车运送混凝土拌和物时,卸料前应采用快速挡旋转搅拌罐不少于20 s。因运距过远、交通或现场等问题造成坍落度损失较大而卸料困难时,可采用在混凝土拌和物中掺入适当减水剂并快挡旋转搅拌罐的措施,减水剂掺量应有试验确定的预案。

混凝土拌和物从搅拌机卸出至施工现场接收的时间间隔不宜大于90 min。

当采用泵送混凝土时,混凝土运输应保证混凝土连续泵送,并应符合现行行业标准《混凝土泵送施工技术规程》(JGJ/T 10)的有关规定。

三、混凝土的浇筑

混凝土浇筑前,应检查并控制模板、钢筋、保护层和预埋件等的尺寸、规格、数量和位置,其偏差值应符合现行国家标准《混凝土结构工程施工质量验收规范》(GB 50204)的有关规定,并应检查模板支撑的稳定性以及接缝的密合情况,应保证模板在混凝土浇筑过程中不失稳、不跑模和不漏浆。

浇筑混凝土前,应清除模板内以及垫层上的杂物;表面干燥的地基土、垫层、木模板应浇水润湿。混凝土拌和物从搅拌机卸出后到浇筑完毕的延续时间见表4—20。

表4—20 混凝土拌和物从搅拌机卸出后到浇筑完毕的延续时间(min)

混凝土生产地点	气　　温	
	≤25℃	>25℃
预拌混凝土搅拌站	150	120
施工现场	120	90
混凝土制品厂	90	60

当夏季天气炎热时,混凝土拌和物入模温度不应高于35℃,宜选择在晚间或夜间浇筑混凝土;现场温度高于35℃时,宜对金属模板进行浇水降温,但不得留有积水,并宜采取遮挡措施避免阳光照射金属模板。

当冬期施工时,混凝土拌和物入模温度不应低于5℃,并应有保温措施。

在浇筑过程中,应有效控制混凝土的均匀性、密实性和整体性。

当混凝土自由倾落高度大于3.0 m时,宜采用串筒、溜管或振动溜管等辅助设备。

浇筑竖向尺寸较大的结构物时,应分层浇筑,每层浇筑厚度宜控制在300～350 mm;大体积混凝土宜采用分层浇筑方法,可利用自然流淌形成斜坡沿高度均匀上升,分层厚度不应大于500 mm;对于清水混凝土浇筑,可多安排振捣棒,应边浇筑混凝土边振捣,宜连续成型。

混凝土振捣宜采用机械振捣。当施工无特殊要求时,可采用振捣棒捣实,插入间距不应大于振捣棒振动作用半径的一倍,连续多层浇筑时,振捣棒应插入下层拌和物约 50 mm 进行振捣;当浇筑厚度不大于 200 mm 的表面积较大的平面结构或构件时,宜采用表面振动成型;当采用干硬性混凝土拌和物浇筑成型混凝土制品时,宜采用振动台或表面加压振动成型。

振捣时间宜按拌和物稠度和振捣部位等不同情况控制在 10～30 s 内,当混凝土拌和物表面出现泛浆,基本无气泡逸出时,可视为已捣实。

在混凝土浇筑及静置过程中,应在混凝土终凝前对浇筑面进行抹面处理。

混凝土构件成型后,在强度达到 1.2 MPa 之前,不得在构件上面踩踏行走。

四、混凝土的养护

混凝土施工可采用浇水、覆盖保湿、喷涂养护剂、冬季蓄热养护等方法进行养护。选择的养护方法应满足施工养护方案或生产养护制度的要求。

采用塑料薄膜覆盖养护时,混凝土全部表面应覆盖严密,并应保持膜内有凝结水;采用养护剂养护时,应通过试验检验养护剂的保湿效果。

对于混凝土浇筑面,尤其是平面结构,宜边浇筑边成型边采用薄膜覆盖保湿。

混凝土施工养护时间应符合下列规定:

对于采用硅酸盐水泥、普通硅酸盐水泥或矿渣硅酸盐水泥配制的混凝土,采用浇水和潮湿覆盖的养护时间不得少于 7 d。

对于采用粉煤灰硅酸盐水泥、火山灰质硅酸盐水泥、复合硅酸盐水泥配制的混凝土,或掺加缓凝剂的混凝土以及大掺量矿物掺合料混凝土,采用浇水和潮湿覆盖的养护时间不得少于 14 d。

对于竖向混凝土结构,养护时间宜适当延长。

对于大体积混凝土,养护过程应进行温度控制,混凝土内部和表面温差不宜超过 25℃,表面与外界温差不宜大于 20℃。

对于冬期施工的混凝土,其养护应符合下列规定:日均气温低于 5℃时,不得采用浇水自然养护方法;混凝土受冻前的强度不得低于 5 MPa;模板和保温层应在混凝土冷却至 5℃后方可拆模,拆模后的混凝土亦应及时覆盖,使其缓慢冷却;混凝土强度达到设计强度等级的 50% 时,方可撤除养护措施。

五、混凝土强度评定

在正常连续生产的情况下,可用数理统计方法来检验混凝土强度或其他技术指标是否达到质量要求。可用算术平均值、标准差、变异系数和保证率等参数综合评定混凝土强度。下面先介绍统计方法中的一些基本概念,然后介绍混凝土强度评定标准。

1. 强度概率分布——正态分布

在正常施工条件下,影响混凝土强度的许多影响因素都是随机的,故混凝土强度值也应是随机变化的。因此,对某混凝土随机取样测定其强度,其数据经过整理绘成的强度概率分布曲线,一般均接近正态分布(图 4—14)。

曲线峰高为混凝土平均强度 $\bar{f}$ 出现的概率。概率分布曲线是以平均强度为对称轴,左右两边曲线是对称的。

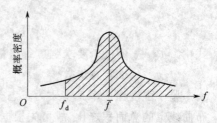

图 4—14 混凝土强度概率分布曲线

距对称轴愈远,出现的概率愈小,并逐渐趋近于零。曲线与横坐标之间的面积为概率的总和,等于 100%。

概率分布曲线窄而高,说明强度测定值比较集中,波动较小,混凝土的均匀性好,施工水平较高。

2. 强度平均值、标准差、变异系数

强度平均值
$$\bar{f}_{cu} = \frac{1}{n}\sum_{i=1}^{n}f_{cu,i} \tag{4—11}$$

式中　n——试件组数;

$f_{cu,i}$——第 i 组混凝土试件的代表值。

强度平均值仅代表混凝土强度值总体水平,并不能反映混凝土强度的波动情况。

标准差
$$\sigma = \sqrt{\frac{\sum_{i=1}^{n}(f_{cu,i}-\bar{f}_{cu})^2}{n-1}} = \sqrt{\frac{\sum_{i=1}^{n}f_{cu,i}^2-n\bar{f}_{cu}^2}{n-1}} \tag{4—12}$$

标准差有时又称均方差,它表明正态分布曲线上的拐点距强度平均值(即对称轴)的距离,反映了强度的波动情况。σ 值越大,说明其强度离散程度越大,混凝土质量越不稳定。

但对于强度等级不同的混凝土,在相同的条件和生产管理水平下,混凝土的标准差会随平均强度值的增加而增加,因此平均强度不同的混凝土质量控制水平的比较,可用变异系数(又称离差系数)C_V 进行评定。C_V 值愈小,说明混凝土质量愈稳定,混凝土生产的质量水平愈高。

变异系数
$$C_V = \frac{\sigma}{\bar{f}_{cu}} \tag{4—13}$$

根据混凝土强度标准差和试件强度等于或高于要求强度等级的百分率,可参照表 4—21 来评定混凝土的生产质量水平。

表 4—21　混凝土生产质量水平

指　　　标		优良		一般		差	
		低于 C20	等于或高于 C20	低于 C20	等于或高于 C20	低于 C20	等于或高于 C20
混凝土强度标准差(MPa)	预拌混凝土和预制混凝土构件厂	≤3.0	≤3.5	≤4.0	≤5.0	>5.0	>5.0
	集中搅拌混凝土的施工现场	≤3.5	≤4.0	≤4.5	≤5.5	>4.5	>5.5
强度等于或高于要求强度等级的百分比 $P(\%)$	预拌混凝土厂和预制混凝土构件厂及集中搅拌混凝土的施工现场	≥95		>85		≤85	

3. 强度保证率

强度保证率是指混凝土总体中大于设计强度等级标准值 $f_{cu,k}$ 的概率,以正态分布曲线上的阴影部分来表示(图 4—14)。

$$P = \frac{n_0}{n}$$

式中　n_0——不低于要求强度等级标准值的组数;

n——试验总组数。

鉴于强度保证率其实质为正态分布曲线上大于以上 $f_{cu,k}$ 阴影部分的面积与强度正态分布曲线上的总面积之比,故可先根据测试数据计算出 σ,再根据下式计算出概率度 t(也称保证率系数),再根据表 4—22,即可求得对应的保证率 $P(\%)$:

$$t = \frac{\bar{f}_{cu} - f_{cu,k}}{\sigma} = \frac{\bar{f}_{cu} - f_{cu,k}}{C_V \bar{f}_{cu}}$$

表 4—22 不同 t 值的保证率 P

t	0.00	−0.524	−0.842	−1.00	−1.04	−1.28	−1.40	−1.60
$P(t)$	0.50	0.70	0.80	0.841	0.85	0.90	0.919	0.945
t	−1.645	−1.80	−2.00	−2.06	−2.33	−2.58	−2.88	−3.00
$P(t)$	0.950	0.964	0.977	0.990	0.994	0.995	0.998	0.999

4. 混凝土的强度评定

(1)混凝土的取样

混凝土试样应在混凝土浇筑地点随机抽取,试件的取样频率和数量应符合下列规定:每100盘,但不超过100 m³的同配合比的混凝土,取样次数不得少于一次;每一工作班拌制的同配合比的混凝土,不足100盘和100 m³时,其取样次数不得少于一次;每组三个试件,应由同一盘或同一车的混凝土中取样制作。试样的制作、养护、试验应符合有关国家标准规定。

(2)混凝土强度代表值的确定

每组混凝土试件强度代表值应符合下列规定:取三个试件强度的算术平均值作为每组试件的强度代表值;当一组试件中强度的最大值或最小值与中间值之差超过中间值的15%时,取中间值作为该组试件的强度代表值;当一组试件中强度的最大值和最小值不超过中间值的15%时,该组试件的强度不应作为评定的依据。另外,对掺矿物掺合料的混凝土进行强度评定时,可根据设计规定采用大于28d龄期的混凝土强度。

当采用非标准尺寸试件时,应将其抗压强度乘以尺寸折算系数,折算成边长为150 mm的标准尺寸试件抗压强度。尺寸折算系数按下列规定采用:

当混凝土强度等级低于C60时,宜采用标准尺寸试件;对边长为100 mm的立方体试件取0.95,边长为200 mm的立方体试件取1.05。

当混凝土强度等级不低于C60时,宜采用标准尺寸试件;使用非标准尺寸试件时,尺寸折算系数应由试验确定,其试件数量不应少于30对组。

(3)混凝土强度的检验评定

①统计方法

当混凝土生产条件在较长时间内能保持一致,且同一品种的强度变异性能稳定时,应由连续的三组试件组成一个验收批,其强度应同时满足下列要求:

$$\bar{f}_{cu} \geqslant f_{cu,k} + 0.7\sigma_0$$

$$f_{cu,min} \geqslant f_{cu,k} - 0.7\sigma_0$$

当混凝土强度等级不高于C20时,其强度的最小值尚应满足下列要求:

$$f_{cu,min} \geqslant 0.85 f_{cu,k}$$

当混凝土强度等级高于C20时,其强度的最小值尚应满足下列要求:

$$f_{cu,min} \geqslant 0.90 f_{cu,k}$$

式中 $\bar{f}_{cu}$——同一检验批混凝土立方体抗压强度的平均值(MPa);

$f_{cu,min}$——同一检验批混凝土立方体抗压强度的最小值(MPa);

σ——检验批混凝土立方体抗压强度的标准差(MPa)。

检验批混凝土立方体抗压强度的标准差,应根据前一个检验期内同一品种混凝土试件的强度数据,按下列公式确定:

$$\sigma = \sqrt{\frac{\sum\limits_{i=1}^{n} f_{\mathrm{cu},i}^2 - n\bar{f}^2}{n-1}}$$

式中　　$f_{\mathrm{cu},i}$——第 i 组混凝土试件的立方体抗压强度代表值;

　　　　n——前一检验期内的样本容量,在该期间内样本容量不应少于 45。

当混凝土的生产条件在较长时间内不能保持一致,且混凝土强度变异性不能保持稳定时,或在前一个检验期内的同一品种混凝土没有足够的数据用以确定验收批混凝土立方体抗压强度的标准差时,应由不少于 10 组的试件组成一个验收批,其强度应同时满足下列公式的要求:

$$\bar{f}_{\mathrm{cu}} \geqslant f_{\mathrm{cu},k} + \lambda_1 \cdot S_{f_{\mathrm{cu}}}$$
$$f_{\mathrm{cu,min}} \geqslant \lambda_2 \cdot f_{\mathrm{cu},k}$$

式中　　$S_{f_{\mathrm{cu}}}$——同一验收批混凝土立方体抗压强度的标准差,当检验批标准差 $S_{f_{\mathrm{cu}}}$ 计算值小于 2.5 N/mm² 时,应取 2.5 N/mm²;

　　　　λ_1,λ_2——合格判定系数,按表 4—23 取用。

表 4—23　混凝土强度的合格评定系数

试件组数	10～14	15～24	≥25
λ_1	1.15	1.05	0.95
λ_2	0.90	0.85	

混凝土立方体抗压强度的标准差可按下列公式计算:

$$S_{f_{\mathrm{cu}}} = \sqrt{\frac{\sum\limits_{i=1}^{n} f_{\mathrm{cu},i}^2 - n\bar{f}_{\mathrm{cu}}^2}{n-1}}$$

式中　　n——本检验批内的样本容量。

②非统计方法

当用于评定的样本容量小于 10 组时,应采用非统计方法评定混凝土强度。

按非统计方法评定混凝土强度时,其强度应同时符合下列规定:

$$\bar{f}_{\mathrm{cu}} \geqslant \lambda_3 \cdot f_{\mathrm{cu},k}$$
$$f_{\mathrm{cu,min}} \geqslant \lambda_4 \cdot f_{\mathrm{cu},k}$$

式中　　λ_3,λ_4——合格判定系数,按表 4—24 取用。

表 4—24　混凝土强度的非统计法合格评定系数

混凝土强度等级	<C60	≥C60
λ_3	1.15	1.10
λ_4	0.95	

当检测结果满足上述规定时,该批混凝土强度应评定为合格;当不能满足上述规定时,该批混凝土强度评定为不合格。对不合格批的混凝土,可按国家现行的有关标准进行处理。

第五节 混凝土配合比设计

混凝土配合比是指混凝土各组成材料之间的数量比例关系。常用的混凝土配合比表示方法有两种：一种是以每 1 m³ 混凝土中各组成材料的质量表示，如水泥 302 kg、粉煤灰 76 kg、水 185 kg、砂 579 kg、碎石 1 230 kg；另一种是以各种组成材料相互的质量比来表示，如水泥∶粉煤灰∶砂∶石∶水＝1∶0.25∶1.91∶4.07∶0.49。确定这种数量比例关系的工作，称为混凝土配合比设计。

一、混凝土配合比设计的基本要求

混凝土配合比设计的基本要求是在满足混凝土强度、和易性、耐久性和尽可能经济等四项基本要求的条件下，比较合理地确定水泥、砂石和水的用量比例关系，以达到节约水泥用量、降低混凝土成本的目的。

二、混凝土配合比设计的任务

混凝土配合比设计，实质上是确定水胶比、单位用水量和砂率三个基本参数，它们与混凝土各项性质有着非常密切的关系，因此，混凝土配合比设计主要是正确地确定这三个参数，保证配制出满足四项基本要求的混凝土。

混凝土配合比设计中确定三个参数的原则是：在满足混凝土强度和耐久性的基础上，确定混凝土的水胶比；在满足混凝土施工要求的和易性基础上，根据粗骨料的种类和规格确定混凝土的单位用水量；砂在骨料中的数量应以填充石子空隙后略有富余的原则确定。

三、混凝土配合比设计的方法和步骤

进行配合比设计时，首先要正确选定原材料品种、检验原材料质量，然后按混凝土技术要求进行初步计算，初步选定水胶比、砂率和单位用水量，得出"计算配合比"，再进行试拌调整，得出"试拌配合比"，经强度检验定出"试验室配合比"，最后经施工配合比换算和施工调整，从而得到"施工配合比"。

（一）计算配合比的计算

1. 试配强度的计算

根据《普通混凝土配合比设计规程》(JGJ 55—2011)，为使混凝土的强度保证率能满足规定的要求，在混凝土配合比设计时，必须使混凝土的配制强度（$f_{cu,0}$）大于设计强度等级（$f_{cu,k}$）。当混凝土强度保证率要求达到 95% 时，可按下式计算：

$$f_{cu,0} = f_{cu,k} + 1.645\sigma \tag{4—14}$$

式中 σ——混凝土强度标准差（MPa）。

混凝土强度标准差 σ 可根据施工单位近期的同一品种、同一强度等级混凝土强度资料算得（试件组数不应少于 30 组）。对于强度等级不大于 C30 的混凝土，其强度标准差计算值低于 3.0 MPa，取 $\sigma = 3.0$ MPa；强度等级大于 C30 且小于 C60 的混凝土，其强度标准差计算值低于 4.0 MPa，取 $\sigma = 4.0$ MPa。当施工单位不具有近期的同一品种、同一强度等级混凝土强度资料时，σ 值可按表 4—25 考虑。

表 4—25 σ 值

混凝土设计强度等级 $f_{cu,k}$	低于 C20	C20~C45	C50~C55
σ(MPa)	4.0	5.0	6.0

2. 确定水胶比

根据水泥强度等级、混凝土试配强度和骨料种类,按下式计算所要求的水胶比:

$$\frac{W}{B} = \frac{\alpha_a \cdot f_b}{f_{cu,0} + \alpha_a \cdot \alpha_b \cdot f_b}$$

式中 α_a, α_b——回归系数:碎石分别取 0.53 和 0.20,卵石分别取 0.49 和 0.13;

f_b——胶凝材料 28d 胶砂抗压强度实测值。

如计算的水胶比大于表 4—26 规定的最大水胶比,应取表中规定的最大水胶比值。

表 4—26 结构混凝土的最大水胶比

环境等级	环 境 条 件	最大水胶比
一	室内干燥环境 无侵蚀性净水浸没环境	0.60
二 a	室内潮湿环境 非严寒和非寒冷地区的露天环境 非严寒和非寒冷地区与无侵蚀性水或土壤直接接触的环境 严寒和寒冷地区的冰冻线以下与无侵蚀性水或土壤直接接触的环境	0.55
二 b	干湿交替环境 水位频繁变动地区 严寒和寒冷地区的露天环境 严寒和寒冷地区的冰冻线以上与无侵蚀性水或土壤直接接触的环境	0.50(0.55)
三 a	严寒和寒冷地区冬季水位变动区环境 受除冰盐影响环境 海风环境	0.45(0.50)
三 b	盐渍土环境 受除冰盐作用环境 海岸环境	0.40

注:处于严寒和寒冷地区二 b、三 a 类环境中的混凝土应使用引气剂,并可采用括号中的参数。

3. 选定混凝土拌和物用水量

混凝土拌和物的单位用水量,可根据所用粗骨料的种类、最大粒径和施工要求选择合适的坍落度值,按表 4—13 选用。

掺外加剂时,流动性或大流动性混凝土的单位用水量(m_{w0})按下式计算:

$$m_{w0} = m'_{w0}(1-\beta) \tag{4—15}$$

式中 m'_{w0}——未掺外加剂时推定的满足实际坍落度要求的混凝土单位用水量,以 90 mm 坍落度的用水量为基础,按每增大 20 mm 坍落度相应增加 5 kg/m³ 用水量计算,当坍落度增大到 180 mm 以上时,随坍落度相应增加的用水量可减少。

4. 计算胶凝材料、矿物掺合料和水泥用量

根据选定的每 1 m³ 混凝土的单位用水量和已计算出的水胶比(W/B),可求出胶凝材料用量(m_{b0}):

$$m_{b0} = \frac{m_{w0}}{W/B} \tag{4—16}$$

式中 m_{b0} ——计算配合比每 1 m³ 混凝土中胶凝材料用量（kg/m³）；

  m_{w0} ——计算配合比每 1 m³ 混凝土的用水量（kg/m³）。

每 1 m³ 混凝土的矿物掺合料用量（m_{f0}）可按下式计算：

$$m_{f0} = m_{b0} \beta_f \tag{4—17}$$

式中 β_f ——矿物掺合料掺量（%）。

每 1 m³ 混凝土的水泥用量（m_{c0}）可按下式计算：

$$m_{c0} = m_{b0} - m_{f0} \tag{4—18}$$

为保证混凝土的施工性能和掺加矿物掺合料后满足混凝土耐久性要求，计算出的胶凝材料用量还要满足表 4—27 规定的胶凝材料用量下限要求。

表 4—27　混凝土的最小胶凝材料用量（kg/m³）

最大水胶比	素混凝土	钢筋混凝土	预应力混凝土
0.60	250	280	300
0.55	280	300	300
0.50	320		
≤0.45	330		

5. 确定合理砂率值（β_s）

混凝土的合理砂率主要根据混凝土拌和物的坍落度、黏聚性和保水性等来确定，一般应通过试验找出合理砂率。如无经验，可按骨料种类、最大粒径及混凝土的水胶比，参考表 4—28 选用。

表 4—28　混凝土的砂率

水胶比（W/C）	卵石最大粒径（mm）			碎石最大粒径（mm）		
	10	20	40	16	20	40
0.40	26～32	25～31	24～30	30～35	29～34	27～32
0.50	30～35	29～34	28～33	33～38	32～37	30～35
0.60	33～38	32～37	31～36	36～41	35～40	33～38
0.70	36～41	35～40	34～39	39～44	38～43	36～41

注：(1)本表数值系中砂的选用砂率，对于细砂或粗砂，可相应地减小或增大砂率；

(2)只用一个单粒级粗骨料配制混凝土时，砂率应适当增大；

(3)本表适用于坍落度为 10～60 mm 的混凝土，坍落度小于 10 mm 或大于 60 mm 时，应相应增减砂率；

(4)掺有各种外加剂或掺合料时，合理砂率值应经试验或参照其他有关规定选用。

6. 计算粗、细骨料用量（m_{g0}、m_{s0}）

常用的确定粗、细骨料用量方法有绝对体积法和假定表观密度法。

(1)绝对体积法

假定混凝土拌和物的体积等于各组成材料绝对体积和混凝土拌和物中所含空气的体积之和，因此在计算 1 m³ 混凝土拌和物的各材料用量时，可列出下式：

$$10\alpha + \frac{m_{c0}}{\rho_c} + \frac{m_{f0}}{\rho_f} + \frac{m_{g0}}{\rho_g} + \frac{m_{s0}}{\rho_s} + \frac{m_{w0}}{\rho_w} = 1\,000 \quad (L) \tag{4—19}$$

另外,砂率计算公式为

$$\frac{m_{s0}}{m_{g0}+m_{s0}}\times100\%=\beta_s$$

式中　$m_{c0},m_{g0},m_{s0},m_{f0}$——计算配合比每 1 m³ 混凝土的水泥用量、粗骨料用量、细骨料用量、矿物掺合料用量;

　　　　$\rho_c,\rho_g,\rho_s,\rho_w,\rho_f$——水泥密度、粗骨料表观密度、细骨料表观密度、水的密度、矿物掺合料表观密度;

　　　　α——混凝土的含气量百分数(%),不使用引气型外加剂时,α 取 1。

由以上两式,可求出粗、细骨料用量。

(2)假定表观密度法

根据经验,如果原材料情况比较稳定,所配制的混凝土拌和物的容重将接近一固定值,这样就可估计一个混凝土拌和物容重,一般为 2 350~2 450 kg/m³,因此,可按下式计算:

$$m_{f0}+m_{c0}+m_{g0}+m_{s0}+m_{w0}=m_{cp} \tag{4—20}$$

$$\frac{m_{s0}}{m_{g0}+m_{s0}}\times100\%=\beta_s$$

由以上两式,可求出粗、细骨料用量。

(二)试拌配合比的确定

以上计算的计算配合比是否能够真正满足混凝土拌和物和易性的要求,砂率是否合理等,都需要通过试拌进行检验,然后按实际情况进行调整,直至提供检验混凝土强度的试拌配合比。

调整混凝土拌和物和易性的方法:在试拌调整过程中,在计算配合比的基础上,保持水胶比不变,尽量采用较少的胶凝材料用量,以节约胶凝材料为原则,通过调整外加剂用量和砂率,使混凝土拌和物坍落度及和易性等性能满足施工要求,再根据所用材料修正计算配合比,提出试拌配合比。

(三)试验室配合比

检验混凝土强度时,至少采用三个不同的配合比。除试拌配合比外,其他两个配合比的水胶比值,应较试拌配合比分别增加及减少 0.05,其用水量与试拌配合比相同,砂率值可分别增加和减少 1%。然后每种配合比至少制作一组(三块)试块,标准养护 28 d 后试压。根据混凝土强度试验结果,绘制强度和胶水比的线性关系图,或采用插值法确定略大于配制强度对应的胶水比;在试拌配合比的基础上,用水量(m_w)和外加剂用量(m_a)根据确定的水胶比作调整;胶凝材料用量(m_b)以用水量乘以确定的胶水比计算得出;粗、细骨料用量(m_g、m_s)根据用水量和胶凝材料用量进行调整。

经调整后的试拌配合比,还应根据实测的混凝土质量密度再作必要的校正,最终定出试验室配合比。

(四)施工配合比换算

混凝土试验室配合比是以干燥状态骨料(系指含水率小于 0.5% 的细骨料或含水率小于 0.2% 的粗骨料)为基准的。但实际工地使用的骨料常含有一定的水分,因此必须将试验室配合比进行换算,换算成扣除骨料中的水分后的工地实际施工用的配合比。

假定细骨料的含水率为 a%,粗骨料的含水率为 b%;施工配合比每 1 m³ 混凝土中水、细骨料、粗骨料的用量分别为 m'_{g0}、m'_{s0}、m'_{w0}，则每 1 m^3 混凝土中各材料用量为

$$m'_s = m_s \cdot (1 + a\%)$$
$$m'_g = m_g \cdot (1 + b\%)$$
$$m'_w = m_w - m_s \cdot a\% - m_g \cdot b\%$$

工地存放的细骨料、粗骨料都含有一定的水分，并且存放的细骨料、粗骨料的含水情况都会有变化，故应按变化随时加以修正。

第六节　混凝土配合比设计实例

一、设计条件

设需制作一根钢筋混凝土梁，要求混凝土设计强度为 C40，原材料为：42.5 级普通水泥，密度为 3000 kg/m^3，水泥强度富余系数为 1.16，掺加 20% 的粉煤灰；中砂，表观密度为 2650 kg/m^3；碎石，5～31.5 mm，表观密度为 2700 kg/m^3；混凝土由机械搅拌，机械振捣，坍落度为 35～50 mm；该单位无历史统计资料；水为自来水。

试设计该混凝土的配合比。

二、估算计算配合比

1. 确定试配强度

由于该单位无历史统计资料，σ 值按 5 MPa 计算，即

$$f_{cu,0} = f_{cu,k} + 1.645\sigma = 40 + 1.645 \times 5 = 48.2 \text{(MPa)}$$

2. 计算水胶比

按公式 $\dfrac{W}{B} = \dfrac{\alpha_a f_b}{f_{cu,0} + \alpha_a \cdot \alpha_b f_b}$ 计算。

$$f_{ce} = \gamma_c f_{ce,g} = 1.16 \times 42.5 = 49.3 \text{(MPa)}$$
$$f_b = \gamma_f f_{ce} = 0.8 \times 49.3 = 39.44 \text{(MPa)}$$

则
$$\frac{W}{B} = \frac{0.53 \times f_b}{48.2 + 0.53 \times 0.20 f_b} = \frac{0.53 \times 39.44}{38.2 + 0.53 \times 0.20 \times 39.44} = 0.49$$

由于该梁处于干燥环境，故可取水胶比为 0.49。

3. 确定用水量

由于粗骨料为最大粒径 31.5 mm 的碎石，当坍落度为 35～50 mm 时，每 1 m^3 混凝土中用水量可选用 $W_0 = 185$ kg。

4. 计算胶凝材料用量

$$m_{b0} = \frac{m_{w0}}{W/B} = \frac{185}{0.49} = 378 \text{(kg)}$$

每 1 m^3 混凝土的矿物掺合料用量（m_{f0}）为

$$m_{f0} = m_{b0}\beta_f = 378 \times 20\% = 75.6 \text{(kg)}$$

每 1 m^3 混凝土的水泥用量（m_{c0}）为

$$m_{c0} = m_{b0} - m_{f0} = 378 - 75.6 = 302.4 \text{(kg)}$$

对于干燥环境的钢筋混凝土，最小水泥用量 $C_0 = 349$ kg/m^3。

5. 确定砂率

对于最大粒径为 31.5 mm 的碎石配制的混凝土，当水胶比为 0.49 时，砂率可选用 $\beta_s = 0.32$。

6. 计算砂、石用量

用体积法计算，即

$$\frac{302.4}{3.0} + \frac{75.6}{2.5} + \frac{m_{s0}}{2.65} + \frac{m_{g0}}{2.70} + 185 + 10 \times 1 = 1000$$

$$\frac{m_{s0}}{m_{s0} + m_{g0}} \times 100\% = 0.32$$

解联立方程得 $m_{s0} = 579$ kg、$m_{g0} = 1230$ kg。

混凝土计算配合比为：水泥 302.4 kg、粉煤灰 75.6 kg、水 185 kg、砂 579 kg、碎石 1230 kg。以质量比表示即为：水泥∶粉煤灰∶砂∶石 = 1∶0.25∶1.91∶4.07，$W/B = 0.49$。

三、经试拌调整得出试拌配合比

骨料最大粒径为 31.5 mm 及以下时，称取 15 L 混凝土拌和物所需的材料：水泥 4.54 kg，粉煤灰 1.13 kg，水 2.78 kg，砂子 8.69 kg，石子 18.45 kg。拌制混凝土拌和物，做和易性试验，观察黏聚性基本良好，说明选用砂率基本合适。但测出的坍落度只有 20 mm，较要求的坍落度指标小 20 mm 左右，需适当增加水及胶凝材料用量（按 5% 计算）。现增加水泥 0.23 kg、粉煤灰 0.06 kg、水 0.14 kg，再进行拌和试验，测得坍落度为 40 mm 左右，符合要求。测得混凝土拌和物的容重为 2390 kg/m³。

试拌完成后，各项材料的实际拌和用量：水泥为 4.54 + 0.23 = 4.77 kg，粉煤灰为 1.13 + 0.06 = 1.19 kg，水为 2.78 + 0.14 = 2.92 kg，砂 8.69 kg，石子 18.45 kg。拌制的混凝土质量为 36.02 kg。

根据实测容重，计算出每 1 m³ 混凝土的各项材料用量，即得试拌配合比：

$$m_{cj} = \frac{4.77}{36.02} \times 2\,390 = 316(kg), \quad m_{wj} = \frac{2.92}{36.02} \times 2\,390 = 194(kg)$$

$$m_{fj} = \frac{1.19}{36.02} \times 2\,390 = 79(kg), \quad m_{sj} = \frac{8.69}{36.02} \times 2\,390 = 577(kg)$$

$$m_{gj} = \frac{18.45}{36.02} \times 2\,390 = 1\,224(kg)$$

四、通过检验强度确定混凝土配合比

拌制三种不同水胶比的混凝土拌和物，并制作三组强度试件。其中一种水胶比为 0.49 的试拌配合比，另外两种的水胶比分别为 0.54 及 0.44。其用水量与试拌配合比相同，砂率值可分别增加和减少 1%。

试件经标准养护 28d 后进行强度试验，得出混凝土的强度分别为

水胶比 0.44（胶水比 2.27）——53.2 MPa；

水胶比 0.49（胶水比 2.04）——48.3 MPa；

水胶比 0.54（胶水比 1.85）——44.2 MPa。

不同胶水比的混凝土强度测定后，由作图法或计算法求出与配制强度 48.2 MPa 相对应的胶水比值为 2.04，即试拌配合比与试验室配合比相同。

五、施工配合比

施工现场实测的砂的含水率为 4%,石子的含水率为 1%,施工配合比为

水泥 $m'_c = 316 \text{ kg}$

粉煤灰 $m'_f = 79 \text{ kg}$

砂 $m'_s = 577(1 + 4\%) = 600(\text{kg})$

石子 $m'_g = 1\ 224(1 + 1\%) = 1\ 236(\text{kg})$

水 $m'_w = 194 - 577 \times 4\% - 1\ 224 \times 1\% = 159(\text{kg})$

第七节 其他混凝土

混凝土材料应向轻质、高强、耐久方面发展,以适应各种不同特殊环境条件的混凝土。本节将概括介绍几种常用的特性混凝土,为方便读者日后查阅具体内容而起到抛砖引玉的作用。

一、防水混凝土

防水混凝土也称抗渗混凝土,是指抗渗等级不低于 P6 的混凝土。防水混凝土包括普通防水混凝土、外加剂或掺合料防水混凝土和膨胀水泥防水混凝土三大类。

1. 普通防水混凝土

普通防水混凝土是以调整配合比的方法,提高混凝土自身的密实性和抗渗性的混凝土。普通防水混凝土适用于一般工程与民用建筑及公共建筑的地下防水工程。

2. 外加剂防水混凝土

在混凝土中加入各种外加剂配制的防水混凝土称为外加剂防水混凝土。

掺入的外加剂可使混凝土减少孔隙率或割断孔隙,从而提高混凝土的抗渗性。常用的外加剂有引气剂、减水剂、三乙醇胺、氯化铁等。

引气剂防水混凝土适用于北方寒冷和严寒地区、抗冻要求高的防水混凝土,但不宜用于抗压强度大于 20 MPa 的混凝土或耐磨性要求较高的防水工程。减水剂防水混凝土适用于钢筋密集或振捣困难的薄壁型防水混凝土工程,适用于对混凝土凝结时间和流动性有特殊要求的防水混凝土工程。三乙醇胺防水混凝土适用于工期紧迫、要求早强及抗渗要求较高的防水工程及一般防水工程。三氯化铁防水混凝土适用于水下工程无筋、少筋的防水工程及一般地下工程。

3. 膨胀水泥混凝土

用膨胀水泥配制的防水混凝土称为膨胀水泥防水混凝土,它是利用膨胀水泥在水化硬化过程中形成大量体积增大的晶体,使混凝土孔隙率降低,从而提高混凝土抗渗性。膨胀水泥混凝土适用于一般工程与民用建筑及公共建筑的地下防水工程、"后浇缝"、屋面自防水工程、大型设备基础、锚固灌浆工程。

为提高抗渗性,防水混凝土的原材料、配合比、技术要求均应符合相应要求。

(1)原材料应符合下列规定:

①水泥宜采用普通硅酸盐水泥;

②粗骨料宜采用连续级配,其最大公称粒径不宜大于 40.0 mm,含泥量不得大于 1.0%,泥块含量不得大于 0.5%;

③细骨料宜采用中砂,含泥量不得大于 3.0%,泥块含量不得大于 1.0%;

④抗渗混凝土宜掺用外加剂和矿物掺合料,粉煤灰等级应为Ⅰ级或Ⅱ级。

(2)抗渗混凝土配合比应符合下列规定:

①最大水胶比应符合表 4—29 的规定;

②每 1 m³ 混凝土中的胶凝材料用量不宜小于 320 kg;

③砂率宜为 35%~45%。

表 4—29　抗渗混凝土最大水胶比

设计抗渗等级	C20~C30	C30 以上
P6	0.60	0.55
P8~P12	0.55	0.50
>P12	0.50	0.45

(3)混凝土配合比设计中混凝土抗渗技术要求应符合下列规定:

配制抗渗混凝土要求的抗渗水压力值应比设计值提高 0.2 MPa。抗渗试验结果应满足下式要求:

$$P_t \geq \frac{P}{10} + 0.2$$

式中　P_t——试验抗渗等级;

　　　P——设计要求的抗渗等级值。

掺用引气剂或引气型外加剂的抗渗混凝土,应进行含气量试验,含气量宜控制在 3.0%~5.0%。

二、高强度与高性能混凝土

高强度混凝土是指强度等级不低于 C60 的混凝土,它是随着现代土木工程结构向高层、超高层以及大跨度桥梁或大型跨空结构的需要而发展起来的。因为高强度混凝土具有高强的特点,因此可以缩减截面界面尺寸,改变高层和大跨建筑"肥梁胖柱"的状况,减轻结构物自重,简化了地基的处理,也使高强钢筋的应用和效能得以充分利用。高强度混凝土致密、抗渗和抗冻性均高于普通混凝土,因此在有腐蚀的环境、易遭破损的结构,尤其是基础设施工程,多采用高强度混凝土结构。为满足高强度混凝土性能的要求,其原材料和配合比也应符合相应的要求。

(1)原材料应符合下列规定:

①水泥应选择硅酸盐水泥或普通硅酸盐水泥;

②粗骨料宜采用连续级配,其最大公称粒径不应大于 25.0 mm,针片状颗粒含量不宜大于 5.0%,含泥量不应大于 0.5%,泥块含量不应大于 0.2%;

③细骨料的细度模数宜为 2.6~3.0,含泥量不应大于 2.0%,泥块含量不应大于 0.5%;

④宜采用减水率不小于 25% 的高效减水剂;

⑤宜复合掺用粒化高炉矿渣粉、粉煤灰和硅灰等矿物掺合料,粉煤灰等级不应低于Ⅱ级,

对强度等级不低于 C80 的高强混凝土宜掺用硅灰。

（2）高强混凝土配合比应经试验确定，在缺乏试验依据的情况下，配合比设计宜符合下列规定：

①水胶比、胶凝材料用量和砂率可按表 4—30 选取，并经试验确定；

表 4—30 水胶比、胶凝材料用量和砂率

强度等级	水胶比	胶凝材料用量（kg/m³）	砂率（%）
≥C60，<C80	0.28～0.34	480～560	
≥C80，<C100	0.26～0.28	520～580	35～42
C100	0.24～0.26	550～600	

②外加剂和矿物掺合料的品种、掺量应通过试配确定，矿物掺合料掺量宜为 25%～40%，硅灰掺量不宜大于 10%；

③水泥用量不宜大于 500 kg/m³。

试配过程中，应采用三个不同的配合比进行混凝土强度试验，其中一个可根据上表计算后调整拌和物的试拌配合比，另外两个配合比的水胶比宜较试拌配合比分别增加和减少 0.02。

高强度混凝土设计配合比确定后，还应采用该配合比进行不少于三盘混凝土的重复试验，每盘混凝土应至少成型一组试件，每组混凝土的抗压强度不应低于配制强度。

大量的工程实践表明，随着混凝土强度的增加，其脆性也增加，韧性下降，抗震性能降低，易干燥收缩。因此，为了适应便于施工和更有利于工程长期安全使用的需求，混凝土研究领域开始了高性能混凝土的研究和开发。

美国国家标准与技术研究所和美国混凝土协会首先提出了高性能混凝土的概念，但各国对于高性能混凝土的要求和确切的定义并不完全相同。综合各国学者观点，高性能混凝土是以耐久性和可持续发展为基本要求，并适应现代化工业生产与施工的混凝土。高性能混凝土应具有良好的施工性能、适当高的抗压强度、高抗渗性、高体积稳定性。

三、大体积混凝土

大体积混凝土是指混凝土结构物实体最小尺寸不小于 1 m 的大体积混凝土，或预计会因混凝土中胶凝材料水化引起的温度变化和收缩而导致有害裂缝产生的混凝土。

大体积混凝土所特有的主要技术问题是，由于水泥水化作用会放出大量的水化热，混凝土外部与外界发生热交换会迅速散失，而混凝土是热的不良导体，这样大体积混凝土内部的热不易散发而导致内部温度升高，造成内外温差较大，从而产生温度应力。温差越大，温度应力越大，越易导致混凝土开裂。因此，大体积混凝土在原材料方面和配合比设计等方面有其特殊的要求。

（1）原材料应符合下列规定：

①宜选用中、低热硅酸盐水泥或低热矿渣水泥。大体积混凝土施工所用水泥，其 3d 的水化热不宜大于 240 kJ/kg，7 d 的水化热不宜大于 270 kJ/kg。当混凝土有抗渗性指标要求时，所用水泥的 C_3A 含量不宜大于 8%。所用水泥在搅拌站的入机温度不宜大于 60℃。

②细骨料宜采用中砂，其细度模数宜大于 2.3，含泥量不应大于 3%。

③粗骨料宜选用粒径 5～31.5 mm，并应为连续级配，含泥量不宜大于 1%，应选用非碱活

性的粗骨料。当采用非泵送施工时,粗骨料的粒径可适当增大。

④外加剂的品种、掺量应根据工程所用胶凝材料经试验确定,应提供外加剂对硬化混凝土收缩等性能的影响。耐久性要求较高或寒冷地区的大体积混凝土,宜采用引气剂或引气减水剂。

(2)配合比设计除满足普通混凝土要求外(采用混凝土 60 d 或 90 d 强度作指标,应将其作为混凝土配合比的设计依据),还应符合以下规定:

①所配制的混凝土拌和物,到浇筑工作面的坍落度不宜大于 160 mm。

②拌和用水量不宜大于 175 kg/m^3。

③粉煤灰掺量不宜超过胶凝材料用量的 40%;矿渣粉的掺量不宜超过胶凝材料用量的 50%;粉煤灰和矿渣粉掺合料的总量不宜大于混凝土中胶凝材料用量的 50%。

④水胶比不宜大于 0.55。

⑤砂率宜为 38%~42%。

在混凝土制备前,应进行常规配合比试验,并应进行水化热、泌水率、可泵性等对大体积混凝土控制裂缝所需的技术参数的试验。必要时,其配合比设计应通过试泵送。

在确定混凝土配合比时,应根据混凝土的绝热温升、温控施工方案的要求等,提出混凝土制备时粗细骨料和拌和用水及入模温度控制的技术措施。

四、泵送混凝土

泵送混凝土是指可通过泵压作用沿输送管道强制流动到目的地并进行浇筑的混凝土。泵送混凝土宜采用预拌混凝土。当需要在现场搅拌混凝土时,宜采用具有自动计量装置的集中搅拌方式,不得采用人工搅拌混凝土进行泵送。

泵送混凝土设计除考虑工程设计所需的强度和耐久性外,还应考虑混凝土的可泵性。所谓混凝土可泵性,是指混凝土在泵压作用下沿输送管道流动的难易程度以及稳定程度的特性,即混凝土拌和物在泵压作用下能在输送管道中连续稳定地通过而不产生离析、泌水的性能。为保证混凝土良好的可泵性,其原材料及配合比应满足相应要求。

(1)原材料应满足以下条件:

①水泥宜选用硅酸盐水泥、普通硅酸盐水泥、矿渣硅酸盐水泥和粉煤灰硅酸盐水泥;

②粗骨料宜选用连续级配,其针片状颗粒含量不宜大于 10%,粗骨料的最大公称粒径与输送管径之比宜符合表 4—31 的规定;

表 4—31 粗骨料的最大公称粒径与输送管径之比

粗骨料品种	泵送高度(m)	粗骨料最大公称粒径与输送管径之比
碎 石	<50	≤1:3.0
	50~100	≤1:4.0
	>100	≤1:5.0
卵 石	<50	≤1:2.5
	50~100	≤1:4.0
	>100	≤1:5.0

③细骨料宜采用中砂,其通过公称直径为 31.5 μm 筛孔的颗粒含量不宜少于 15%;

④泵送混凝土应掺用泵送剂或减水剂,并宜掺用矿物掺合料。

（2）配合比应符合下列规定：

①胶凝材料用量不宜小于 300 kg/m³；

②砂率宜为 35%～45%。

泵送混凝土试配时，应考虑坍落度经时损失。泵送混凝土的坍落度和坍落扩展度应满足表 4—32 的要求。

表 4—32　混凝土入泵坍落度与泵送高度关系表

最大泵送高度(m)	50	100	200	400	400 以上
入泵坍落度(mm)	100～140	150～180	190～220	230～260	—
入泵扩展度(mm)	—	—	—	450～590	600～740

用混凝土泵运输和浇筑混凝土，施工速度快，生产效率高，因此在土木工程中应用非常广泛。

五、聚合物混凝土

聚合物混凝土是由有机聚合物、无机胶凝材料和骨料结合而成的新型混凝土。

1. 聚合物浸渍混凝土（PIC）

以已硬化的混凝土为基材，经过干燥后浸入有机单体，用加热或辐射等方法使混凝土孔隙内的单体聚合，使混凝土与聚合物形成整体，称为聚合物浸渍混凝土。

浸渍所用的单体有甲基丙烯酸甲酯（MMA）、苯乙烯（S）、丙烯腈（AN）、聚酯—苯乙烯等。对于完全浸渍的混凝土，应选用黏度尽可能低的单体，如 MMA、S 等；对于局部浸渍的混凝土，可选用黏度较大的单体，如聚酯—苯乙烯、环氧—苯乙烯等。

由于聚合物填充了混凝土内部的孔隙和微型缝，从而增加了混凝土的密实度，提高了水泥与骨料之间的黏结强度，减少了应力集中，因此具有高强、耐蚀、抗渗、耐磨、抗冲击等优良的物理力学性能。与基材（混凝土）相比，抗压强度可提高 2～4 倍，一般可达 100～150 MPa 以上，抗拉强度为抗压强度的 1/10，这与普通混凝土的拉压比相似。抗拉强度度可高达 24 MPa 以上。聚合物浸渍混凝土的应力—应变曲线具有弹性材料的特征，其弹性模量约为基材的 2 倍，徐变较基材小得多。

聚合物浸渍混凝土适用于要求高强度、高耐久性的特殊构件，特别适用于输送液体的有筋管道、无筋管、坑道。

2. 聚合物水泥混凝土（PCC）

聚合物水泥混凝土是用聚合物乳液（河水分散体）拌和水泥，并掺入砂或其他骨料而制成的，其生产与普通混凝土相似，便于现场施工。

聚合物可用天然聚合物（如天然橡胶）和各种合成聚合物（如聚酯酸乙烯、苯乙烯、聚氧乙烯等），矿物胶凝材料可用普通水泥和高铝水泥。

一般认为，硬化过程中，聚合物与水泥之间没有发生化学作用，只是水泥水化吸收乳液中水分，使乳液脱水而逐渐凝固，聚合物的硬化和水泥的水化、凝结硬化同时进行，最后二者相互胶合和填充，并与骨料胶结为整体，从而改善了混凝土的物理力学性能，表现为黏结性能好、耐久性和耐磨性高，但强度提高幅度不及浸渍混凝土显著。

聚合物水泥混凝土多用于铺设无缝地面，也常用于混凝土路面、机场跑道面层和构筑物的防水层。

六、纤维混凝土

纤维混凝土是指掺加短钢纤维或短合成纤维的混凝土总称。掺入纤维的目的是提高混凝土的力学性能(如抗拉、抗弯、冲击韧性),也可有效改善混凝土的脆性性质。此处仅介绍《纤维混凝土应用技术规程》(JGJ/T 221—2010)中涉及的钢纤维混凝土和合成纤维混凝土两大类,不包括玻璃纤维混凝土、注浆纤维混凝土和活性粉末混凝土等类型。

1. 钢纤维混凝土

钢纤维混凝土是指掺加短钢纤维作为增强材料的混凝土。

钢纤维混凝土可采用碳钢纤维、低合金钢纤维或不锈钢纤维。纤维的长径比、含量、几何形状以及分布情况等会对混凝土的性能产生影响。在制作钢纤维混凝土时,可根据其用途选择不同长度、直径和长径比的钢纤维,不同用途钢纤维的具体几何参数见表4—33。

表 4—33　钢纤维的几何参数

用　　途	长度(mm)	直径(当量直径)(mm)	长径比
一般浇筑钢纤维混凝土	20~60	0.3~0.9	30~80
钢纤维喷射混凝土	20~35	0.3~0.8	30~80
钢纤维喷射混凝土抗震框架节点	35~60	0.3~0.9	50~80
钢纤维混凝土铁路轨枕	30~35	0.3~0.6	50~70
层布式钢纤维混凝土复合路面	30~120	0.3~1.2	60~100

钢纤维混凝土适用于对弯拉(抗折)强度、弯曲韧性、抗裂、抗冲击、抗疲劳等性能要求高的混凝土工程、结构或构件。

2. 合成纤维混凝土

合成纤维混凝土是指掺加短合成纤维作为增强材料的混凝土。

合成纤维混凝土可采用聚丙烯腈纤维、聚丙烯纤维、聚酰胺纤维或聚乙烯醇纤维等,其材料品种和规格繁多,外形也各不相同。配制合成纤维混凝土时可参照表4—34单丝合成纤维的主要性能指标选用。

表 4—34　单丝合成纤维的主要性能参数

项　　目	聚丙烯腈纤维	聚丙烯纤维	聚丙烯粗纤维	聚酰胺纤维	聚乙烯醇纤维
截面形状	肾形或圆形	圆形或异形	圆形或异形	圆形	圆形
密度(g/m³)	1.16~1.18	0.90~0.92	0.90~0.93	1.14~1.16	1.28~1.30
熔点(℃)	190~240	160~176	160~176	215~225	215~220
吸水率(%)	<2	<0.1	<0.1	<4	<5

混凝土中为碱性环境,合成纤维的耐碱性非常重要。各种合成纤维的耐碱性顺序为:聚丙烯纤维＞聚酰胺纤维＞聚乙烯醇纤维＞聚丙烯腈纤维＞聚酯纤维。聚酯纤维耐碱性差,不宜用于水泥混凝土。

合成纤维的长径比决定了纤维在混凝土中的破坏机制,在大于临界长径比时,合成纤维在混凝土破坏时被拉断,而小于临界长径比时,合成纤维在混凝土破坏时被拉出混凝土基体。

合成纤维混凝土适用于要求改善早期抗裂、抗冲击、抗疲劳等性能的混凝土工程、结构或构件。

纤维混凝土目前主要用于非承重结构和对抗冲击性要求高的工程,如机场跑道、高速公路、桥面面层、管道等。随着纤维混凝土技术的提高和各类纤维性能的改善,在建筑工程中将会广泛应用纤维混凝土。

 复习思考题

1. 某教学楼工程,圈梁及部分大梁需现场浇注,要求混凝土强度等级为 C20 、C25 及 C30 三种,施工单位管理水平为"良好",施工条件为机械振捣,试计算各种混凝土的初步配合比,并算出 15L 混凝土试样的各种材料用量。所用材料如下:

普通水泥:强度等级 32.5,密度 3.00。

河砂:表观密度 2.60 g/cm³,中等粒径,堆积密度 1 550 kg/m³。

卵石:粒径 5～20 mm,表观密度 2.66 g/cm³,堆积密度 1 600 kg/m³。

水:自来水。

2. 某混凝土试拌,经调整后各种材料用量为:水泥 3.10 kg,水 1.86 kg,砂子 6.24 kg,碎石 12.48 kg,测得混凝土混合料表观密度 $\rho=2$ 450 kg/m³,试计算 1 m³ 混凝土各种材料用量为多少?

3. 上题中,如工地砂子含水率为 2.5%,石子含水率为 0.5%,求施工配合比及 400L 鼓式搅拌机每拌需各种材料的投入量。

4. 干砂 500 g,其筛分结果如下:

筛孔尺寸(mm)	4.75	2.36	1.18	0.60	0.30	0.15	<0.15
筛余量(g)	25	50	100	125	100	75	25

试判断该砂级配是否合格?属何种砂?并计算砂的细度模数。

5. 某钢筋混凝土结构,设计要求的混凝土强度等级为 C25,从施工现场统计得到平均强度 $\bar{f}=31$ MPa,强度标准差 $\sigma=6$ MPa。试求:(1)此混凝土的强度保证率是多少?(2)如要满足 95% 的强度保证率的要求,应采取什么措施?

第五章 建筑砂浆

建筑砂浆是由无机胶凝材料、细骨料、掺合料、水以及根据性能确定的各种组分按适当比例配合、拌制并经硬化而成的工程材料,在建筑工程中用量大、用途广泛。它可以把块体材料胶结成整体结构或用作表面涂层,起装饰、保护主体结构的作用。

建筑砂浆按所用胶凝材料可分为水泥砂浆、水泥混合砂浆、石灰砂浆、石膏砂浆及聚合物水泥砂浆等,按砂浆用途可分为砌筑砂浆、抹面砂浆及特种砂浆等。

第一节 建筑砂浆基本组成与性质

一、砂浆组成

1. 胶凝材料

建筑砂浆常用的胶凝材料有水泥、石灰膏、电石膏等。配制建筑砂浆时,水泥宜采用通用硅酸盐水泥或砌筑水泥,水泥强度等级应根据砂浆品种及强度等级的要求选择。M15 及以下强度等级的砌筑砂浆宜选用 32.5 级的通用硅酸盐水泥或砌筑水泥;M15 以上强度等级的砌筑砂浆宜选用 42.5 级通用硅酸盐水泥。在生产预拌砌筑砂浆时,为保证和易性的要求可加入外加剂、粉煤灰、保水增稠材料等,因此,在不浪费水泥的前提下,也可使用强度等级为 42.5 级的普通硅酸盐水泥或硅酸盐水泥。胶凝材料的选用应根据砂浆的用途及使用环境决定。对于干燥环境中使用的砂浆,可选用气硬性胶凝材料;对处于潮湿环境或水中用的砂浆,则必须用水硬性胶凝材料。

配制混合砂浆时,可在水泥砂浆中掺入部分石灰膏、黏土膏或粉煤灰等,来达到改善砂浆和易性,降低水泥用量的目的。

2. 砂

砂浆用砂应符合混凝土用砂的技术性能要求。由于砂浆层较薄,对砂子最大粒径有所限制。用于毛石砌体砂浆,砂子最大粒径应小于砂浆层厚度的 1/4～1/5;用于砖砌体的砂浆宜用中砂,最大粒径不大于 2.5 mm;光滑表面的抹灰及勾缝砂浆宜选用细砂,其最大粒径不大于 1.2 mm。砂的含泥量对砂浆的水泥用量、和易性、强度、耐久性及收缩等性能有影响。砂的含泥量不得超过 5.0%。

3. 水

砂浆用水与混凝土拌和用水要求相同,应选不含有害杂质的洁净水或饮用水拌制砂浆。

4. 外加剂和掺合料

在砂浆中掺入塑化剂等对改善砂浆的和易性,提高保水性有较好的效果。施工中允许在水泥砂浆中掺用有机塑化剂。为节约水泥等胶凝材料,在配制砂浆中也可掺入粉煤灰、石灰膏、黏土膏等掺加料。

二、建筑砂浆的基本性能

1. 砂浆拌和物的密度

由砂浆拌和物捣实后的密度,可以确定每 1 m³ 砂浆拌和物中各组成材料的实际用量。《砌筑砂浆配合比设计规程》(JGJ/T 98—2010)规定的砌筑砂浆拌和物的密度:水泥砂浆不应小于 1 900 kg/m³;水泥混合砂浆不应小于 1 800 kg/m³。

2. 新拌砂浆的和易性

新拌砂浆应具有良好的和易性。和易性良好的砂浆不仅在运输和施工中不易产生分层、析水现象,而且容易在粗糙的砖、石基面上铺成均匀的薄层,且能与基层紧密黏结。这样,既便于施工操作,提高劳动生产率,又能保证工程质量。砂浆的和易性包括流动性和保水性两方面的含义。

(1)流　动　性

砂浆的流动性是指砂浆在自重或外力作用下产生流动的性质。流动性用砂浆稠度测定仪测定,以沉入量(mm)表示,称为稠度。

影响砂浆稠度的因素有胶凝材料和掺合料的用量、用水量、塑化剂的品种和掺量、砂子粗细和粒形、级配、搅拌时间等。

砂浆流动性的选择与砌体种类、施工方法以及天气情况有关。砂浆流动性可参考表 5—1 选择。

表 5—1　建筑砂浆的流动性(稠度:cm)

砌体种类	砌筑工程	抹灰工程	机械施工	手工操作
烧结普通砖砌体、粉煤灰砖砌体	7～9	准备层	8～9	11～12
混凝土砖砌体、普通混凝土小型空心砌块砌体、灰砂砖砌体	5～7	底　层	7～8	7～8
烧结多孔砖砌体、烧结空心砖砌体、轻骨料混凝土小型空心砌块砌体、蒸压加气混凝土砌块砌体	6～8	面　层	7～8	9～10
石砌体	3～5	灰浆面层	—	9～12

(2)保　水　性

砂浆的保水性是指砂浆保存水分的能力,也表示砂浆中各项组成材料不易分离(泌水、离析)的性能。保水性不好的砂浆,在存放、运输和使用过程中水分会很快丧失,或为砖石基体所吸干,使砂浆在很短的时间内就变得干涩,难于铺摊成均匀而薄的灰浆层,致使砌体质量不良。因此,为了保证砌体质量,要求砂浆具有良好的保水性。

砂浆的保水性采用砂浆保水率测定仪测定的砂浆保水率来表示。用规定流动度范围的新拌砂浆,按规定的方法进行吸水处理。砂浆保水率就是吸水处理后砂浆中保留的水的质量,用原始水量的质量百分数来表示。

建筑砂浆的保水率应符合表 5—2 的规定。

表 5—2　建筑砂浆的保水率(%)

砂浆种类	保水率	砂浆种类	保水率
水泥砂浆	≥80	预拌普通抹灰砂浆	≥88
水泥混合砂浆	≥84	预拌地面砂浆	≥88
预拌砌筑砂浆	≥88	预拌防水砂浆	≥88

影响砂浆保水性的主要因素有胶凝材料的种类和用量、砂的品种、细度和用量以及用水量。为提高砂浆的保水性,可适当掺加某些外加剂及掺合料。

3. 硬化砂浆的性质

(1)砂浆强度

砌筑砂浆在建筑物或构筑物中主要用来黏结块体材料和传递荷载,因而要求砂浆具有一定的强度和黏结力,特别是抗压强度。砂浆的强度等级用边长为 70.7 mm 的立方体试件在标准条件下养护 28d 的抗压强度值(MPa)表示。砂浆强度等级分为 M5、M7.5、M10、M15、M20、M25、M30 等。

砂浆的强度不仅与砂浆本身的组成材料及配合比有关,而且还受基层的吸水性能影响。对于水泥砂浆,可采用如下强度公式:

①吸水基层(黏土砖及其他多孔材料)。由于基层的吸水性较强,虽然砂浆的用水量不同,但由于砂浆具有一定的保水性能,经过吸水,保留在砂浆中的水分几乎是相同的。因此,砂浆的强度主要取决于水泥的强度等级及水泥用量,与水灰比无关。其强度表达式为

$$f_{m,0} = \frac{\alpha Q_c f_{ce}}{1000} + \beta \tag{5—1}$$

式中　α, β——砂浆的特征系数;

　　　Q_c——每 1 m³ 砂浆中水泥用量(kg)。

②不吸水基层(如致密石材)。影响砂浆强度的因素与混凝土相似,主要取决于水泥强度和水灰比。强度表达式为

$$f_{m,0} = 0.29 f_{ce} \left(\frac{C}{W} - 0.40 \right) \tag{5—2}$$

由于砂浆的组成材料较复杂,变化也多,很难用简单的公式准确计算出其强度,因此在进行砂浆的配合比设计时,用公式计算出的结果还需要通过试配验证。

(2)黏　结　力

一般砂浆的抗压强度愈高,砂浆的黏结力愈大。其黏结力还与砖石或混凝土块表面状态、清洁程度、润湿情况和施工养护条件有关。黏结力是影响砌体的强度、耐久性和稳定性、建筑物抗震能力和抗裂性的基本因素之一。水泥砂浆在潮湿环境中的黏结力大于干燥环境中的黏结力。

(3)砂浆的变形

砂浆在承受荷载或温度条件变化时容易变形。如果变形过大或者不均匀,会降低砌体及面层质量,引起沉降或裂缝。使用轻骨料拌制砂浆,会造成砂浆的收缩变形比普通砂浆大。为了防止抹面砂浆的收缩变形不均匀或与基层变形不协调产生开裂,可在砂浆中掺入麻刀、纸筋等纤维材料。

(4)耐　久　性

经常与水接触的水工砌体有抗渗及抗冻要求,水工砂浆应考虑抗渗、抗冻、抗侵蚀性。其影响因素与混凝土大致相同,但因砂浆一般不振捣,所以施工质量对其影响尤为明显。

第二节　常用的建筑砂浆

一、砌筑砂浆

砌筑砂浆是将砖、石、砌块等块材经砌筑成为砌体,起黏结、衬垫和传力作用的砂浆。砌筑

砂浆的强度等级和原材料应根据工程类别及砌体部位的设计来选择,然后根据要求的砂浆强度等级确定配合比。

砌筑砂浆配合比设计应根据原材料的性能、砂浆技术要求、块体种类及施工条件进行计算或查表选择,并应经试配、调整后确定。

1. 砌筑砂浆配合比计算与确定

(1)水泥混合砂浆配合比计算

①计算砂浆试配强度 $f_{m,0}$(MPa)

$$f_{m,0} = k f_2 \qquad\qquad (5-3)$$

式中　$f_{m,0}$——砂浆的试配强度(MPa);

　　　　f_2——砂浆的设计强度(MPa);

　　　　k——系数,按表5—3取值。

砂浆现场强度标准差 σ 及 k 值可参考表5—3选用。

表5—3　砂浆现场强度标准差 σ(MPa)选用值

施工水平	砂浆强度等级							k
	M5	M7.5	M10	M15	M20	M25	M30	
优　良	1.00	1.50	2.00	3.00	4.00	5.00	6.00	1.15
一　般	1.25	1.88	2.50	3.75	5.00	6.25	7.50	1.20
较　差	1.50	2.25	3.00	4.50	6.00	7.50	9.00	1.25

②计算每 1 m³ 砂浆中的水泥用量 Q_c(kg/m³)

$$Q_c = \frac{1000(f_{m,0} - \beta)}{\alpha \cdot f_{ce}} \qquad\qquad (5-4)$$

式中　Q_c——每 1 m³ 砂浆中的水泥用量(kg/m³);

　　　　f_{ce}——水泥的实测强度(MPa);

　　　　α, β——砂浆的特征系数,其中 $\alpha = 3.03$,$\beta = -15.09$。

在无法取得水泥实测强度值时,可按下式计算:

$$f_{ce} = \gamma_c \cdot f_{ce,k} \qquad\qquad (5-5)$$

式中　f_{ce}——水泥强度等级对应的强度值;

　　　　γ_c——水泥强度等级值的富裕系数,该值按实际统计资料确定,无统计资料时取 1.0。

当实际计算水泥用量不足 200 kg/m³ 时,应按 200 kg/m³ 采用。

③计算水泥混合砂浆的石灰膏用量

$$Q_d = Q_a - Q_c \qquad\qquad (5-6)$$

式中　Q_d——每 1 m³ 砂浆的石灰膏用量(kg/m³);

　　　　Q_a——每 1 m³ 砂浆中水泥和石灰膏的总量,可为 350 kg/m³。

④确定砂的用量 Q_s(kg/m³)

每 1 m³ 砂浆中的砂子用量应以干燥状态(含水率小于 0.5%)的堆积密度值作为计算值,单位按 kg/m³ 计。

⑤按砂浆稠度选用用水量 Q_w(kg/m³)

每 1 m³ 砂浆中的用水量可根据砂浆稠度等要求在 210~310 kg 间选用。

(2)水泥砂浆配合比选用

水泥砂浆材料用量可按表5—4选用。

表5—4　每1 m³水泥砂浆材料用量

强度等级	水泥用量(kg)	砂子用量	砂浆用水量(kg)
M5	200～230		
M7.5	230～260		
M10	260～290		
M15	290～330	砂子的堆积密度值	270～330
M20	340～400		
M25	360～410		
M30	430～480		

注:(1)M15及M15以下强度等级水泥砂浆,水泥强度等级为32.5级;M15以上强度等级水泥砂浆,水泥强度等级为
　　42.5级;

　　(2)当采用细砂或粗砂时,用水量分别取上限或下限;

　　(3)稠度小于70 mm时,用水量可小于下限;

　　(4)施工现场气候炎热或干燥季节,可酌量增加用水量;

　　(5)试配强度应按式(5—3)计算。

(3)水泥粉煤灰砂浆材料用量选用

水泥粉煤灰砂浆材料用量可按表5—5选用。

表5—5　每1 m³水泥粉煤灰砂浆材料用量

强度等级	水泥和粉煤灰总量(kg)	粉煤灰	砂	用水量(kg)
M5	210～240			
M7.5	240～270	粉煤灰掺量可占胶凝材料总量的15%～25%	砂的堆积密度值	270～330
M10	270～300			
M15	300～330			

注:(1)表中水泥强度等级为32.5级;

　　(2)当采用细砂或粗砂时,用水量分别取上限或下限;

　　(3)稠度小于70 mm时,用水量可小于下限;

　　(4)施工现场气候炎热或干燥季节,可酌量增加用水量;

　　(5)试配强度应按式(5—3)计算。

(4)配合比试配、调整与确定

①砌筑砂浆试配时应考虑工程实际要求,砂浆试配时应采用机械搅拌。搅拌时间应自开始加水算起,并应符合下列规定:对水泥砂浆和水泥混合砂浆,搅拌时间不得少于120 s;对预拌砌筑砂浆和掺有粉煤灰、外加剂、保水增稠材料等的砂浆,搅拌时间不得少于180 s。按计算或查表所得配合比进行试拌时,应测定砌筑砂浆拌和物的稠度和保水率。当稠度和保水率不能满足要求时,应调整材料用量,直到符合要求为止。然后确定为试配时的砂浆基准配合比。

②试配时应至少采用三个不同的配合比,其中一个为基准配合比,另外两个配合比的水泥用量按基准配合比分别增加及减少10%,在保证稠度、保水率合格的条件下,可将用水量、石灰膏、保水增稠材料或粉煤灰等活性掺合料用量作相应调整。砌筑砂浆试配时稠度应满足施工要求,分别测定不同配合比砂浆的表观密度及强度,并应选定符合试配强度及和易性要求、

水泥用量最低的配合比作为砂浆的试配配合比。

③砌筑砂浆试配配合比尚应按下列步骤进行校正：

应根据确定的砂浆配合比材料用量，按下式计算砂浆的理论表观密度值：

$$\rho_t = Q_c + Q_d + Q_s + Q_w \tag{5—7}$$

式中 ρ_t——砂浆的理论表观密度值（kg/m³）。

应按下式计算砂浆配合比校正系数 δ：

$$\delta = \rho_c / \rho_t \tag{5—8}$$

式中 ρ_c——砂浆的实测表观密度值（kg/m³）。

当砂浆的实测表观密度值与理论表观密度值之差的绝对值超过理论值的 2% 时，应将试配配合比中每项材料用量均乘以校正系数（δ）后，确定为砂浆设计配合比。

预拌砌筑砂浆生产前应进行试配、调整与确定。

④砂浆配合比确定后，当原材料有变更时，其配合比必须重新通过试验确定。

（5）砂浆配合比设计算例

试设计用于砌筑砖墙的 M7.5 砂浆，稠度为 80～100 mm 的水泥石灰砂浆配合比。原材料参数：水泥为 32.5 级普通硅酸盐水泥；砂子为中砂，堆积密度为 1450 kg/m³，含水率为 2%；石灰膏稠度为 120 mm；施工水平为优良。

解：①计算试配强度

$f_2 = 7.5$ MPa，$\sigma = 1.50$ MPa，则

$$f_{m,0} = k f_2 = 7.5 \times 1.15 = 8.625（\text{MPa}）$$

②计算水泥用量

$\alpha = 3.03$，$\beta = -15.09$，$f_{ce} = 32.5$ MPa，则

$$Q_c = \frac{1\,000 \times (f_{m,0} - \beta)}{\alpha \cdot f_{ce}} = \frac{1\,000 \times (8.625 + 15.09)}{3.03 \times 32.5} = 240.8（\text{kg/m}^3）$$

③计算石灰膏用量

$Q_a = 300$ kg/m³（取下限），则

$$Q_d = Q_a - Q_c = 300 - 240.8 = 59.2（\text{kg/m}^3）$$

④根据砂的堆积密度和含水率计算用砂量

$$Q_s = 1\,450 \times (1 + 0.02) = 1\,479（\text{kg/m}^3）$$

⑤根据表 5—3 选择用水量为 300 kg/m³。砂浆试配的配合比为

水泥：石灰膏：砂：水 = 240.8：59.2：1 479：300 = 1：0.25：6.14：1.25

二、抹面砂浆

抹面砂浆是指涂抹于建筑物或构筑物表面的砂浆。抹面砂浆不承受荷载，它与基底层应有足够的黏结力（一般在 0.1～2.5 MPa 范围内），以保证其在施工或长期自重或环境因素作用下不脱落、不开裂，且不丧失其主要功能。抹面砂浆多分层抹成均匀的薄层，面层要求平整细致。

抹面砂浆按其功能的不同可分为普通抹面砂浆、装饰砂浆、防水砂浆和具有特殊功能的抹面砂浆等。

1. 普通抹面砂浆

普通抹面砂浆的作用是保护建筑墙体不受风、雨、雪等自然因素以及有害介质的侵蚀，提

高建筑物或墙体的抗风化、防潮、防腐蚀和保温隔热能力,同时使建筑物表面平整、光洁、美观。抹面砂浆通常分为两层或三层进行施工,各层的作用与要求不同,因此所选用的砂浆也不同。

底层砂浆的作用是使砂浆与底面牢固黏结,要求砂浆有良好的和易性和较高的黏结力,并且保水性要好。用于砖墙的底层抹灰,多用石灰砂浆或石灰炉灰砂浆;用于板条墙或板条顶棚的底层砂浆多用麻刀石灰砂浆;混凝土梁、柱、顶板等的底层砂浆,多用混合砂浆。中层主要用来找平,有时可省去不用。中层抹灰多用混合砂浆或石灰砂浆。面层砂浆主要起装饰作用,应达到平整美观的效果。面层抹灰多用混合砂浆、麻刀石灰砂浆或纸筋石灰砂浆。

2. 装饰砂浆

装饰砂浆是用于室外装饰以增加建筑物美观为主的砂浆,具有特殊的表面形式,或呈现各种色彩、线条与花样。

常用的装饰砂浆有以下几种施工操作方法:

(1)水刷石

将水泥和石渣按比例配合并加水拌和制成水泥石渣浆,用作建筑物表面的面层抹灰涂抹成型,待水泥初凝后立即喷水冲洗,冲刷掉石渣浆表层石子表面的水泥浆皮,从而使石渣半露出来,远看颇似花岗石。水刷石主要用于外墙饰面。

(2)水磨石

水磨石是由水泥(普通水泥、白水泥或彩色水泥)、彩色石渣或白色大理石碎粒和水按适当比例配合,掺入适量颜料,经拌匀、浇筑捣实、养护、硬化、表面打磨、洒草酸冲洗、干后上蜡等工序制成。水磨石分为预制、现场制作两种,多用于地面装饰,其关键工序是打磨,施工前应预先按设计要求的图案划线并固定好分格条(铜条、玻璃条),一般需用磨石机浇水打磨三遍。

(3)干粘石

干粘石是在素水泥浆或掺107胶的水泥砂浆黏结层上,把石渣、彩色石子等粘在其上,再拍平压实而成。干粘石分为人工黏结和机械喷粘两种,要求石子要粘牢,不掉粒,不露浆,石粒的2/3应压入砂浆内。干粘石装饰效果与水刷石相同,但避免了湿作业,施工效率高,可节约材料。

(4)斩假石

斩假石又称剁斧石,是一种假石饰面。以水泥石渣(内掺30%石屑)浆作成面层抹灰,待其硬化至一定强度时,用斧刃剁毛,表面颇似剁毛的花岗石,主要用于室外柱面、勒脚、栏杆、踏步等处的装饰。

3. 防水砂浆

用作防水层的砂浆叫防水砂浆。防水砂浆对于地下室、水塔、水池、储液罐等的防水防潮有重要意义。它不仅要有一定的强度,而且还具有较高的抗渗性。防水砂浆一般采用级配良好的细骨料配制。为提高砂浆的抗渗性,常采用以下措施:

①选择恰当的材料

普通水泥砂浆要求水泥强度等级不低于32.5级,砂采用中砂或粗砂,配合比控制在1:2～1:3,水灰比范围为0.50～0.55。

②掺加防水剂

在普通水泥砂浆中掺入防水剂,提高砂浆自防水能力。其配合比控制与上述相同。

③采用喷浆法施工

利用高压喷枪将砂浆以每秒约 100 m 的高速喷至建筑物表面,砂浆被高压空气强烈压实,密实度大,抗掺性好。

防水砂浆的防水效果除与原材料有关外,还受施工操作的影响。人工抹压法对施工操作的技术要求很高。随着防水剂产品日益增多、性能提高,在普通水泥砂浆中掺入一定量的防水剂而制得的防水砂浆,是目前使用最广泛的防水砂浆品种。

三、其他特种砂浆

1. 绝热砂浆

绝热砂浆是用水泥、石灰、石膏等胶凝材料与膨胀蛭石或陶粒砂等轻质多孔骨料按一定比例配制而成的,具有轻质、绝热等性质,常用于屋面绝热层、绝热墙壁以及供热管道绝热层等处。

2. 吸音砂浆

吸音砂浆可采用水泥、石膏、砂、锯末配制,也可在石灰、石膏砂浆中掺入玻璃纤维、矿物棉等松软纤维材料配制而成,具有良好的吸音性能,可用于有吸音要求的室内墙壁和顶棚抹灰。

3. 聚合物砂浆

聚合物砂浆是在水泥砂浆中加入有机聚合物乳液配制而成的,一般具有黏结力强、干缩率小、脆性低、耐蚀性好等特性,常用于修补和防护工程。常用的聚合物乳液有氯丁橡胶乳液、丁苯橡胶乳液、丙烯酸树脂乳液等。

4. 耐酸砂浆

在用水玻璃和氟硅酸钠配制的耐酸涂料中,掺入适量由石英岩、花岗岩、铸石等制成的粉及细骨料可拌制成耐酸砂浆。耐酸砂浆用于耐酸地面和耐酸容器的内壁防护层。

5. 防辐射砂浆

在水泥浆中掺入重晶石粉、重晶石砂可配制成具有防辐射能力的砂浆,在水泥浆中掺加硼砂、硼酸等可配制成具有防中子辐射能力的砂浆。

 复习思考题

1. 新拌砂浆的和易性包括哪两方面的含义?如何测定?砂浆和易性不良对工程应用有何影响?

2. 影响砂浆抗压强度的主要因素有哪些?

3. 如何配制砌筑砂浆?

4. 何谓混合砂浆?工程中常采用水泥混合砂浆有何好处?为什么要在抹面砂浆中掺入纤维材料?

第六章 建筑钢材

建筑钢材是指建筑工程中使用的各种钢材,包括用于钢结构的各种型材(如工字钢、槽钢、角钢、方钢等)、板材、管材、线材(用于钢筋混凝土结构中的各种钢筋、钢丝、钢绞线)以及钢门窗和各种建筑五金等。

钢材的强度较高,能承受相当大的弹性变形和塑性变形,抗压和抗拉能力都很强,具有经受冲击和振动荷载的能力,可以焊接或铆接,便于装配,用于建筑结构其安全性大,因此在建筑结构中被广泛采用,尤其适用于大跨度及多层结构。钢材易腐蚀,在高温下将会丧失强度,因此在土木工程应用中应加以适当保护。

建筑工程中的金属材料一般分为黑色金属及有色金属两大类。黑色金属指的是以铁(有时也指铬和锰)元素为主要成分的铁金属及其合金,在土木工程中应用最多的为铁碳合金,通常为钢和铁。有色金属指的是除铁以外的其他金属,如铝、铜、铅、锌、锡等金属及其合金,也称非铁金属,建筑上用得较少,其中铝合金可用于结构和构件、门窗、装饰板等。

第一节　钢的冶炼及分类

一、钢的冶炼方法对其质量的影响

钢是含碳量为 $0.06\%\sim2.0\%$,且含有一定其他元素的铁碳合金。含碳量为 $2.11\%\sim6.67\%$,并有较多杂质的铁碳合金称之为生铁。生铁的冶炼,是铁矿石内氧化铁还原成铁的过程,而钢的冶炼,是把熔融的生铁中的杂质进行氧化,将含碳量降低到 2.0% 以下,使磷、硫等其他杂质也减少到某一规定数值。

常用的炼钢方法有氧气转炉炼钢法、平炉炼钢法和电炉炼钢法三种。

(1)氧气转炉炼钢法以氧气代替空气吹入炉内,创造了纯氧顶吹转炉炼钢法,克服了空气转炉法的一些缺点,能有效地除去磷、硫等杂质,使钢的质量显著提高,可以炼制优质的碳素钢和合金钢。

(2)平炉炼钢法以固体或液体生铁、铁矿石或废钢做原料,用煤气或重油在气炉中加热冶炼,杂质靠铁矿石或废钢中的氧起氧化作用而除去;杂质轻,浮在表面,起到钢水与空气的隔离作用,可阻止空气中的氮、氢等气体杂质进入钢液中。平炉熔炼时间长,有利于化学成分的精确控制,杂质含量少,成品质量高,可用来炼制优质碳素钢、合金钢或有特殊要求的专用钢。冶炼周期长是其缺点。

(3)电炉炼钢法主要是指电弧炉炼钢。目前,世界上90%以上的电炉钢是电弧炉生产的,主要利用电极与炉料之间放电产生电弧发出的热量来炼钢。在电弧作用区,温度高达3000℃以上,可以快速熔化各种炉料,且温度容易调整和控制,可以满足冶炼不同钢种的要求。此外,炉内气氛可以控制,去磷、硫效率很高,还可脱氧。

随着炼钢技术的发展,冶金生产工艺已经达到了一个新的水平。国内很多大型钢铁生产企业已部分或全部实现平炉改氧气转炉工艺。

二、钢的分类

1. 按照化学成分分类(表6—1)

表6—1 钢按化学成分分类

碳素钢	普通碳素钢	低碳钢	含碳量小于0.25%
		中碳钢	含碳量在0.25%～0.60%之间
		高碳钢	含碳量大于0.60%
	优质碳素结构钢		保证钢的化学成分和力学性能
合金钢	低合金钢		合金元素总含量小于5.0%
	中合金钢		合金元素总含量在5.0%～10%之间
	高合金钢		合金元素总含量在10%以上

2. 按照冶炼时脱氧程度分类

(1)沸腾钢:脱氧不完全的钢。炼钢后期精炼时,需加入锰铁、硅铁或铝锭等脱氧剂进行脱氧。若脱氧不完全,钢水浇铸后在钢液冷却时有大量一氧化碳气体外逸,引起钢液剧烈沸腾,所产生的钢称为沸腾钢。此种钢的碳和有害杂质磷、硫等的偏析较严重,钢的致密程度较差,故冲击韧性和焊接性能较差,特别是低温冲击韧性的降低更显著。但沸腾钢只消耗少量的脱氧剂,钢锭的收缩孔减少,成品率较高,故成本低,被广泛应用于建筑结构。其代号为"F"。

(2)镇静钢:浇铸时,钢液平静地冷却凝固,是脱氧较完全的钢。镇静钢含有较少的有害氧化物杂质,而且氮多半是以氮化物的形式存在。镇静钢钢锭的组织致密度大,气泡少,偏析程度小,各种力学性能比沸腾钢优越,用于承受冲击荷载或其他重要结构。其代号为"Z"。

(3)半镇静钢:指脱氧程度和质量介于上述两种之间的钢,其质量较好。其代号为"b"。

(4)特殊镇静钢:比镇静钢脱氧程度还要充分彻底的钢,其质量最好,适用于特别重要的结构工程。其代号为"TZ"。

目前,沸腾钢的产量正逐渐下降并被镇静钢所取代。

3. 按照品质分类

(1)普通钢:含硫量≤0.050%;含磷量≤0.045%。

(2)优质钢:含硫量≤0.035%;含磷量≤0.035%。

(3)高级优质钢:含硫量≤0.025%,高级优质钢的钢号后加"高"字或"A";含磷量≤0.025%。

(4)特级优质钢:含硫量≤0.015%,特级优质钢的钢号后加"E";含磷量≤0.025%。

建筑上常用的主要钢种是普通碳素钢中的低碳钢和合金钢中的低合金高强度结构钢。

第二节 建筑钢材的技术性质

建筑钢材应具有良好的力学性能和工艺性能,以满足结构承载需求和施工工艺的要求。钢材力学性能主要有抗拉性能、硬度、冲击韧性和疲劳强度等。冷弯性能和焊接性能是钢材重要的工艺性能。

一、钢材的力学性能

(一)抗拉性能

抗拉性能是建筑钢材的重要性能。由拉力试验测得的屈服点、抗拉强度和伸长率是钢材的重要技术指标。

建筑钢材的抗拉性能,可通过低碳钢受拉的应力—应变图来说明(图 6—1)。

低碳钢拉伸发展的全过程可分为四个阶段,即弹性阶段、屈服阶段、强化阶段和颈缩阶段,每个阶段都各有其特点。

(1)弹性阶段(OA 段)

OA 是一根直线,在 OA 范围内,应力与应变成正比关系,如果卸去外力,试件则恢复原状,这种能恢复原状的性质叫做弹性,这个阶段叫弹性阶段。

弹性阶段的最高点(图中的 A 点)相对应的应力称为比例极限(或弹性极限),一般用 R_p 表示。应力和应变的比值为常数,称为弹性模量,用 E 表示,即 $E=R_p/\varepsilon_p$。Q235 钢的弹性极限 $R_p=180\sim200$ MPa,弹性模量 $E=(2.0\sim2.1)\times10^5$ MPa。

(2)屈服阶段($B_上B$ 段)

当应力超过比例极限后,应力和应变不再成正比关系。即应力超过 A 点以后,这一阶段开始时的图形接近直线,后来形成接近水平的锯齿线。这时应变急剧增长,处于"显著地变动状态",应力都在很小的范围内变动,这种现象就好像钢材对外力屈服了一样,所以称为屈服阶段。此时,钢材的性质也就由弹性转化为塑性,如将拉力卸去,试件的变形不会全部恢复,不能恢复的变形称为塑性变形。

当应力达到 $B_上$ 之前,其塑性变形极小,当拉力继续增加则可达屈服阶段。图 6—1 中的 $B_上$ 点是这一阶段的最高点,称为屈服上限;$B_下$ 点相应的应力称为屈服下限,又称屈服点或屈服强度,用 R_{eL} 表示。

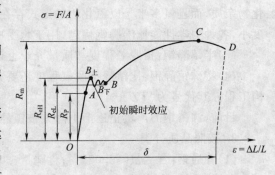

当钢材受力到屈服阶段后,应力不增加而变形将继续增加,产生明显的塑性变形,一直到达 B 点。中碳钢和高碳钢没有明显的屈服现象,名义屈服强度用非比例延伸率等于 0.2% 时所对应的应力值 $R_{p0.2}$ 表示(规定非比例延伸强度)。Q235 钢的 R_{eL} 约为 240 MPa。

图 6—1　低碳钢受拉时的应力—应变图

(3)强化阶段(BC 段)

当钢材屈服到一定程度,即到达 B 点后,由于内部组织起变化,抵抗外力的能力又重新提高了,应力与应变的关系就形成 BC 段上升的曲线。这时,钢材既有弹性变形,又有塑性变形,即抵抗塑性变形的能力增强了,一般称此阶段为强化阶段,对应于最高点 C 的应力称为极限抗拉强度,用 R_m 表示。Q235 钢的 R_m 约为 380 MPa。

极限抗拉强度是试件能承受的最大应力。

屈服强度和极限抗拉强度是衡量钢材强度的两个重要指标。

在结构设计中,要求构件在弹性变形范围内工作,即使少量的塑性变形也应力求避免,所以规定以钢材的屈服强度作为设计应力的依据。

抗拉强度在结构设计中不能完全利用,但是抗拉强度与屈服强度的比(称为强屈比)却有一定的意义。强屈比 R_m/R_{eL} 愈大,反映钢材受力超过屈服点工作时的可靠性愈大,结构的安全性愈高。但是这个比值过大时,表示钢材强度的利用率偏低,不够合理。国家标准除对屈服强度、抗拉强度有要求外,对用于抗震设防结构工程的钢材也提出了强屈比指标的要求。

(4)颈缩阶段(CD 段)

当钢材强化达到最高点后,在试件薄弱处的截面将显著缩小,产生"颈缩现象",如图 6—2 所示。由于试件断面急剧缩小,塑性变形迅速增加,拉力也就随着下降,最后发生断裂。

如图 6—3 所示,把试件断裂的两段拼起来,便可测得标距范围内的长度 L_1,L_1 减去标距长 L_0 就是塑性变形值,此值与原长 L_0 的比率称为伸长率。伸长率 A_n 按下式计算:

$$A_n = \frac{L_1 - L_0}{L_0} \times 100\% \qquad (6—1)$$

伸长率 A_n 是衡量钢材塑性的指标,A_n 愈大,钢材塑性愈好。良好的塑性,可将结构上的应力(超过屈服点的应力)重分布,从而避免结构过早的破坏。

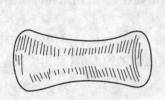

图 6—2　钢材颈缩现象

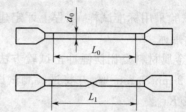

图 6—3　试件拉伸前和断裂后标距的长度

为了保证钢材有一定的塑性,有关规范中规定了各种钢材伸长率的最小值。由于伸长率与标距有关,因此,有关规范列出了标距为 $L_0 = 10d_0$ 和 $l_0 = 5d_0$ 时的伸长率 A_{10} 和 A_5。

塑性变形在试件标距内的分布是不均匀的,颈缩处的伸长较大,原标距与直径之比愈大,颈缩处伸长值在总伸长值中所占的比值则愈小,因而计算伸长率会小一些,通常 A_5 大于 A_{10}。

通常,钢材在弹性范围内使用,但是在应力集中处,其应力可能超过屈服强度,此时产生一定的塑性变形,可使结构中的应力产生重分布,从而免遭结构的破坏。

为反映钢材在达到最大破坏荷载前的变形情况,防止突然脆断,定义钢筋在最大力下的总延长率用 A_{gt} 表示,按下式计算:

$$A_{gt} = \left(\frac{L_1 - L_0}{L_0} + \frac{R_m}{E} \right) \times 100\%$$

式中　E——弹性模量,可取为 2×10^5 MPa。

(二)冲击韧性

冲击韧性是钢材抵抗冲击荷载的能力。图 6—4 为钢材冲击试验示意图。钢材的冲击韧性用处在简支梁状态的金属试样在冲击负荷作用下折断时冲击吸收功来表示。

冲击韧性值 α_K 表示冲击吸收功除以试样缺口底部处横截面面积所得的商(J/cm^2),即

$$\alpha_K = \frac{K_{V(U)}}{A} \qquad (6—2)$$

式中　α_K——冲击韧性值(J/cm^2);

A——试样缺口处的截面积(cm^2);

$K_{V(U)}$——试件冲断时所吸收的冲击值(J),即冲击功,K_V为V形缺口,K_U为U形缺口。

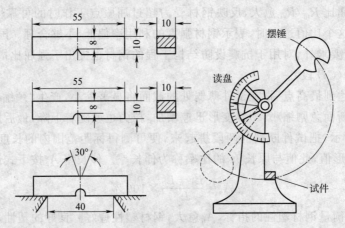

图6—4　金属夏比冲击韧性试验(单位:cm)

由于试验采用标准试样,工程上评定建筑钢材的冲击韧性,一般用试样冲断消耗的冲击值$K_{V(U)}$作为指标。

按照《金属材料夏比摆锤冲击试验方法》(GB/T 229—2007),试验采用的冲击锤有两种锤刃,分别为2 mm、8 mm厚,并将试验测试试件冲断时所吸收的冲击值(夏比法为V形缺口)表示为K_{V2}或K_{V8}。

$$K_{V2(8)} = FL(\cos \beta - \cos \alpha)$$

式中　F——摆锤重力;

L——摆长(摆轴至F作用点的距离);

α——冲击前摆锤的落角;

β——冲击后摆锤的升角;

K_{V2}——试样为V形缺口、2 mm厚锤刃的冲击值;

K_{V8}——试样为V形缺口、8 mm厚锤刃的冲击值。

钢材化学成分组织状态以及冶炼轧制质量等对冲击韧性值都较敏感。如钢中磷、硫含量较高,存在偏析,非金属夹杂物和焊接中形成的微裂纹等都会使冲击韧性显著降低。

试验表明,冲击韧性还随温度的降低而下降。其规律是,开始下降缓慢,当达到一定温度范围时,突然下降很多而呈脆性,称为钢材的冷温度脆性,这时的温度称为脆性转变温度。

脆性转变温度的数值愈低,钢材耐低温冲击性能愈好,钢材的冷脆性能越小。在寒冷及严寒地区使用的结构,设计时必须考虑钢材的冷脆性,应选用脆性转变温度低于最低使用温度的钢材,并要求冲击韧性值大于规范规定的冲击韧性指标,如铁路桥梁钢Q345qE在-40℃下的冲击功应不小于34J。

钢材随着时间的延长,强度逐渐提高,塑性冲击韧性下降,这种现象称为"时效"。完成时效变化过程可达数十年,钢材经受冷加工或使用中经受振动和反复荷载的影响,时效可迅速发展,因时效而导致性能改变称为时效敏感性。时效敏感性愈大的钢材,经过时效以后其冲击韧性的降低愈显著。为了保证安全,对于承受动荷载的重要结构,应选用时效敏感性小的钢材。

从上述情况可知,许多因素都将降低钢材冲击韧性。对于直接承受动荷载而且可能在负温度下工作的重要结构,必须按照有关规范要求,进行钢材的冲击韧性检验。

（三）疲劳强度

钢材在交变荷载反复多次作用下,可以在远低于其屈服极限的应力作用下破坏,这种破坏称为疲劳破坏。我国现行规范以钢材在荷载交变 2×10^6 次的疲劳强度曲线作为确定疲劳强度的取值依据。设计承受反复荷载且须进行疲劳验算的结构时,应当了解所用钢材的疲劳极限。

测定疲劳极限时,应当根据结构使用条件确定采用的应力循环类型、应力比值（又称应力特征值 ρ,为最小与最大应力之比）和应力循环次数（N）以及应力集中程度。

一般钢材的疲劳破坏是由拉应力引起的,是从局部开始形成细小裂纹,由于裂纹尖角处的应力集中再使其逐渐扩大,直到疲劳破坏为止。疲劳裂纹在应力最大的地方形成,即在应力集中的地方形成,因此钢材疲劳强度不仅决定于它的内部组织,而且也决定于应力最大处的表面质量及内应力大小等因素。

（四）硬　　度

钢材硬度系指比其更坚硬的其他种材料压入钢材表面的性能。钢材的硬度和强度成一定的关系,故测定钢的硬度后可间接求得其强度。测定硬度的方法很多,常用的硬度指标为布氏硬度和洛氏硬度。

1. 布氏硬度

布氏硬度试验是对一定直径的硬质合金球施加试验力压入试样表面,经规定保持时间后卸除试验力,测量试样表面压痕的直径,试验力与压痕表面积之比即为布氏硬度,用 HBW 表示。

由于布氏硬度试验的压痕较大,试验结果比较准确,能较好地代表试样的硬度,但当被试材料硬度 HBW>450 时,钢材本身会发生大的变形,甚至破坏,因此,这种试验方法仅适用于 HBW<450 的材料。

一般来说,硬度愈高,强度愈大。根据试验数据分析比较,可用 $R_m = 0.36HB$ 的关系式估算碳素钢的抗拉强度值 R_m:

$$HBW < 175 \text{ 时}, R_m = 0.36HB$$
$$175 < HBW < 450 \text{ 时}, R_m = 0.35HB$$

2. 洛氏硬度

洛氏硬度试验是用金刚石锥体或钢球压头,按照规定的荷载压入钢材表面,以压痕深度来表示硬度值,用 HR 表示。根据压头和荷载的不同,又分为洛氏 A、洛氏 B 和洛氏 C 三种方法。洛氏硬度法的压痕小,所以常用于判断工件的热处理效果。

二、钢材的工艺性能

1. 冷弯性能

钢材的冷弯性能指钢材在常温下承受弯曲变形的能力,是建筑钢材的重要工艺性能。

建筑钢材的冷弯一般用弯曲角度 α 及弯心直径 d 相对于钢材厚度 a 的比值来表示。试验时采用的弯曲角度愈大,弯心直径对试件厚度（或直径）的比值愈小,表示对冷弯性能的要求愈高。按照国家现行相关标准,有下列三种类型:①达到某规定角度的弯曲;②绕着弯心弯到两面平行;③弯到两面接触的重合弯曲,见图 6—5。钢的技术标准中对各牌号钢的冷弯性能指标都有规定,按规定的弯曲角度和弯心直径进行试验,试件的弯曲处不发生裂缝、裂断或起层,即认为冷弯性能合格。

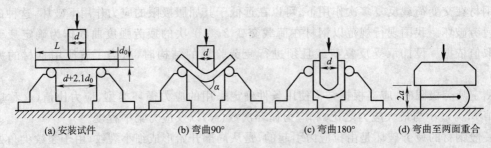

(a) 安装试件　　　　(b) 弯曲90°　　　　(c) 弯曲180°　　　(d) 弯曲至两面重合

图 6—5　钢材冷弯试验示意图

钢材的冷弯性能和伸长率一样,表明钢材在静荷下的塑性。冷弯是钢材处于不利变形条件下的塑性,而伸长率则是反映钢材在均匀变形下的塑性。冷弯试验是一种比较严格的检验,能揭示钢材是否内部组织不均匀,是否存在内应力和夹杂物等缺陷。在通常的拉力试验中,这些缺陷常因塑性变形导致应力重分布而得不到反映。

冷弯试验对焊接质量也是一种严格的检验,能揭示焊件在受弯表面存在的未熔合、微裂纹和夹杂物。

2. 焊接性能

焊接性能又称为可焊性,指钢材在通常的焊接方法与工艺条件下获得良好焊接接头的性能。可焊性好的钢材,焊接时不易产生裂纹、气孔、夹渣等缺陷,焊接接头牢固可靠,焊缝及其附近受热影响区的性能不低于母材的力学性能。

建筑工程中,钢材之间的连接 90% 以上采用焊接方式,如钢结构构件的连接、钢筋混凝土的钢筋骨架、接头及预埋件、连接件等的连接。因此,要求钢材应有良好的焊接性能。

第三节　建筑钢材的晶体组织和化学成分

一、建筑钢材的晶体组织

建筑钢材的特性及各种钢材性能上的差别,是由它们的内部微观结构决定的。钢材的宏观力学性能基本上是其晶体力学性能的表现。因此,研究金属材料的性能变化规律,必须首先研究金属及合金的内部结构。金属的内部结构可以分为三个层次,即原子结构、晶体结构和显微组织。为了较深刻地理解上节讨论的钢材宏观力学性能,应当对钢材的内部结构及其性能有一般的了解。

钢材晶体结构中各个原子是以金属键方式结合的。这种结合方式是钢材具备较高强度和良好塑性的根本原因。

钢材是由许多晶粒组成的(图 6—6),各晶粒中原子是规则排列的。描述原子在晶体中排列形式的空间格子称为晶格。晶格按原子排列的方式不同分为若干类型,例如纯铁在 910℃ 以下为体心立方晶格,称为 α 铁,其最小几何单元(晶胞)如图 6—7 所示。就每个晶粒讲,其性质是各向不同的,但由于许多晶粒是不规则聚集的,故钢材是各向同性材料。

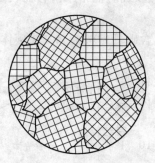

图6—6　钢材的晶粒组成

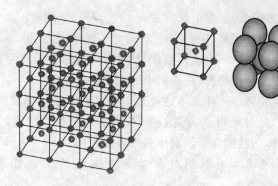

图6—7　晶胞

钢材力学性能与其晶体结构有密切关系。在这一方面,目前了解比较清楚的有关内容主要如下:

(1)晶格中有些平面上的原子较密集,因而结合力较强。这些面与面之间,则由于原子间距离较大,结合力较弱。这种情况,使晶格在外力作用下,容易沿原子密集面产生相对滑移(图6—8),而α铁晶格中这种容易导致滑移的面是比较多的。这是建筑钢材塑性变形能力较大的原因。

图6—8　原子密集面

(2)晶格中存在许多缺陷,如点缺陷"空位"、"间隙原子",线缺陷"刃型位错"和晶粒间的面缺陷"晶界面"(图6—9)。这些缺陷对力学性能的影响主要表现在:由于缺陷的存在,使晶格受力滑移时,不是整个滑移面上全部原子一齐移动,只是缺陷处局部移动,这是钢材的实际强度远比其理论强度为低的原因。

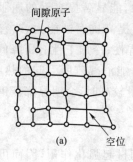

(a)

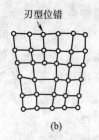

(b)

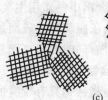

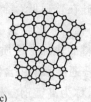

(c)

图6—9　晶格缺陷

(3)晶粒界面处原子排列紊乱,对滑移的阻力很大。对于同体积钢材,晶粒愈细,晶界面积愈大,因而强度愈高。同时,由于细晶粒的受力变形比粗晶粒均匀,故晶粒愈细,其塑性和韧性也愈好。生产中常利用合金元素以细化晶粒,提高钢材的综合性能。

(4)α铁晶格中可溶入其他元素(如碳、锰、硅、氮等),形成固溶体。形成固溶体会使晶格产生畸变,因而强度提高,塑性和韧性则降低。生产中常利用合金元素形成固溶体以提高钢材强度,称为固溶强化。

建筑钢材的基本成分是铁与碳。碳原子与铁原子之间的结合有固溶体、化合物和机械混合物三种基本方式。由于铁与碳结合方式的不同,碳素钢在常温下形成的基本组织有:

(1)铁素体——铁素体是碳溶于α-Fe晶格中的固溶体。铁素体晶格原子间的空隙较小,

111

其溶碳能力很低,室温下仅能溶入小于0.005%的碳。由于溶碳少而且晶格中滑移面较多,故其强度低,塑性很好。

(2)渗碳体——渗碳体是铁与碳的化合物,分子式为Fe_3C,含碳量为6.67%。渗碳体的晶体结构复杂,性质硬脆,是碳钢中的主要强化组分。

(3)珠光体——珠光体是铁素体和渗碳体相间形成的层状机械混合物,其层状可认为是铁素体基体上分布着硬脆的渗碳体片。珠光体的性能介于铁素体和渗碳体之间。

碳素钢基本组织相对含量与含碳量的关系如图6—10所示。

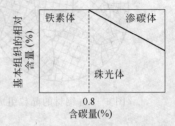

图6—10 碳素钢基本组织相对含量与含碳量的关系

建筑钢材的含碳量不大于0.8%,其基本组织为铁素体和珠光体,含碳量增大时,珠光体的相对含量随之增大,铁素体则相应减小,因而强度随之提高,但塑性和韧性则相应下降。

二、钢的化学成分对钢材性能的影响

钢中的主要化学成分为铁。经冶炼仍存在于钢内或冶炼时特别加进的各种合金元素,对钢材性能有如下影响:

(1)碳——碳是决定钢性质的重要元素,主要以渗碳体Fe_3C形式存在于钢中,极少量熔于α铁中形成铁素体。对于含碳量小于0.8%的碳素钢,随着含碳量的增加,钢的抗拉强度(R_m)和布氏硬度(HBW)相应提高,而塑性和韧性则相应降低。含碳量增大,也将使钢的焊接性能和抗腐蚀性能下降。当含碳量超过0.3%时,焊接性能显著降低,有增加冷脆性和时效倾向。

(2)硅——炼钢时为了脱氧而加入的硅,大部分熔于铁素体中,能显著提高钢的屈服强度和抗拉强度。当含硅量小于2%时,对塑性和韧性影响不大,还可提高抗腐蚀能力,改善钢的质量。硅在普通低合金钢中的作用主要是提高钢材的强度,但可焊性、冷加工性有所降低。

(3)锰——锰是为了脱氧和去硫而加入的。它熔于铁素体中,能消减硫所引起的热脆性,改善钢材的热加工性质,同时能提高钢材的强度和硬度。当含锰量较高时,会明显降低钢的可焊性。普通碳素钢中含锰量在0.9%以下,合金钢中含锰量多为1%~2%。当含锰量达11%~14%时,称为高锰钢。高锰钢具有较高的耐磨性。

(4)磷——磷是在炼铁原料中带入的。磷熔于铁素体中,对钢材起强化作用,因而可使钢的屈服点和抗拉强度提高,但塑性和韧性显著降低,特别在低温下的冲击韧性下降非常显著。在普通碳素钢中,磷的含量最多不得超过0.05%。磷是钢中的有害杂质,会增大冷脆性和降低焊接性能。但磷可提高钢的耐磨性和耐蚀性,在普通低合金钢中,可配合其他元素作为合金元素使用,如45硅锰磷钢。

(5)硫——硫也是在炼铁原料中带入的。硫在钢中以硫化铁夹杂物形式存在。由于硫化铁的熔点低,使钢材在加工过程中造成晶粒的分离,引起钢材断裂,形成热脆现象,称为热脆性。硫将大大降低钢的热加工性和可焊性,降低钢的冲击韧性、疲劳强度和抗腐蚀性,因此碳素钢中硫是极有害的杂质,其含量不得超过0.06%。

(6)氧——氧常以FeO的形式存在于钢中,它将降低钢的机械性能,降低钢材强度(包括疲劳强度),增加热脆性,使冷弯性能变坏、焊接性能降低。氧是钢中的有害杂质,在钢中其含量不得超过 0.05％。

（7）氮——氮是炼钢时空气内的氮进入钢水而存留下来的，主要嵌熔于铁素体中，也可呈化合物形式存在。它可以提高钢的屈服点、抗拉强度和硬度，但使塑性，特别是韧性显著下降。氮加剧钢材的时效敏感性和冷脆性，降低焊接性能，使冷弯性能变坏。因此，在碳素钢中，氮含量不得超过 0.03％。如果在钢中加入少量的铝、钒、锆和铌，使它们变为氮化物，则能细化晶粒，改变性能，此时氮就不是有害元素。

（8）钛——钛是较强的脱氧剂。钢中加入少量的钛，可显著提高钢的强度，而塑性略有降低。因钛能使晶体细化，从而改善钢的韧性，还能提高可焊性和抗大气腐蚀性。钛常以合金元素加入钢中。在 $45Si_2Ti$ 的合金钢中，钛的质量分数不大于 0.06％。当钢中的含碳量较高时，加入较多的钛，将会显著降低钢的塑性和韧性。

（9）钒——钒是弱的脱氧剂。钒加入钢中可减弱碳和氮的不利影响，同样能细化晶粒，提高强度，改善韧性，减少冷脆性，但会降低可焊性。钒是很有发展前途的合金元素。

以上各种元素对钢的作用，除少数元素对钢有害外，一般都能改善钢材的某种性能。在炼制合金钢时，将几种元素合理掺和于钢中，便可发挥其各自的特性，取长补短，使钢材具有良好的综合技术性能。

第四节　钢的冷加工强化时效及其应用

建筑钢材除了通过热加工制成各种型材外，有时还通过冷加工制成各种型材或直接加工成零件。将钢材于常温下进行冷拉、冷拔、冷轧、冷扭、刻痕、冲压等使其产生塑性变形，从而提高屈服强度，降低塑性韧性，这个过程称为冷加工强化。

建筑工程中使用的钢筋，为改善其性能，可以采用冷加工和时效处理。

将热轧钢筋在常温下通过拉伸设备，使其拉伸至超过屈服强度并产生一定的塑性变形，称之为冷拉。

冷拉后，钢材的屈服强度提高，屈服阶段缩短，伸长率减小，材质变硬。如果冷拉卸荷后不立即拉伸，于常温下存放 15～20d，或加热到 100～200℃保持一定时间，其抗拉强度将进一步提高，弹性模量则基本恢复。这个过程称为时效处理。前者称为自然时效，后者用加热的方法处理则称为人工时效。将钢筋经过冷拉、进行自然时效或人工时效后再拉伸，则屈服强度和抗拉强度都得到提高，塑性和韧性则相应降低。

产生冷加工强化的原因是钢材加工至塑性变形后，由于塑性变形区域内的晶粒产生相对滑移，使滑移面下的晶粒破碎，晶格歪扭，构成滑移面的凹凸不平，从而给以后的变形造成较大的困难，提高了钢材对外力的抵抗。经冷加工强化的钢材，由于塑性变形后滑移面的减少，所以其塑性降低，脆性增大。

时效强化的原因，主要是熔于铁素体中的过饱和碳，随着时间的增长慢慢地从铁素体中析出，形成渗碳体分布于晶体的滑移面上（图 6—11），起着阻碍滑移的强化作用，因而使钢材的强度和硬度增加，塑性和冲击韧性降低。

钢材产生时效的难易程度称之为时效敏感性。对受动荷载

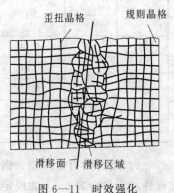

图 6—11　时效强化

作用或经常处于中温条件下的钢结构(如锅炉、桥梁、钢轨和吊车梁等),不宜选用时效敏感性大的钢材,以防止突然脆断,而应选用时效敏感性小的钢材。

第五节　建筑钢材的标准和选用

建筑钢材分为钢结构用钢、混凝土结构用钢及其他用途钢三大类。

一、钢结构用钢

钢结构用钢主要有普通碳素结构钢、优质碳素结构钢和低合金高强度结构钢。

(一)普通碳素结构钢

普通碳素结构钢简称普通碳素钢,其牌号和化学成分应符合《碳素结构钢》(GB/T 700—2006)的规定。

1. 碳素结构钢的牌号、代号和符号

钢的牌号由代表屈服点的字母、屈服点数值、质量等级符号、脱氧方法符号等四部分按顺序组成。

例如,Q235-AF符号意义如下:Q为钢材屈服点;A,B,C,D为质量等级;F为沸腾钢;b为半镇静钢;Z为镇静钢;TZ为特殊镇静钢。

在牌号组成表示方法中,"Z"与"TZ"符号可予以省略。

2. 碳素结构钢的技术要求

碳素结构钢的技术要求包括化学成分(全部为低碳钢)、力学性能、工艺性能等三个方面。

(1)钢的牌号和化学成分应符合表6—2规定。

表 6—2　碳素结构钢的牌号、等级和化学成分(GB/T 700—2006)

牌号	等级	化学成分(%),不大于					脱氧方法
		C	Mn	Si	S	P	
Q195	—	0.12	0.50	0.30	0.040	0.035	F,Z
Q215	A	0.15	1.20	0.35	0.050	0.045	F,Z
	B				0.045		
Q235	A	0.22	1.40	0.35	0.050	0.045	F,Z
	B	0.20			0.045		
	C	0.17			0.040	0.040	Z
	D				0.035	0.035	TZ
Q275	A	0.24	1.50	0.35	0.050	0.045	F,Z
	B	0.21 0.22			0.045	0.045	Z
	C	0.20			0.040	0.040	Z
	D				0.035	0.035	TZ

(2)钢材的力学性能。钢材的拉伸和夏比(V形缺口)冲击试验应符合表6—3的规定。冷弯性能应符合表6—4的规定。

表 6—3　碳素结构钢的力学性能、牌号、等级指标（GB/T 700—2006）

牌号	等级	拉伸试验												冲击试验	
		屈服点 R_{eH}（MPa），不小于 钢材厚度（或直径）（mm）						抗拉强度 MPa	断后伸长率 A（%），不小于 钢材厚度（或直径）（mm）					温度（℃）	V形冲击功（J）不小于
		≤16	16~40	40~60	60~100	100~150	>150~200		≤40	40~60	60~100	100~150	>150~200		
Q195	—	195	185	—	—	—	—	315~430	33	—	—	—	—	—	—
Q215	A	215	205	195	185	175	165	335~450	31	30	29	27	26	—	—
	B													20	27
Q235	A	235	225	215	205	195	185	375~500	26	25	24	22	21	—	—
	B													20	27
	C													0	27
	D													−20	27
Q275	A	275	265	255	245	225	215	410~540	22	21	20	18	17	—	—
	B													20	27
	C													0	27
	D													−20	27

表 6—4　碳素结构钢的冷弯性能指标（GB/T 700—2006）

牌号	试样方向	冷弯试验 180°，$B=2a$	
		钢材厚度（或直径）（mm）	
		≤60	>60~100
		弯心直径 d	
Q195	纵	0	—
	横	$0.5a$	
Q215	纵	$0.5a$	$1.5a$
	横	a	$2a$
Q235	纵	a	$2a$
	横	$1.5a$	$2.5a$
Q275	纵	$1.5a$	$2.5a$
	横	$2a$	$3a$

注：B 为试样宽度，a 为钢材厚度（直径）。

3. 碳素结构钢的选用

根据国家标准《碳素结构钢》（GB/T 700—2006）的规定，碳素结构钢按屈服点的大小划分为 4 个牌号。从表 6—2、表 6—3、表 6—4 可以看出，随着牌号的增大，含碳量由小到大，抗拉强度逐渐提高，而伸长率则随牌号的增大而降低。

碳素结构钢的质量等级取决于钢内有害元素硫（S）和磷（P）的含量，硫、磷含量越低，钢的质量越好，其焊接性能和低温抗冲击性能都得到提高。

(1)Q195 不分等级,Q215 分 A 级和 B 级两个等级。这两个牌号的钢虽然强度不高,但塑性和韧性较好,冷弯性能较好,易于冷弯加工,常用作钢钉、铆钉、螺栓等。Q215 钢经冷加工后可代替 Q235 钢使用。

(2)Q235 是建筑工程中广泛应用的碳素结构钢,有四个等级,A 级之外的 B、C、D 级均有较高的冲击韧性,有较高的强度、良好的塑性和加工性能,能满足一般钢结构和钢筋混凝土结构要求,可制作低碳热轧圆盘条等建筑用钢材,应用范围宽广,C、D 级可作为重要焊接结构用。

(3)Q275 强度更高,有良好的塑性、韧性和焊接性能、冷冲压性能。与前述钢相比,其应用范围大大增加,如 Q275-D 可以用于−20℃的动荷载结构中。与其他碳素结构钢钢号相比,Q275 能够节约钢材,降低成本,成为钢结构和混凝土结构的主要用钢之一。因此,Q275 广泛用于制造薄板、钢筋、钢结构用各种型钢、建筑结构、桥梁、机座、机械零件、渗碳或碳氮共渗零件、焊接件、支架、受力不大的拉杆、连杆、销、轴、螺钉、螺母、套圈等。

(二)优质碳素结构钢

优质碳素结构钢按国家标准《优质碳素结构钢》(GB/T 699—1999)的规定,根据其含锰量的不同,可分为:

(1)普通含锰量的钢,其含锰量小于 0.8%,共有 20 种牌号。

(2)较高含锰量的钢,其含锰量为 0.85% 以上,共有 11 种牌号。

优质碳素结构钢钢材一般以热轧状态供应,与普通碳素结构钢的主要区别在于钢中含杂质元素较少,磷、硫的质量分数均不大于 0.035%,其他缺陷限制也较严格,具有较好的综合性能。

优质碳素结构钢的牌号用两位数字表示,它表示钢中的平均含碳量的万分数。例如 45 牌号钢,即表示钢中的平均含碳量为 0.45%,数字后加注汉字"锰"或字母"Mn"表示为较高含锰量的钢,而普通含锰量的钢则不标注"锰"字。沸腾钢在牌号的后面为"沸"或"F",半镇静钢则在牌号的后面加添"半"或"b"。

优质碳素结构钢在建筑上应用不多,30、35、40 和 45 牌号钢可用作高强度螺栓,45 牌号钢用作预应力钢筋的锚具。

65、70、75、80 牌号钢可生产预应力混凝土用的碳素钢丝、刻痕钢丝钢绞丝。

(三)低合金高强度结构钢

低合金高强度结构钢是普通低合金高强度结构钢的简称,它是在普通碳素钢的基础上添加少量的一种或多种合金元素(如硅、锰、钒、钛、铌、铬、镍及稀土等元素,总含量一般不超过 5%),以提高其强度、耐腐蚀性、耐磨性或耐低温冲击韧性,并便于大量生产和应用。

根据国家标准《低合金高强度结构钢》(GB/T 1591—2008)的规定,低合金高强度结构钢分成 8 个牌号,即 Q345、Q390、Q420、Q460、Q500、Q550、Q620 和 Q690。牌号的表示方法由屈服点的汉语拼音首字母 Q、屈服点数值、质量等级符号(A、B、C、D、E)三部分组成。

低合金高强度结构钢的含碳量一般都较低,以便于钢材的加工和焊接要求。其强度的提高主要是靠加入的合金元素细晶强化和固溶强化来达到。

采用低合金高强度结构钢的主要目的是减轻结构重量,延长使用寿命。这类钢具有较高的屈服点和抗拉强度、良好的塑性和冲击韧性,具有耐锈蚀、耐低温性能,综合性能好。这类钢在电炉、平炉或氧气转炉中都可以冶炼,成本也不高,应用日益广泛,特别适用于大型结构,大跨度、大柱网结构,桥梁、船舶和电视塔等工程。与普通碳素结构钢比较,可节约钢材,经济效益显著。

表 6—5 和表 6—6 中列出了低合金高强度结构钢的拉伸性能与力冲击试验值。

表 6—5　低合金高强度合金钢的拉伸性能

牌号	质量等级	拉伸试验 以下公称厚度(直径、边长)下屈服强度 R_{eL} (MPa)									以下公称厚度(直径、边长)下抗拉强度 R_{m} (MPa)							以下公称厚度(直径、边长)下断后伸长率 A(%)					
		≤16 mm	>16~40 mm	>40~63 mm	>63~80 mm	>80~100 mm	>100~150 mm	>150~200 mm	>200~250 mm	>250~400 mm	≤40 mm	>40~63 mm	>63~80 mm	>80~100 mm	>100~150 mm	>150~250 mm	>250~400 mm	≤40 mm	>40~63 mm	>63~100 mm	>100~150 mm	>150~250 mm	>250~400 mm
Q345	A	≥345	≥335	≥325	≥315	≥305	≥285	≥275	≥265		470~630	470~630	470~630	470~630	450~600	450~600		≥20	≥19	≥19	≥18	≥17	—
	B																	≥21	≥20	≥20	≥19	≥18	≥17
	C																						
	D									≥265							450~600						
	E																						
Q390	A	≥390	≥370	≥350	≥330	≥330	≥310	—	—	—	490~650	490~650	490~650	490~650	470~620	—	—	≥20	≥19	≥19	≥18	—	—
	B																						
	C																						
	D																						
	E																						
Q420	A	≥420	≥400	≥380	≥360	≥360	≥340	—	—	—	520~680	520~680	520~680	520~680	500~650	—	—	≥19	≥18	≥18	≥18	—	—
	B																						
	C																						
	D																						
	E																						
Q460	A	≥460	≥440	≥420	≥400	≥400	≥380	—	—	—	550~720	550~720	550~720	550~720	530~700	—	—	≥17	≥16	≥16	≥16	—	—
	B																						
	C																						
	D																						
	E																						

续上表

牌号	质量等级	以下公称厚度（直径、边长）下屈服强度 R_{eL} (MPa)									以下公称厚度（直径、边长）下抗拉强度 R_m (MPa)							以下公称厚度（直径、边长）下断后伸长率 A(%)					
		≤16 mm	>16~40 mm	>40~63 mm	>63~80 mm	>80~100 mm	>100~150 mm	>150~200 mm	>200~250 mm	>250~400 mm	≤40 mm	>40~63 mm	>63~80 mm	>80~100 mm	>100~150 mm	>150~250 mm	>250~400 mm	≤40 mm	>40~63 mm	>63~100 mm	>100~150 mm	>150~250 mm	>250~400 mm
Q500	A																						
	B																	≥17	≥17	≥17	—	—	—
	C	≥500	≥480	≥470	≥450	≥400	—	—	—	—	610~770	600~760	590~750	540~730	—	—	—						
	D																						
	E																						
Q550	A																						
	B																	≥16	≥16	≥16	—	—	—
	C	≥550	≥530	≥520	≥500	≥490	—	—	—	—	670~830	620~810	600~790	590~780	—	—	—						
	D																						
	E																						
Q620	A																						
	B																	≥15	≥15	≥15	—	—	—
	C	≥620	≥600	≥590	≥570	—	—	—	—	—	710~880	690~880	670~860	—	—	—	—						
	D																						
	E																						
Q690	A																						
	B																	≥14	≥14	≥14	—	—	—
	C	≥690	≥670	≥660	≥640	—	—	—	—	—	770~940	750~920	730~900	—	—	—	—						
	D																						
	E																						

表 6—6　夏比(V 形)冲击试验的试验温度和冲击吸收能量

牌　号	质量等级	试验温度(℃)	冲击吸收的能量(J)*		
			公称厚度(直径、边长)		
			12~150 mm	>150~250 mm	>250~400 mm
Q345	B	20	≥34	≥27	—
	C	0			
	D	−20			≥27
	E	−40			
Q390	B	20	≥34	—	—
	C	0			
	D	−20			
	E	−40			
Q420	B	20	≥34	—	—
	C	0			
	D	−20			
	E	−40			
Q460	C	0	≥34	—	—
	D	−20			
	E	−40			
Q500,Q550,Q620,Q690	C	0	≥55	—	—
	D	−20	≥47		
	E	−40	≥31		

* 冲击试验取纵向试样。

二、钢筋混凝土结构用钢

根据其生产方式的不同,钢筋混凝土结构用钢可分为热轧钢筋、热处理钢筋、冷轧带肋钢筋、预应力混凝土用钢丝和钢绞线等。

(一)热轧钢筋

根据其表面特征的不同,热轧钢筋分为光圆钢筋和带肋钢筋。带肋钢筋有月牙肋钢筋、等高肋钢筋、纵肋钢筋、横肋钢筋等。

月牙肋钢筋——横肋的纵截面呈月牙形,且与纵肋不相交的钢筋(与老螺纹钢相比,有强度高、应力集中、敏感性小、耐疲劳性好、方便生产诸多优越性)。

等高肋钢筋——横肋的纵截面高度相等,且与纵肋相交的钢筋。

纵肋——平行于钢筋轴线的均匀连续肋。

横肋——与纵肋不平行的其他肋。

1. 钢筋混凝土用热轧直条光圆钢筋

按照国家标准《钢筋混凝土用钢　第 1 部分:光圆钢筋》(GB 1499.1—2008)的规定,热轧光圆钢筋可分为 235、300 两级,其力学性能和工艺性能如表 6—7 所示。

表6—7　直条光圆钢筋的力学性能和工艺性能

牌　号	公称直径（mm）	屈服点 R_{eL}（MPa）	抗拉强度 R_m（MPa）	伸长率 A（%）	冷弯试验（180°）弯心直径 d	最大力总伸长率 A_{gt}（%）
		不小于				
HPB235	6～22	235	370	25.0	d＝a	10.0
HPB300		300	420			

2. 热轧带肋钢筋

根据国家标准《钢筋混凝土用钢　第2部分：热轧带肋钢筋》（GB 1499.2—2007）的规定，热轧带肋钢筋按照其强度等级分为335、400、500 三级；按照其生产工艺分为普通热轧带肋钢筋（Hot rolled Ribbed Bar，简称 HRB）和细晶粒热轧带肋钢筋（Hot rolled Ribbed Bar of Fine grains，简称 HRBF）两种。其牌号由 HRB 加规定的屈服强度特征值构成。热轧带肋钢筋的力学性能和弯曲性能应符合表6—8 和表6—9 的规定。

表6—8　热轧钢筋的力学性能

牌　号	屈服点 R_{eL}（MPa）	抗拉强度 R_m（MPa）	伸长率 A（%）	最大力总伸长率 A_{gt}（%）
	不小于			
HRB335，HRBF335	335	455	17	7.5
HRB400，HRBF400	400	540	16	
HRB500，HRBF500	500	630	15	

表6—9　热轧钢筋的冷弯性能

牌　号	公称直径 d（mm）	弯心直径（mm）
HRB335，HRBF335	6～25	3d
	28～40	4d
	＞40～50	5d
HRB400，HRBF400	6～25	4d
	28～40	5d
	＞40～50	6d
HRB500，HRBF500	6～25	6d
	28～40	7d
	＞40～50	8d

3. 应　用

根据《混凝土结构设计规范》（GB 50010—2011），光圆钢筋主要采用 HPB300（HRB235 因强度低不再使用）。光圆钢筋 HPB300 的塑性及焊接性能好，伸长率高，便于弯曲成型，可作为中小型钢筋混凝土结构的主要受力钢筋和各种钢筋混凝土结构箍筋等，也可用于钢、木结构的拉杆等。此外，可作为冷轧带肋钢筋的基材，盘条可作为冷拔低碳钢丝的原材料。

热轧带肋钢筋 HRB335、HRB400 用低合金钢镇静钢和半镇静钢轧制，以硅、锰作主要固熔强化元素。其强度高，塑性和焊接性能均较好。钢筋表面轧有通长的纵筋和均匀分布的横肋,从而加强了钢筋与混凝土之间的黏结力,广泛用于大中型钢筋混凝土结构的受力钢筋,尤其用于有抗震设防要求的框架梁、框架柱、剪力墙等结构中。HRB335、HRB400 钢筋经冷拉后,也可用作预应力筋。

HRB500 是房屋建筑的主要预应力筋。

（二）冷轧带肋钢筋

冷轧带肋钢筋(cold-rolled ribbed steel wires and bars)是以普通低碳钢、优质碳素钢或低合金钢热轧圆盘条为母材,经冷轧减径后,在其表面冷轧成具有三面或两面月牙形横肋的钢筋。

1. 牌号分类

根据国家标准《冷轧带肋钢筋》(GB 13788—2008)和《冷轧带肋钢筋混凝土结构技术规程》(JGJ 95—2011)的相关规定,冷轧带肋钢筋的牌号由 CRB 和钢筋的抗拉强度标准值构成。C、R、B 分别为冷轧(Cold-rolled)、带肋(Ribbed)、钢筋(Bar)三个词的英文首位字母。冷轧带肋钢筋分为 CRB550、CRB650、CRB800、CRB970 四个牌号。CRB550 为普通混凝土用钢筋,公称直径为 4～12 mm,其他牌号为预应力钢筋混凝土用钢筋,公称直径为 4 mm、5 mm 和 6 mm。

2. 技术要求

冷轧带肋钢筋的化学成分、力学性能和工艺性能应符合国家标准《冷轧带肋钢筋》(GB 13788—2008)的有关规定,其力学性能和工艺性能要求见表 6—10。

表 6—10 冷轧带肋钢筋的力学性能和工艺性能

牌 号	$R_{p0.2}$(MPa) 不小于	R_m(MPa) 不小于	伸长率 A(%) 不小于		冷弯试验 (180°)	反复弯曲次数	应力松弛 初始应力 $R_{com}=0.7R_m$ 1000 h 不大于(%)
			$A_{11.3}$	A_{100}			
CRB550	500	550	8	—	$D=3d$	—	—
CRB650	585	650	—	4.0	—	3	8
CRB800	720	800	—	4.0	—	3	8
CRB970	875	970	—	4.0	—	3	8

注:D 为弯心直径;d 为钢筋公称直径。

（三）预应力混凝土用钢棒

预应力混凝土用钢棒是由热轧盘条(低合金钢)经加工后(或不经冷加工)淬火和回火等调质处理制成。经调质处理后,钢筋的特点是塑性降低不大,但强度提高很多,综合性能比较理想。

1. 分   类

预应力混凝土用钢棒(代号 PCB)按照其表面形状分为光圆钢棒(代号 P)、螺旋槽钢棒(代号 HG)、螺旋肋钢棒(代号 HR)、带肋钢棒(代号 R)四种。光圆钢棒只用于后张法预应力工程,其他钢棒用于先张法预应力工程。

2. 技术性能

根据《预应力混凝土用钢棒》(GB/T 5223.3—2005)的规定,预应力混凝土用钢棒的公称直径、横截面积及性能应符合表 6—11 的规定。

表 6—11　预应力混凝土用钢棒的公称直径、横截面积及性能

表面形状类型	公称直径 D_n (mm)	公称横截面积 S_n (mm²)	横截面积 S (mm²)		抗拉强度 R_m (MPa) 不小于	规定非比例延伸强度 $R_{p0.2}$ (MPa) 不小于	弯曲性能	
			最小	最大			性能要求	弯曲半径 (mm)
光圆	6	28.3	26.8	29.0			反复弯曲不小于 4 次/180°	15
	7	38.5	36.3	39.5				20
	8	50.3	47.5	51.5				20
	10	78.5	74.1	80.4				25
	11	95.0	93.1	97.4			弯曲 160°~180°后弯曲处无裂纹	弯心直径为钢棒公称直径的 10 倍
	12	113	106.8	115.8				
	13	133	130.3	136.3				
	14	154	145.6	157.8				
	16	201	190.2	206.0				
螺旋槽	7.1	40	39.0	41.7	对所有规格钢棒：1 080 1 230 1 420 1 570	对所有规格钢棒：930 1 080 1 280 1 420		
	9	64	62.4	66.5				
	10.7	90	87.5	93.6				
	12.6	125	121.5	129.9+				
螺旋肋	6	28.3	26.8	29.0			反复弯曲不小于 4 次/180°	15
	7	38.5	36.3	39.5				20
	8	50.3	47.5	51.5				20
	10	78.5	74.1	80.4				25
	12	113	106.8	115.8			弯曲 160°~180°后弯曲处无裂纹	弯心直径为钢棒公称直径的 10 倍
	14	154	145.6	157.8				
带肋	6	28.3	26.8	29.0				
	8	50.3	47.5	51.5				
	10	78.5	74.1	80.4				
	12	113	106.8	115.8				
	14	154	145.6	157.8				
	16	201	190.2	206.0				

3．应　　用

预应力混凝土用钢棒具有强度高、韧性好、与混凝土黏结性好、应力松弛低、施工方便、节约钢筋等优点，主要用于预应力混凝土枕、预应力梁、预应力板及吊车梁等。

（四）预应力混凝土用钢丝

预应力混凝土用钢丝是优质碳素结构钢盘条经酸洗、拔丝模或轧辊冷加工后再经消除应力等工艺制成的高强度钢丝。

根据国家标准《预应力混凝土用钢丝》（GB/T 5223—2002）的规定，预应力混凝土用钢丝按其加工状态分为冷拉钢丝（代号 WCD）和消除应力钢丝两种，消除应力钢丝又分为低松弛应力钢丝（代号 WLR）和普通松弛钢丝（代号 WNR）；按其外形分为光圆钢丝（代号 P）、螺旋肋钢

丝(代号 H)和刻痕钢丝(代号 I)三种。消除应力光圆钢丝及螺旋肋钢丝的力学性能见表6—12。

表 6—12　消除应力光圆钢丝及螺旋肋钢丝的力学性能

公称直径（mm）	抗拉强度 R_m（MPa） 不小于	规定非比例伸长应力 $R_{p0.2}$（MPa） 不小于		最大力下总伸长率 A_{gt}（%） L_0=200 mm 不小于	弯曲次数（次/180°） 不小于	弯曲半径 R（mm）	应力松弛性能		
							初始应力相当于公称抗拉强度的百分数（%）	1000 h 后应力松弛度 r（%）不大于	
		WLR	WNR					WLR	WNR
							对所有规格		
4.00	1 470	1 290	1 250		3	10			
4.80	1 570	1 380	1 330						
	1 670	1 470	1 410						
5.00	1 770	1 560	1 500		4	15	60	1.0	4.5
	1 860	1 640	1 580						
6.00	1 470	1 290	1 250		4	15			
6.25	1 570	1 380	1 330	3.5	4	20	70	2.0	8
	1 670	1 470	1 410		4	20			
7.00	1 770	1 560	1 500		4	20			
8.00	1 470	1 290	1 250		4	20			
9.00	1 570	1 380	1 330		4	25	80	4.5	12
10.00	1 470	1 290	1 250		4	25			
12.00					4	30			

　　预应力混凝土用钢丝是用于预应力混凝土的专用产品，是由钢厂用优质碳素结构钢经冷加工强化而制得的产品，具有强度高、柔性好、抗腐蚀性强、质量稳定、安全可靠等特点，主要用于大跨度屋架及薄腹梁、大跨度吊车梁、桥梁等混凝土结构。

　　(五)预应力混凝土用钢绞线

　　预应力混凝土用钢绞线一般是由直径为 2 根、3 根或 7 根直径为 2.5～6.0 mm 的高强度刻痕钢丝经绞捻后，再经稳定化处理而制成的。稳定化处理是为了减少应用时的应力松弛，钢绞线在一定的张力条件下进行的短时热处理。

　　根据《预应力混凝土用钢绞线》(GB/T 5224—2003)的规定，钢绞线按照其结构分为五类：用 2 根钢丝捻制的钢绞线(1×2)；用 3 根钢丝捻制的钢绞线(1×3)；用 3 根刻痕钢丝捻制的钢绞线(1×3)；用 7 根钢丝捻制的标准钢绞线(1×7)；用 7 根钢丝捻制又经模拔的钢绞线[(1×7)C]。标准钢绞线是由冷拉光圆钢丝捻制而成的钢绞线，模拔型钢绞线是由捻制后再经冷拔而成的钢绞线。

　　预应力钢绞线的力学性能应符合表 6—13 的规定。

　　预应力钢绞线强度高、塑性好、易于锚固，多用于大跨度、重荷载的预应力混凝土结构。

三、桥梁结构钢

1. 桥梁结构钢的牌号和表示方法

　　根据国家标准《桥梁用结构钢》(GB/T 714—2008)的规定，桥梁结构钢的牌号由代表屈服点的汉语拼音字母、屈服点数值、桥梁钢的汉语拼音字母、质量等级符号共四部分组成，如

Q370qD 表示屈服点为 370 MPa,质量等级为 D 的桥梁钢。

表6—13 预应力钢绞线力学性能(GB/T 5224—2003)

钢绞线结构	钢绞线公称直径 D_n(mm)	抗拉强度标准值 R_m(MPa) 不小于	整根钢绞线的最大力 F_m(kN) 不小于	规定非比例延伸力 $F_{p0.2}$(kN) 不小于	最大力总伸长度 A_{gt}(%) $L_0 \geqslant 500mm$ 不小于	应力松弛性能	
						初始负荷相当于公称最大力的百分数(%)	1000h应力松弛值率 r(%) 不小于
1×7	9.50	1 720	94.3	84.90	对所有规格	对所有规格	对所有规格
		1 860	102	91.8			
		1 960	107	96.3			
	11.10	1 720	128	115			
		1 860	138	124			
		1 960	145	131			
	12.70	1 720	170	153			
		1 860	184	166		60	1.0
		1 960	193	174			
	15.20	1 470	206	185			
		1 570	220	198			
		1 670	234	211	3.5	70	2.5
		1 720	241	217			
		1 860	260	234			
		1 960	274	247			
	15.70	1 770	266	239			
		1 860	279	251			
	17.80	1 720	327	294			
		1 860	353	318			
(1×7)C	12.70	1 860	208	187			
	15.20	1 820	300	270		80	4.5
	18.00	1 720	384	346			

按照屈服强度不同,桥梁结构钢共分为 Q235、Q345、Q370、Q420、Q460、Q500、Q550、Q620、Q690 九个牌号。根据硫、磷含量由多到少分为 C、D、E 三个质量等级,其中 C 级硫、磷含量与低合金高强度结构钢 C 级要求相当,D、E 级比低合金高强度结构钢相应等级要求更高。

2. 技术要求

桥梁钢各牌号的化学成分、性能应符合《桥梁用结构钢》(GB/T 714—2008)的规定。桥梁结构钢的钢板表面不应有裂纹、气泡、结疤、夹杂、折叠,钢材不应有分层。对于厚度大于 20 mm 的钢板,应进行超声波探伤检验。表 6—14 为桥梁主要结构的拉伸试验和冲击试验性能表。

表 6—14 桥梁主要结构钢的拉伸试验和冲击试验性能

牌 号	质量等级	拉伸试验				V 形冲击试验	
		下层屈服强度 R_{eL}（MPa）		抗拉强度 R_m（MPa）	断后伸长率 A（%）	试验温度 （℃）	冲击吸收能量 K_{V2}（J）
		厚度（mm）					
		≤50	>50～100				
		不小于					不小于
Q235q	C	235	225	400	26	0	34
	D					−20	
	E					−40	
Q345q	C	345	335	490	20	0	47
	D					−20	
	E					−40	
Q370q	C	370	360	510	20	0	47
	D					−20	
	E					−40	
Q420q	C	420	410	540	19	0	47
	D					−20	
	E					−40	
Q460q	C	460	450	570	17	0	42
	D					−20	
	E					−40	

3. 特性与应用

Q235q 是优质碳素结构钢，含碳量低，硫、磷含量比普通碳素钢低，可焊性好，是专用于焊接桥梁的钢。

Q345q 和 Q370q 钢是低合金钢，经过完全脱氧，杂质含量控制较严，具有良好的综合机械性能，因此强度较高，塑性、韧性、可焊性都较好。例如，南京长江大桥就是用 Q345q 钢建造的。

Q460q 是目前大桥钢梁主体结构强度等级最高的基本钢材，经过完全脱氧，杂质含量控制严格，强度高，塑性、韧性、可焊性均较好，具有良好的综合机械性能。

第六节 钢材的防腐

钢材如长期暴露于空气或潮湿的环境中，表面会锈蚀，尤其受到空气中各种介质污染时，情况更为严重。

腐蚀对结构的损害，表现为截面的均匀减少，产生局部锈坑，引起应力集中，促使结构破坏，尤其在冲击反复荷载的作用下，更使疲劳强度降低，出现脆裂。

引起钢材锈蚀的因素包括所处环境的温度、湿度、侵蚀性介质数量、含尘量、构件所处的部位及材质等。

一、钢材腐蚀

1. 化学腐蚀

化学腐蚀系金属与干燥气体及非电解质液体反应产生的，通常由于氧化作用，使金属形成体积疏松的氧化物而引起腐蚀。干燥环境中,腐蚀进行很慢,但在环境湿度高时,腐蚀速度加快。化学腐蚀也可由二氧化碳或二氧化硫的作用而产生氧化铁或硫化铁,使金属光泽减退、颜色发暗,腐蚀程度随时间而逐步加深。

2. 电化学腐蚀

钢材与电解质溶液相接触而产生电流,形成腐蚀电池,称为电化学腐蚀。

钢材中含有铁素体、渗碳体、游离石墨等成分,由于这些成分的电极电位不同,铁素体活泼,易失去电子,使渗碳体与铁素体在电解质中形成腐蚀电池的两极,铁素体为阳极,渗碳体为阴极。阴阳两极接触,产生电子流,阳极的铁素体失去电子成为 Fe^{2+} 离子,进入溶液,电子流向阴极,在阴极附近与溶液中 H^+ 离子结合成 H_2 逸出,而 O_2 与电子结合生成 OH^- 离子,Fe^{2+} 离子溶液中与 OH^- 离子结合生成 $Fe(OH)_2$,使钢材受到腐蚀,形成铁锈。

$$Fe^{2+} + 2OH^- \longrightarrow Fe(OH)_2$$
$$Fe(OH)_2 + 2H_2O + O_2 \longrightarrow 4Fe(OH)_3$$

钢材中含渗碳体等杂质越多,腐蚀就越快。如果钢材与酸、碱、盐接触,或表面不平,均会使腐蚀加快,表面形成疏松物质,层层暴露,层层腐蚀。

二、防止腐蚀的方法

1. 采用耐候钢

在钢中加入能提高抗腐蚀能力的元素,如低碳钢或合金钢加入铜,可有效提高防锈能力。如将镍、铬加入到铁合金中,可制得不锈钢等。

这种方法最有效,但成本很高。

2. 采用金属敷盖

在钢表面以电镀或喷镀方法敷盖其他金属,可提高抗腐蚀能力。

(1)阴极敷盖:采用电位比基本金属高的金属敷盖,如铁镀锡。但当保护膜产生疵病时,敷盖反而会加速基本金属在电解质中的锈蚀。

(2)阳极敷盖:采用电位比基本金属低的金属敷盖,如铁镀锌。所敷金属膜因电化学作用而保护了基本金属。

3. 用涂料敷盖

钢材表面经除锈干净后,就要涂上涂料。通常分底漆和面漆两种。底漆要牢固地附着在钢材表面,隔断其与外界空气的接触,防止生锈;面漆保护底漆不受损伤或侵蚀。

 复习思考题

1. 常温下钢材有哪几种晶体组织?各有何特性?简述钢材中含碳量、晶体组织与性能三者之间的关系。

2. 什么是强屈比?它对钢材选用有何意义?

3. 什么叫冷加工强化和时效?它们对钢材性能有何影响?

4. 说明 Q235-AF、Q235C 的意义及不同。

5. 说明建筑钢材料腐蚀的原因及防腐措施。

第七章　沥青材料

　　沥青是土木工程中常用的一种有机胶结材料,是由多种有机碳氢化合物与其非金属(氧、硫、氮等)衍生物组成的复杂混合物。常温下,沥青的颜色为褐色或黑褐色甚至黑色,呈固体、半固体状态或黏性液体。

　　由于沥青是复杂有机高分子的混合物,属憎水性材料,几乎不溶于水,但能溶于二硫化碳等有机溶剂中;它结构致密,具有不透水和不吸水性;对大多数浓度不很高的酸、碱、盐具有较强的耐腐蚀性;它不仅具备良好的绝缘性能,而且具备良好的黏结性和抗冲击性,并具有热软冷硬特性,加之廉价而又来源丰富,在各种工程中广泛用作防水、防潮、防渗、防腐材料。

　　沥青材料包括天然沥青和煤焦油沥青等。根据沥青的不同产源分类,有下列品种:

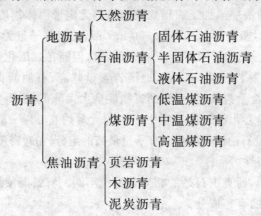

　　目前在各种工程建设中用得最多的是石油沥青,其次是煤沥青。

第一节　石油沥青

　　石油沥青是由石油(原油)经蒸馏提炼出汽油、煤油和柴油等轻质有机混合物后的残渣加工而得的产品。

一、石油沥青的组分与结构

　　石油沥青是由多种碳氢化合物及其非金属衍生物组成的复杂混合物。有机化合物的同分异构现象导致沥青有许多性质相差很大,但元素分析的结果却非常相近,主要化学元素是碳和氢。因此,仅仅研究沥青的化学组成还不能反映沥青在物理性质方面的差异。从使用角度出发,在研究化学组成的同时,将沥青中化学成分极为相似,并与物理—力学性能有一定关系的成分划分为若干个组,这些组称之为“组分”,有时也称为“组丛”。沥青中各种组分相对含量的多少与沥青的技术性质有着直接的关系。

1. 沥青中各组分的主要特性

（1）油　　分

石油沥青中的油分为淡黄色或红褐色的油状液体,含量约在 45%～60% 之间,相对密度为 600～1 000 kg/m³,相对分子量为 100～500,是石油沥青中最轻的、物质的相对分子量最小的组分。较长时间加热至 170℃ 时,油分可以挥发。它不溶于酒精,但能溶于大多数有机溶剂。油分是石油沥青具有流动性的主要原因,油分含量越多,石油沥青的软化点就越低,温度稳定性也越低,而抗裂性和柔软性就越高。

（2）树脂（沥青脂胶或树脂质）

树脂为黄色或黑褐色的黏稠状半流体,含量约在 15%～30% 之间,相对密度为 1 000～1 100 kg/m³,相对分子量为 500～1 000,熔点在 100℃ 以内,在酒精或丙酮中溶解度很低,但能溶于大多数有机溶剂。树脂中绝大多数反应为中性反应,属中性树脂。树脂含量越高,石油沥青的品质就越好。树脂使沥青具有良好的黏结性和塑性。树脂中含量 1% 的地沥青酸和地沥青酸酐（酸性树脂）使沥青表面具有活性,是沥青中活性最高的组分,增强了沥青与矿物质材料之间的黏结力。树脂含量越高,黏结性越好,塑性也就越大。

（3）地沥青（沥青质、地沥青质）

地沥青是由地下原油演变或加工而得到硬而脆的无定形固体物质,呈深褐色或黑色,含量约在 5%～30% 之间,相对密度为 1 100～1 500 kg/m³,相对分子量为 2 000～6 000,是石油沥青中相对分子量较高的组分。它不溶于汽油和石油醚,但能在二硫化碳、氯仿和苯中溶解。地沥青是沥青温度敏感性、黏性的决定因素,地沥青含量越高,石油沥青的软化点越高,黏性越大,硬度越大。但地沥青含量过多时,石油沥青塑性会大大降低,变得愈硬愈脆。

此外还有沥青在高温裂化或氧化过程中生成的含量约在 2%～3% 之间的沥青碳和似碳物。其含量虽不多,但它是石油沥青中相对分子量最高的组分,相对密度一般大于 1 000 kg/m³,能降低沥青的黏结力和塑性。

由于沥青的产地不同,沥青中石蜡的相对含量也不同。石蜡能使沥青的黏结性、塑性和温度敏感性降低,是沥青中的有害成分。

2. 石油沥青的胶体结构

在沥青中,地沥青对树脂是亲液的,能被树脂浸润,油分和树脂也是亲液的,它们之间可以互溶,但地沥青对油分是憎液的,在油分中是不能溶解的。因此,沥青结构的形成是树脂浸润地沥青,在地沥青的表面形成薄膜,构成以地沥青为核心、周围吸附部分树脂和油脂构成的胶团,无数胶团分散在油分中而成胶体结构。

沥青的性质随各组分数量比例的不同而变化。

当油分树脂较多而地沥青较少时,胶团外膜较厚,胶团相对运动较自由,形成溶胶结构。这时沥青的流动性、塑性较好,开裂后自行愈合能力较强,对温度敏感性大,温度升高沥青易流淌。当油分、树脂含量不多时,地沥青较多,胶团外膜较薄,胶团靠近胶团,相互吸引力增大,形成凝胶结构。这时沥青的弹性、黏性较高,但对温度敏感性较差,流动性和塑性也较差。当地沥青含量适当,并有较多的树脂作为保护膜层时,胶团之间保持一定的吸引力,形成溶胶—凝胶结构。它的性质介于溶胶型与凝胶型之间。

沥青胶体结构的三种类型如图 7—1 所示。

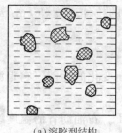 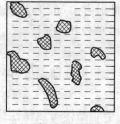 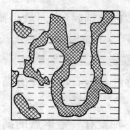

(a)溶胶型结构　　　　　(b)溶—凝胶型结构　　　　　(c)凝胶型结构

图 7—1　沥青的胶体结构示意图

沥青的结构随着温度的升降而改变。温度升高,固体沥青易溶的成分逐渐转变为液体,由原来的凝胶结构转变为溶胶结构;温度下降,又恢复到原来的凝胶结构。由于沥青具有触变性,因此在浇筑、振实过程中,可采用振动作用来改变沥青的结构状态。

二、石油沥青的技术性能

石油沥青的技术性能包括黏滞性、塑性、温度稳定性、大气稳定性、溶解度、闪点和燃点等。其中前四项性能是石油沥青的主要技术性能。

1. 黏滞性(黏性)

黏滞性是指沥青在外力作用下抵抗变形的能力,它是沥青材料内部阻碍其相对流动的一种特性,是沥青材料软硬、稀稠程度的反映,也是划分沥青牌号的主要技术指标。各种石油沥青的黏滞性变化范围很大,黏滞性的大小与其组分及温度有关。当地沥青质含量较高,同时又有适量树脂,而油分含量较少时,则黏滞性较大;在一定温度范围内,当温度升高时,则黏滞性随之降低,反之则增大。

工程上常用相对黏度(条件黏度)来表示黏滞性。对于黏稠的石油沥青,用针入度来表示;对于液体石油沥青,则用黏滞度(标准黏度)来表示。针入度反映石油沥青抵抗剪切变形的能力。针入度值越小,表明沥青黏度越大,沥青越硬。针入度是在规定温度(25℃)条件下,以规定质量(100 g)的标准针,在规定时间(5 s)内贯入试样中的深度,单位以 1/10 mm 为 1 度计。

对于液体沥青,用标准黏度计测定黏滞度。黏滞度(标准黏度)是在规定温度 t(常为 20℃、25℃、30℃、50℃或 60℃)条件下,规定直径 d(常为 3 mm、4 mm、5 mm 或 10 mm)的孔口流出 50 mL 沥青所需的时间 T(s),常用符号"$C_d^t T$"表示。

2. 塑　　性

塑性是指石油沥青在外力作用下产生变形而不破坏,除去外力后仍能保持变形后形状的性质。它是石油沥青的主要技术指标之一。

石油沥青的塑性与其组分有关。当石油沥青中树脂含量较多,且其他组分含量又适当时,塑性较好。温度和沥青膜层的厚度也影响着石油沥青的塑性。温度升高,则塑性增大,膜层越厚,则塑性越大;反之塑性越差。在常温条件下,塑性较好的沥青在产生裂缝时,也可能由于特有的黏塑性而自行愈合,因此塑性也反映了沥青开裂后的自愈能力。由于沥青具有塑性,因此能配制成性能良好的柔性防水材料。沥青还是一种优良的道路路面材料,它在很大程度上决定于沥青的塑性对冲击振动荷载有一定吸收能力,并能减少摩擦时的噪声。

石油沥青的塑性用延度指标来表示。延度值愈大,表示塑性愈好。沥青延度是把沥青试样制成∞字形标准试膜(中间最小截面积为 1 cm²),在规定的拉伸速度(5 cm/min)和固定温度(25℃或 15℃)下拉断时的伸长长度,单位用 cm 计。

3. 温度稳定性(温度敏感性)

温度敏感性是指石油沥青的黏滞性和塑性随温度升降而变化的性能。它是沥青性质的重要指标之一。

沥青是一种没有一定熔点的高分子非晶体态热塑性物质。石油沥青的温度敏感性与地沥青质含量和蜡含量有关。当其中地沥青质含量较多时,温度敏感性较小;当其中蜡含量多时,温度敏感性较大。在相同的温度变化间隔,各种沥青的黏滞性和塑性变化幅度不同。

工程中通常要求沥青随温度变化而产生的黏滞性及塑性变化幅度尽量小,即温度敏感性小。在使用时加入滑石粉、石灰粉或其他矿物填料,可以减少沥青的温度敏感性。建筑工程宜选用温度稳定性较好的沥青。

温度敏感性用软化点表示。软化点越高,沥青的温度稳定性越好,表明沥青的耐热性能越好。由于沥青由固态转变为液态有一定的变态间隔,故规定以其中的某一状态作为从固态转变到黏流态的起点,相应的温度称为沥青的软化点。软化点可采用环球法测定。把沥青试样装入规定尺寸的铜环内,试样上放置一标准钢球(直径 9.53 mm,质量 3.5 g),浸入水或甘油中,以规定的升温速度(5 ℃/min)加热,使沥青软化下垂至规定距离(25.4 mm)时的温度即为其软化点,以摄氏度(℃)计。

沥青软化点不能太低,因为太低时夏季会熔化发软。但软化点也不能太高,否则不易施工,并且品质太硬,冬季易发生脆裂现象。

4. 大气稳定性

大气稳定性是指石油沥青在热、阳光、氧气和潮湿等因素长期综合作用下抵抗老化的性能,也是沥青材料的耐久性。

沥青的化学组成异常复杂且不稳定。在大气因素的综合作用下,沥青中各组分逐渐转变,低分子化合物逐步转变为高分子物质,因而油分和树脂逐渐减少,而地沥青质逐渐增多。由于树脂向地沥青质转化的速度要比油分变为树脂的速度快得多(约快 50%),因此石油沥青会随着时间进展使其塑性降低,流动性减少,硬脆性增加,直至发生脆裂,这种现象称为石油沥青的"老化"。

石油沥青的大气稳定性以沥青试样在加热蒸发前后的"蒸发损失百分率"和"蒸发后针入度比"来评定。蒸发损失百分率愈小和蒸发后针入度比愈大,表示沥青的大气稳定性愈好,即"老化"愈慢。其测定方法是:先测定沥青质量及其针入度,然后将试样置于加热损失试验专用的熔箱中,在 163℃下加热蒸发 5 h,再测定其质量及针入度,则

$$蒸发损失百分率 = \frac{蒸发前质量 - 蒸发后质量}{蒸发前质量} \times 100\% \tag{7—1}$$

$$蒸发后针入度比 = \frac{蒸发后针入度}{蒸发前针入度} \times 100\% \tag{7—2}$$

《公路工程沥青及沥青混合料试验规程》(JTG E20—2011)规定,道路石油沥青、聚合物改性沥青以沥青薄膜在 163℃下加热 5 h 后的质量变化,并根据需要,测定薄膜加热后残留物的针入度、延度、软化点、黏度等性质变化,以测定沥青的耐老化性能。

以上四项性质是石油沥青的主要性质,是鉴定土木工程中常用石油沥青品质的依据,而前

三项性质是划分石油沥青牌号的依据。

此外,为全面评价石油沥青的品质和保证施工安全,还应了解石油沥青的溶解度、闪点和燃点。

溶解度是指石油沥青在三氯乙烯、四氯化碳或苯中溶解的百分率,表示石油沥青中有效物质的含量(即纯净程度),用以限制有害的不溶物含量。不溶物(如沥青碳或似碳物)会降低沥青的黏结性。

闪点也称闪火点,是指沥青加热至产生的气体和空气中的混合物,在规定条件下与火焰接触,初次产生闪火(蓝色闪光)时的沥青温度(℃)。

沥青加热产生的气体和空气的混合物与火焰接触持续燃烧在 5 s 以上时,此时沥青的温度为燃点(℃)。

闪点与燃点相差很小,他们的高低表明沥青引起火灾或爆炸的可能性的大小,关系到运输、贮存和加热使用等方面的安全。

三、石油沥青的技术标准

石油沥青按其用途分为道路石油沥青、建筑石油沥青等,各品种按技术性质划分牌号。石油沥青的各项技术指标见表 7—1 至表 7—3。

表 7—1　建筑石油沥青技术指标(《建筑石油沥青》GB/T 494—2010)

项　　目	质量指标		
	10 号	30 号	40 号
针入度(25℃,100 g,5 s)(0.1 mm)	10~25	26~35	36~50
针入度(46℃,100 g,5 s)(0.1 mm)	报告ⓐ	报告ⓐ	报告ⓐ
针入度(0℃,200 g,5 s)(0.1 mm)	≥3	≥6	≥6
延度(25℃,5 cm/min)(cm)	≥1.5	≥2.5	≥3.5
软化点(环球法)(℃)	≥95	≥75	≥60
溶解度(三氯乙烯)(%)	≥99.0		
蒸发后质量变化(163℃,5 h)(%)	≤1		
蒸发后 25 ℃针入度比ⓑ(%)	≥65		
闪点(开口杯法)(℃)	≥260		

ⓐ报告应为实测值;
ⓑ测定蒸发损失后样品的 25℃针入度与原 25℃针入度之比乘 100 后,所得的百分比称为蒸发后针入度比。

表 7—2　道路石油沥青技术指标(《道路石油沥青》NB/SH/T 0522—2010)

项　　目	质量指标				
	200 号	180 号	140 号	100 号	60 号
针入度(25℃,100 g,5 s)(0.1 mm)	200~300	150~200	110~150	80~110	50~80
延度*(25℃)(cm)	≥20	≥100	≥100	≥90	≥70
软化点(℃)	30~48	35~48	38~51	42~55	45~58
溶解度(%)	≥99.0				
闪点(开口)(℃)	180	200	230	230	230

续上表

项　目	质量指标				
	200 号	180 号	140 号	100 号	60 号
蜡含量(%)	4.5				
针入度比(%)	报告				
质量变化(%)	≤1.3	≤1.3	≤1.3	≤1.2	≤1.0

※：如 25℃延度达不到，15℃延度达到时，也认为是合格的。

表 7—3　重交通道路石油沥青技术指标(《重交通道路石油沥青》GB/T 15180—2010)

项　目	质量指标					
	AH-130	AH-110	AH-90	AH-70	AH-50	AH-30
针入度(25℃,100 g,5 s)(0.1 mm)	120～140	100～120	80～100	60～80	40～60	20～40
延度(15℃)(cm)	≥100	≥100	≥100	≥100	≥80	报告[a]
软化点(℃)	38～51	40～53	42～55	44～57	45～58	50～65
溶解度(%)	≥99.0	≥99.0	≥99.0	≥99.0	≥99.0	≥99.0
闪点(℃)	≥230					≥260
密度(25℃)(kg/m³)	报告					
蜡含量(%)	≤3.0	≤3.0	≤3.0	≤3.0	≤3.0	≤3.0
薄膜烘箱试验(163℃,5 h)						
质量变化(%)	≤1.3	≤1.2	≤1.0	≤0.8	≤0.6	≤0.5
针入度比(%)	≥45	≥48	≥50	≥55	≥58	≥60
延度(15℃)(cm)	≥100	≥50	≥40	≥30	报告[a]	报告[a]

[a] 报告应为实测值。

从表中可以看出，石油沥青的牌号主要根据针入度指标范围及相应的延度和软化点等指标划分。同一品种石油沥青材料中，牌号越高，沥青越软，黏性越小(即针入度越大)，塑性越好(即延度越大)，温度敏感性越大(即软化点越低)；牌号越小，则沥青越硬。

四、石油沥青的选用

石油沥青的品种和牌号，应根据工程性质(房屋、道路、防腐)及当地气候条件和所处工程部位(屋面、地下)等具体情况选用。为保证有较长的使用年限，应在满足使用要求的前提下，尽量选用牌号较大的石油沥青。

道路石油沥青多用来拌制沥青砂浆和沥青混凝土，主要用于道路路面、车间地面及地下防水工程。道路石油沥青有五个牌号，应根据不同的工程要求、施工方法和环境温度的差别来选择合适的沥青材料。道路石油沥青还可用作密封材料、黏结剂和沥青涂料等。此时宜选用黏性较大，软化点较高的道路石油沥青。

建筑石油沥青多用来制作油毡、油纸、防水涂料、沥青胶和沥青嵌缝膏，主要用于屋面及地下防水、沟槽防水、防腐蚀及管道防腐等工程。选择时要根据不同地区、不同工程环境的要求而定。对于屋面防水工程，应注意防止过分软化，以免夏季流淌。但软化点不宜过高，否则冬季低温容易硬脆，甚至开裂。一般屋面用沥青的软化点应比当地屋面可能达到的最高温度高出 20～25℃,亦即比当地最高气温高出 50℃左右。

普通石油沥青中蜡含量较高,一般含量均大于 5%,有的高达 20%以上(称多蜡石油沥青),因而温度敏感性大,液态时温度和其软化点很接近,黏度较小,塑性较差,故在工程中不宜单独使用,只能与其他种类石油沥青掺配或经改性处理后使用。

五、沥青的掺配与改性

工程中使用的沥青材料必须具有一系列良好的性能,而往往单独一种牌号的沥青不一定能满足技术要求,因此常常需要对沥青进行掺配和改性。

1. 沥青的掺配

施工中,若采用一种牌号沥青不能获得合适的沥青材料时,可采用两种或三种牌号的石油沥青进行掺配使用。掺配时应遵循同源原则,即同属石油沥青或同属煤沥青(或煤焦油)的才可掺配。

两种石油沥青的掺配比例可用下式估算:

$$Q_1 = \frac{T_2 - T}{T_2 - T_1} \times 100\% \qquad (7-3)$$

$$Q_2 = 100 - Q_1 \qquad (7-4)$$

式中　Q_1——较软石油沥青用量(%);

　　　Q_2——较硬石油沥青用量(%);

　　　T——要求配制石油沥青的软化点(℃);

　　　T_1——较软石油沥青软化点(℃);

　　　T_2——较硬石油沥青软化点(℃)。

用三种牌号的石油沥青进行掺配时,可先求出两种牌号的石油沥青的配合比,然后再与第三种牌号的石油沥青进行配合比计算。

根据估算的掺配比例和其相邻近的比例(±5%～10%)进行试配,测定掺配后石油沥青的软化点,然后绘制掺配比—软化点关系曲线,即可从曲线上确定出所要求的掺配比例。

2. 氧化改性

氧化改性也称吹制,是在 250～300℃高温下向残留沥青或渣油中吹入空气,通过氧化、聚合作用,使沥青由低分子物质转变为高分子物质,提高石油沥青的黏度和软化点,从而改善沥青的性能。

施工中使用的道路石油沥青、建筑石油沥青和普通石油沥青均为氧化改性后的石油沥青。

3. 矿物填充料改性

为降低石油沥青的敏感性,提高石油沥青的黏结能力和耐热性,经常在石油沥青中加入一定数量的大多为粉状或纤维状的矿物填充料进行改性,同时也减少石油沥青的耗用量。常用的矿物填料主要有滑石粉、石灰石粉、硅藻土、石棉绒和云母粉等。

滑石粉的主要化学成分是含水硅酸镁($3MgO \cdot SiO_2 \cdot H_2O$),它亲油性能好,易被石油沥青湿润,可以直接混入石油沥青中,是很好的矿物填充料,掺入后可提高沥青的机械强度和抗老化性能。石灰石粉的主要化学成分为碳酸钙($CaCO_3$),属亲水性矿物,与沥青有着较强的物理吸附力和化学吸附力,易形成稳定的混合物,是较好的矿物填充料。硅藻土是软而多孔的轻质材料,易成细粉状,耐酸性强,是制作绝热、吸音、轻质沥青制品的主要填料。云母粉由于具有优良的绝缘性、耐酸、耐碱、耐热性等,一般用于屋面防护层,有延长沥青使用寿命、防止老化、反射紫外线、降低屋表面温度等功能。石棉绒的主要化学成分为钠、钙、镁、铁的硅酸盐,呈纤维状,内部有很多微孔,具有耐酸、耐碱和耐热性能,富有弹性,绝热性能和电绝缘性好,掺入后可提高石油沥青的抗拉强度和热稳定性。

掺入石油沥青中的矿物填充料之所以能对石油沥青进行改性,是由于石油沥青对矿物填充料有润湿和吸附作用,石油沥青成单分子状态排列在矿物颗粒(或纤维)表面,形成结合力牢固的沥青薄膜,称之为"结构沥青",如图 7—2 所示,具有较高的黏性和耐热性。要形成恰当的结构沥青膜层,矿物填充料的掺入量要适当,一般填充料的数量为 20%～40%。

图 7—2　沥青与矿粉相互作用的结构
1—自由沥青;2—结构沥青;
3—钙质薄膜;4—矿粉颗粒

4. 聚合物改性

聚合物(包括橡胶与树脂)与石油沥青相溶,从而使石油沥青具有橡胶的很多优点,在较高气温下变形很小,低温下具有一定柔性。用树脂改性,可改进石油沥青的耐寒性、耐热性、黏结性和不透气性。

聚合物的改性机理是:聚合物改变了体系的胶体结构,其掺量达到一定程度后会形成聚合物的网络结构,将沥青胶团包裹。目前使用最普遍的聚合物改性是 SBS 橡胶和 APP 树脂。

(1)SBS 改性沥青

SBS 是热塑性丁苯橡胶,由于 SBS 兼有橡胶和塑料的特性,常温下具有橡胶的特性,高温下不能像塑料那样熔融流动,成为可塑的材料。SBS 的掺入量一般为 5%～10%,对沥青改性效果最佳,在石油沥青内部形成一个高分子量的凝胶网络,明显改善了沥青的性能(延度为 2 000%,冷脆点为 −38～−40℃,耐热度为 90～100℃,耐候性好)。SBS 改性沥青是目前最成功和用量最大的一种改性沥青,国内外已普遍使用,主要用于制作防水卷材,也可用于制作防水涂料等。

(2)APP 改性沥青

APP 是聚丙烯的一种,用 APP 改性石油沥青可以改进石油沥青的耐寒性、耐热性、黏结性和不透气性。由于聚丙烯的同分异构现象,APP 属甲基无规则地分布在主链两侧。研究表明,APP 也可形成网络结构。APP 改性石油沥青性能效果也很好(延度为 200%～400%,冷脆点为 −25℃,耐热度为 110℃～130℃)。

APP 改性石油沥青适用于气温较高的地区,主要用于制造防水卷材。

第二节　煤　沥　青

煤沥青又称煤焦油沥青,其主要组分为油分、脂胶、游离碳等,常含有少量酸、碱物质。煤沥青是煤焦厂或煤气厂的副产品。烟煤在干馏过程中的挥发物质,经冷凝而成黑色黏性液体称为煤焦油。煤焦油经分馏加工提取轻油、中油、重油、蒽油以后,所得的残渣即为煤焦油沥青。根据不同的蒸馏温度,煤焦油沥青可分为高温沥青、中温沥青和低温沥青三种。建筑上所采用的煤焦油沥青多为黏稠或半固体的低温沥青。

一、煤沥青的特点

煤沥青与石油沥青都是复杂的高分子碳氢化合物，外观极为相似，有很多共同点，但由于其组分不同，故其性能也有所差异。

（1）温度敏感性大。由于含可溶性树脂较多，夏天受热易软化流淌，冬季易脆裂，黏稠态（固态）到黏流态（液态）的温度间隔较小。

（2）大气稳定性差。由于含挥发性成分和化学稳定性差的成分较多，在热、阳光、氧气等长期综合作用下，煤焦油沥青的组成变化较大，易硬脆。

（3）塑性较差。由于含有较多的游离碳，使用过程中容易因变形而开裂。

（4）煤沥青中所含的酸、碱物质都是表面活性物质，且表面活性物质较多，故与矿料表面的黏结较强。

（5）防腐性好。由于含有酸、蒽等有毒物质，防腐蚀能力较强，适用于木材的防腐处理。

煤焦油沥青在贮存、运输和施工中要遵守有关操作和劳保规定，以防止发生中毒事故。

二、煤沥青与石油沥青的鉴别

煤沥青的有关技术指标见表7—4。根据煤沥青和石油沥青的某些特征，可按表7—5所列方法进行鉴别。

表7—4　煤沥青技术条件（《煤沥青》GB/T 2290—2012）

指标名称	低温沥青		中温沥青		高温沥青	
	1号	2号	1号	2号	1号	2号
软化点（℃）	35～45	46～75	80～90	75～95	95～100	95～120
甲苯不溶物含量（%）	—	—	15～25	≤25	≥24	—
灰分（%）	—	—	≤0.3	≤0.5	≤0.3	—
水分（%）	—	—	≤5.0	≤5.0	≤4.0	≤5.0
喹啉不溶物（%）	—	—	≤10	—	—	—
结焦值（%）	—	—	≥45	—	≥52	—

注：（1）水分只作为生产操作中的控制指标，不作为质量考核依据。
（2）沥青喹啉不溶物含量每月至少测定一次。

表7—5　煤沥青与石油沥青鉴别方法

鉴别方法	石油沥青	煤沥青
密度	近于1.0	1.25～1.28
燃烧	烟少，无色，有松香味，无毒	烟多，黄色，臭味大，有毒
锤击	声哑，有弹性感，韧性好	声脆，韧性差
颜色	呈辉亮褐色	浓黑色
溶解	易溶于煤油或汽油，呈棕黑色	难溶于煤油或汽油，呈黄绿色

煤沥青适用作地下防水层或作防腐材料，但建筑工程中较少使用，这是因为它的主要技术性质都比不上石油沥青。煤沥青与矿料的黏附力较强，适量掺入石油沥青中，能增强石油沥青的黏结力，但不能任意比例混合，否则会发生沉渣、变质现象，黏结性迅速下降甚至完全丧失黏结力。

第三节 沥青基制品

沥青常制成沥青溶液、乳化沥青、沥青胶、沥青封缝、油膏、防水卷材、沥青砂浆和沥青混凝土等。本节主要介绍的沥青基制品为沥青基防水材料。

一、冷底子油与沥青胶

1. 冷底子油

冷底子油是用汽油、柴油、煤油、苯等有机溶剂与沥青溶合制得的一种沥青涂料。它黏度小,流动性好,能渗透到混凝土、砂浆、木材等材料的毛细孔隙中,待溶剂挥发后,便与基材牢固结合,使基面呈憎水性,为黏结同类防水材料创造有利条件。因它多在常温下用于防水工程的底层,故名冷底子油。

冷底子油形成的涂膜较薄,一般只作为某些防水材料的配套材料,而不单独作为防水材料来使用。施工时,先在基层上涂刷一道冷底子油,再刷沥青防水涂料或铺油毡。

在建筑工地上使用冷底子油,常常随配随用。配制时应遵循同源原则,即配制时应采用与沥青相同产源的溶剂。参考的质量比如下:

快挥发性冷底子油　　　　　汽油∶石油沥青＝7∶3
慢挥发性冷底子油　　煤油或轻柴油∶石油沥青＝6∶4

冷底子油的配制方法有冷配法和热配法两种。

冷配法是将石油沥青打成小块后,按质量比加入溶剂中,搅拌至石油沥青完全溶化为止。

热配法是先将石油沥青加热熔化脱水,待冷却至约70℃时再缓慢加入溶剂,搅拌均匀即成。

2. 沥青胶

沥青胶又称沥青玛蹄脂,它是熔(溶)化的沥青和适量的矿物质粉料或纤维状填充料的混合物。常用的矿物质粉料有滑石粉、石灰石粉、白云石粉等,纤维状的填充料有石棉屑、木纤维等,也可二者混合使用。沥青胶具有较好的耐热性、柔韧性、黏结力和抗老化性能,一般用于粘贴卷材、接头、补漏、嵌缝及作为防水层的底层。

沥青胶的常用质量比为沥青70%～90%、矿粉10%～30%。一般矿粉越多,沥青胶的黏结力越大,耐热性越好,但柔韧性降低,施工流动性变差。在采用的沥青黏性较低时,矿粉可多掺一些。

沥青胶有热用和冷用两种形式。一般工地施工多用热用,是因为其黏结效果好,不足之处是需现场加热,造成环境污染;冷沥青胶常温下可使用,不受施工季节影响,可缩短施工周期,减少沥青用量。

热用沥青胶的配制是将沥青打碎成8～10 cm的小块,加热至180～200℃,脱水,熔化至沥青表面清亮、不起泡为止,再慢慢加入20%～30%预热至温度为120～140℃的干燥填充料充分搅拌均匀,加热至200℃以上施工。冷用沥青胶的配制是先将沥青加热熔化后,将稀释剂(如绿油、柴油、蒽油等)缓慢加入,再掺入填充料,混合搅拌均匀即可。冷用沥青胶的质量比一般为沥青40%～50%、稀释剂24%～30%、填充料10%～30%。

沥青胶的标号以耐热度表示。沥青胶的性质主要取决于沥青的性质,其耐热度与沥青的软化点、用量多少有关,此外还与填充料的种类、用量以及催化剂有关。

在屋面防水工程中,沥青胶的标号应根据屋面的使用条件、屋面坡度及当地年极端最高气温等按有关规定选择。施工时应注意同源原则,即所采用的沥青应与被粘贴卷材的沥青种类一致。

二、沥青防水卷材

沥青防水卷材是用原纸、纤维毡、纤维织物等胎体浸涂沥青,表面撒满片状、粒状或粉状材料制成可卷曲的片状防水材料。沥青防水卷材又称油毡,广泛用于地下、水工、工业及其他建筑和构筑物中的防水。沥青防水卷材是我国目前产量最大的防水材料,成本较低,属低档防水材料。

1. 石油沥青纸胎油毡

石油沥青纸胎油毡是采用低软化点沥青浸渍原纸,然后用高软化点石油沥青涂盖油纸两面,并撒布一层滑石粉或云母片所制成的一种纸胎防水卷材。国家标准《石油沥青纸胎油毡》(GB 326—2007)规定,油毡按卷重和物理性能分为Ⅰ型、Ⅱ型、Ⅲ型(表7-6)。油毡的幅宽为1 000 mm;每卷油毡的总面积为 20 m²。石油沥青纸胎油毡按产品名称、类型和标准号顺序标记,如Ⅲ型石油沥青纸胎油毡标记为:油毡Ⅲ型 GB 326—2007。Ⅰ、Ⅱ型油毡适用于辅助防水、保护隔离层、临时性建筑防水、防潮及包装等;Ⅲ型油毡适用于屋面工程的多层防水。

表7—6　石油沥青纸胎油毡的物理性能

项　　目		指　　标		
		Ⅰ型	Ⅱ型	Ⅲ型
单位面积浸涂材料总量(g/m²)		≥600	≥750	≥1000
不透水性	压力(MPa)	≥0.02	≥0.02	≥0.10
	保持时间(min)	≥20	≥30	≥30
吸水率(%)		≤3.0	≤2.0	≤1.0
耐热度		(85±2)℃,2 h涂盖层无滑动、流淌和集中性气泡		
拉力(纵向)(N/50 mm)		≥240	≥270	≥340
柔　度		(18±2)℃,绕φ20 mm棒或弯板无裂缝		

注:Ⅲ型产品物理性能要求为强制性的,其余为推荐性的。

虽然纸胎油毡廉价,产量、用量很大,但还存在一定缺点,如抗拉强度及塑性较低,吸水率较大,低温柔韧性差,不透水性较差,胎体易腐烂,耐久性较差。为克服纸胎油毡抗拉能力低、易腐蚀、耐久性差的缺点,通过改进胎体材料,已出现多种性能良好的新品种防水卷材,如玻璃纤维沥青油毡、铝箔面沥青油毡等,可弥补纸胎油毡的不足。

2. 石油沥青玻璃纤维油毡

石油沥青玻璃纤维油毡是采用玻璃纤维薄毡为胎基,浸涂石油沥青,两面覆以隔离材料制成的防水卷材。产品按其单位面积质量分为15、25 号,按其力学性能分为Ⅰ型、Ⅱ型。石油沥青玻璃纤维油毡的技术指标应符合《石油沥青玻璃纤维胎防水卷材》(GB/T 14686—2008)的规定,要求其低温柔性好,耐化学微生物腐蚀,寿命较长。

三、高聚物改性沥青防水卷材

高聚物改性沥青防水卷材是以合成高分子聚合物改性沥青为涂盖层,以纤维织物或纤维毡为胎体,以片状、粒状、粉状或薄膜材料为覆盖面材料制成的可卷曲片状防水材料。它克服了传统沥青防水卷材的不足,具有高温不流淌、低温不脆裂、拉伸强度较高、延伸率较大等优异性能。这种防水材料在我国属于中低档防水卷材,常见的有 SBS 改性沥青防水卷材、APP 改性沥青防水卷材。

1. SBS 改性沥青防水卷材

SBS 改性沥青防水卷材属于弹性体沥青防水卷材的一种。弹性体沥青防水卷材是用沥青或热塑性弹性体(如苯乙烯—丁二烯嵌段共聚物 SBS)改性沥青(简称"弹性体沥青")浸渍胎基,两面涂以弹性体沥青涂盖层,在表面以细砂、矿物粒(片)或覆盖聚乙烯膜所制成的一类防水卷材。

SBS 改性沥青防水卷材的耐高温、低温性能有明显提高,卷材的弹性和耐疲劳性得到明显改善,适用于单层铺设的层面防水工程或复合使用,适合于寒冷地区和结构变形频繁的建筑。其施工工艺为冷施工铺贴或热熔铺贴。

2. APP 改性沥青防水卷材

APP 改性沥青防水卷材属于塑性体沥青防水卷材的一种。塑性体沥青防水卷材是用沥青或热塑性塑料(如无规聚丙烯 APP)改性沥青(简称"塑性体沥青")浸渍胎基,两面涂以塑性体沥青涂盖层,在表面撒以细砂、矿物粒(片)料或覆盖聚乙烯膜,再经过复合成型、卷取等工序加工而成的一类防水卷材。APP 改性沥青防水卷材具有良好的强度、延伸性、耐热性、耐紫外线照射及耐老化性能,广泛适用于单层铺设,尤其适合于紫外线辐射强烈及炎热地区屋面的使用。其施工工艺为热熔法或冷粘法铺设。

高聚物改性沥青防水卷材除了上述两种外,还有许多其他品种。因为高聚物品种和胎体品种的不同而性能各异,在建筑防水工程中的适用范围也不同。根据其特点和适用范围,可在防水设计中参照使用。

四、合成高分子防水卷材

合成高分子防水卷材是以合成橡胶、合成树脂或它们两者的共混体为基料,加入适量的化学助剂和填充料等,经混炼、压延或挤出等工序加工而制成的可卷曲的片状防水材料,由于其具有拉伸强度和抗撕裂强度高、断裂伸长率大、耐热性和低温柔性好、耐腐蚀、耐老化及可以冷施工等一系列优异性能,是一种新型高档防水卷材。

常见的合成高分子防水卷材有聚氯乙烯防水卷材、三元乙丙橡胶防水卷材、氯化聚乙烯防水卷材、氯化聚乙烯—橡胶共混防水卷材等,其施工工艺一般为单层铺设,可采用冷粘法或自粘法施工。

1. 聚氯乙烯防水卷材(PVC)

聚氯乙烯防水卷材是以聚氯乙烯树脂为基料,掺入适量添加剂加工而成的防水材料。

国家标准《聚氯乙烯防水卷材》(GB 12952—2011)将聚氯乙烯防水卷材按产品组成分为均质的聚氯乙烯防水卷材(代号 H)、带纤维背衬聚氯乙烯防水卷材(代号 L)、织物内增强的聚氯乙烯防水卷材(代号 P)、玻璃纤维内增强的聚氯乙烯防水卷材(代号 G)和玻璃纤维内增强带纤维背衬聚氯乙烯防水卷材(代号 GL)。卷材的主要物理力学性能应符合规范要求。

PVC 卷材的抗拉强度高,断后伸长率大,对基层的伸缩和开裂变形适应性强,卷材幅面宽,可焊接性好,具有良好的水蒸气扩散性,冷凝物容易排出,耐穿透、耐腐蚀、耐老化,低温柔性和耐热性好。

PVC 卷材适用于大型屋面板、空心板的防水层、刚性防水层下的防水层(一毡)及旧建筑混凝土屋面的修缮,还可用于地下室、防空洞及设备的防潮层及地面工程的防水、防潮等。

2. 氯化聚乙烯防水卷材

氯化聚乙烯(CPE)防水卷材是以氯化聚乙烯树脂为基料,掺入少量的助剂和适量的填充料,经密炼、混炼和压延而制成的防水卷材。

CPE 防水卷材按国家标准《氯化聚乙烯防水卷材》(GB 12953—2011)分为Ⅰ型和Ⅱ型两种。Ⅰ型是非增强型的,Ⅱ型是增强型的。CPE 防水卷材具有优良的防水、耐老化及耐油、耐腐蚀、抗撕裂等性能,同时还具有良好的耐磨性,其表面具有各种颜色,除用于防水工程外,还可作为室内地面材料,兼有防水与装饰效果,适用于屋面、地面外墙及排水沟、堤坝等防水工程。

3. 三元乙丙橡胶防水卷材

三元乙丙(EPDM)橡胶防水卷材是以三元乙丙橡胶为基料,掺入适量的丁基橡胶、促进剂、硫化剂、软化剂、填充料等,经密炼、拉片、过滤、压延或挤出成型、硫化等工序加工制成的防水卷材,是目前耐老化性能最好的一种,使用寿命可达 30～50 年。三元乙丙橡胶分子结构中的主链上没有双键,稳定性好,当受到紫外线、臭氧、湿和热作用时,主链不易发生断裂。三元乙丙橡胶防水卷材的耐候性、耐臭氧性、耐热性和低温柔性超过塑料,具有质量轻、抗拉强度高、延伸率大和耐酸、碱腐蚀等特点,并对煤焦油不敏感,遇机油产生溶胀现象。

三元乙丙橡胶防水卷材的主要技术指标为:低温冷脆温度－46.7℃,抗拉强度 7.5 MPa,伸长率为 450%,直角撕裂强度为 25 kN/m;经 80℃、168 h 热老化后,其抗拉强度和伸长率的保持率分别达 105% 和 93%。

三元乙丙橡胶防水卷材是目前性能最优的防水卷材,广泛适用于防水要求高的屋面、厨房、卫生间等民用建筑,也可用于耐用年限长的桥梁、隧道、地下室、蓄水池、电站水库、排灌渠道、污水处理等需要防水的部位,特别适用于屋面工程做单层外露防水,但工程造价较高。

4. 氯化聚乙烯—橡胶共混防水卷材

氯化聚乙烯—橡胶共混防水卷材是以氯化聚乙烯树脂和合成橡胶共混物为基料,掺入各种适量的助剂和填充料,经混炼、压延或挤出等工序制成的防水卷材。氯化聚乙烯—橡胶共混防水卷材同时具有塑料和橡胶的特点,不但强度高、弹性好,而且耐老化性、延伸性、耐低温性能及大气稳定性均较好。该类卷材可用多种黏结剂粘贴,冷施工,操作较简单,常用于新建和维修各种建筑屋面、墙体、地下建筑、卫生间及水池、水库等工程的防潮、防渗、防漏。

第四节　沥青防水涂料

一、概　述

沥青防水涂料是以石油沥青为基础,加入改性材料(废橡胶粉、硫化鱼油)和稀释剂(汽油、煤油、甲苯等有机溶剂和水),经过加工制成的常温下呈黏稠的胶状材料,分水乳型和溶剂型两种。沥青防水涂料涂在基层表面,各组分间发生化学反应或溶剂,水分挥发后,形成具有一定弹性的薄膜,把基层薄膜与外界隔开,起到防水、防潮作用,广泛用于屋面防水工程和地下混凝土工程的防潮、防渗等。

1.特　点

(1)耐水性强,在水的长期作用下涂膜不脱落,不起皮,防渗性能好;

(2)具有较高的抗冲击强度,能抵抗暴雨的冲刷和冰雹的袭击;

(3)有较好的抗裂性;

(4)耐化学侵蚀性好,能抵抗酸、碱、盐类的侵蚀;

(5)形成的防水层重量轻,整体性好,特别适用于轻型屋面;

(6)可冷施工或喷涂,施工简单,减少环境污染,改善了劳动条件。

2.分　类

水性沥青防水材料是以乳化沥青为基料的防水涂料。

(1)AE-1 类

采用矿物乳化剂,常温为膏体或黏稠体,不具有流性的水性沥青基厚质防水涂料,包括:

①AE-1-A　水性石棉沥青防水涂料;

②AE-1-B　膨润土沥青乳液;

③AE-1-C　石灰乳化沥青。

(2)AE-2 类

采用化学乳化剂,常温为液体,具有流性的水性沥青基薄质防水涂料,包括:

①AE-2-A　氯丁胶乳沥青;

②AE-2-B　水乳性再生胶沥青涂料;

③AE-2-C　用化学乳化剂配制的乳化沥青。

AE-1 类涂料主要成膜物质是未改性的沥青、矿物乳化剂和填充物,因而弹性和强度均较低,涂膜较厚,涂布量约为 8 kg/m²。AE-2 类涂料的延伸性和低温柔性均优于 AE-1 类,涂膜可薄一些,涂布量约为 2.5 kg/m²。

二、常用防水涂料

1.石棉乳化沥青涂料

石棉乳化沥青涂料是以石油沥青为主要原料,以石棉作为分散剂,在机械搅拌下制成的水性沥青基厚质防水涂料,属乳液型沥青涂料。石棉乳化沥青涂料具有憎水性、无毒、不燃、单一组合、可在潮湿基层上施工等特点,其耐水性、耐候性、稳定性都优于一般的乳化沥青。由于其填充料为无机纤维状矿物,乳化膜比化学型更为坚固。

石棉乳化沥青涂料的技术性能应满足表 7—7 的要求。

表 7—7　水性沥青基防水涂料的质量指标

项目		质量指标
固体含量(%)		≥50
延伸性(mm)	无处理	≥5.5
	处理后	≥4.0

项 目	质量指标
耐热性(℃)	无流淌、起泡、滑动
黏结性(MPa)	≥0.20
不透水性	不渗水
抗冻性	20次无开裂

2. 氯丁橡胶沥青防水涂料

氯丁橡胶沥青防水涂料分为溶剂型和水乳型两类。

溶剂型氯丁橡胶沥青防水涂料是氯丁橡胶和石油沥青溶于芳烃溶剂(苯或二甲苯)中形成的一种混合胶体溶液,具有较好的耐高、低温性能,黏结性好,干燥成膜速度快。

水乳型氯丁橡胶沥青防水涂料是以阳离子型氯丁胶乳与阳离子型沥青乳液混合构成的。它是氯丁橡胶及石油沥青的微粒,借助阳离子型表面活性剂的作用,稳定分散在水中而制成的一种乳液型防水涂料。水乳型氯丁橡胶沥青防水涂料属于聚合物改性防水涂料的一种,无论是在柔韧性、抗裂性、强度还是在耐高低温性能、使用寿命等方面,与沥青基防水涂料相比,都有很大的改进,具有成膜快、强度高、抗裂性好、耐候性好、难燃、无毒等特点,已成为我国防水涂料中的主要品种之一,适用于工业与民用建筑混凝土屋面防水层以及厨房、水池、地下室等处的防潮、防渗等。表7—8是水乳型氯丁橡胶沥青防水涂料的技术性能。

表 7—8 水乳型氯丁橡胶沥青防水涂料的技术性能

项 目		性 能 指 标
外观		深棕色乳液状
黏度(Pa·s)		0.25
含固量(%)		≥43
耐热性(80℃恒温5 h)		无变化
黏结力		≥0.2 MPa
低温柔韧性(-15℃)		不断裂
不透水性(动水压0.1~0.2 MPa,0.5 h)		不透水
耐碱性		表面无变化
抗裂性(基层裂缝宽度≤2 mm)		涂膜不裂
涂膜干燥时间(h)	表干	≤4
	实干	≤24

3. 聚氨酯防水涂料

聚氨酯防水涂料按其产品组分分为单组分和双组分两种。双组分反应型涂料是甲、乙两组分之间发生化学变化而直接由液态变成固态。甲组分是含有异氰酸基的预聚体,乙组分是含有多羟基的固化剂与增塑剂、填充剂、稀释剂等。常温下,将甲、乙两组分按一定比例配合拌匀涂于基层后,经交联固化,形成具有柔韧性,富有弹性、耐水、抗裂的整体防水厚质涂层。聚氨酯防水涂料是一种化学反应涂料,它是借助组分间发生化学反应而直接由液态转变为固态的,无体积收缩,具有优异的耐油、耐臭氧、耐候、不燃烧等性能,同时还有延伸性好、耐久性好等特点,对材料具有良好的附着力,施工简便,属中高档防水涂料。

聚氨酯防水涂料适用于各种基层的屋面、地下建筑、水池、浴室、卫生间等工程的防水,其主要技术性能见《聚氨酯防水涂料》(GB/T 19250—2003)的规定。

第五节　建筑密封材料

一、概　述

建筑密封材料是指填充于建筑物的各种接缝、裂缝、变形缝(沉降缝、伸缩缝、抗震缝),保持水密、气密性能,并具有一定强度,能连接构件的材料。

1. 建筑密封材料的特性

(1)优良的黏结性、抗下垂性,易于施工;

(2)非渗透性,不渗水、渗气;

(3)良好的耐老化性能,即具有耐候、耐热、耐寒、耐水等性能;

(4)良好的伸缩性,在接缝发生变化时,填充的密封材料不断裂、剥落,具有一定的弹塑性。

2. 建筑密封材料的品种

建筑密封材料的品种很多,其分类如图7—3所示。

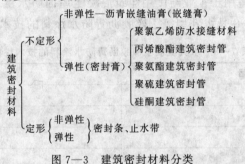

图7—3　建筑密封材料分类

3. 建筑密封材料的选用

建筑密封材料的选用一般考虑以下两点:

(1)建筑密封材料的黏结性能。根据结构件的材质、性质和表面状态来选择黏结力良好的建筑密封材料,同时还要考虑耐疲劳和耐老化性能,延长其使用寿命。

(2)建筑密封材料的使用部位。不同部位的接缝,对建筑密封材料的性能要求不同。

二、常用建筑密封材料

建筑密封材料有定型和不定型两大类。不定型密封材料使用前呈膏糊状,定型密封材料则系带条状密封材料。

1. 嵌缝油膏

嵌缝油膏也称嵌缝密封膏,是一种用来密封建筑物中各种接缝的胶泥状物质。沥青嵌缝油膏性能较差,以煤焦油和聚氯乙烯为主要原料生产的聚氯乙烯类防水密封材料性能也一般,而以性能优良的高分子材料生产的密封材料已成为主导产品,是建筑密封材料的发展方向。

（1）聚氯乙烯胶泥

聚氯乙烯胶泥是一种用聚氯乙烯进行改性的沥青油膏，其主要成分是煤焦油。由于胶泥价格低，防水性好，有弹性，有较好的耐热、耐寒性能，是目前国内常用的一种密封材料，常常根据配方的不同在 60～110℃ 之间进行热灌。为降低成本，可用废旧聚氯乙烯塑料代替聚氯乙烯树脂进行改性，这样制得的密封油膏称为塑料油膏。

（2）硅酮密封膏

硅酮密封膏是以聚硅氧烷为主体，加入硫化剂、硫化促进剂以及增强填料组成。

硅酮密封膏分为单组分和双组分两种，其中单组分应用较多。硅酮密封膏按其固化机理分为脱酸和脱醇两类，按其用途分为镶装玻璃用和建筑接缝用两类，按其拉伸模量分为高模量和低模量两类。

由于硅酮密封膏分子中有许许多多的硅氧键，故具有优异的耐热性、耐寒性、耐候性和耐久性，与各种材料有较好的黏结力，耐水性好，耐伸缩疲劳性强，而且操作方便，毒性小，适合在高移动量（±50%）的场合使用。

（3）聚硫密封膏

聚硫密封膏是以液态聚硫橡胶为基料，加入各种填充剂、促进剂、硫化剂等拌制成的均匀膏状体。由于聚硫密封膏分子中有 $-S-C$ 和 $-S-S$ 饱和链，因而具有良好的耐油性抗撕裂性强、耐水性及良好的低温挠屈性和黏结性。它使用温度范围宽，在 $-40～+90℃$ 的温度范围内均能保持其各项性能指标。它常温时力学性能好，价格也较便宜，是世界上使用最成熟的密封材料，适用于建筑工程、水库、堤坝、游泳池及其他工业部门。

（4）丙烯酸酯密封膏

丙烯酸酯密封膏是以丙烯酸酯乳液为胶粘剂，掺少量表面活性剂、增塑剂、改性剂以及颜料、填充料配制成的一种中档密封材料。丙烯酸酯密封膏具有很好的黏结性，嵌缝时不必打底，经充分固化后，其耐老化性、耐化学腐蚀以及防水性都很好，弹性和延伸性较小，在伸缩较大的接缝中不宜使用。

2. 嵌　缝　条

嵌缝条是用塑料或橡胶经挤出成型得到的一类软质带状制品，所用材料包括氯丁橡胶EPDM、丁苯橡胶、软质聚氯乙烯等，常被用来密封施工缝和伸缩缝。

第六节　沥青混合料

一、沥青混合料分类

沥青混合料是由适当比例的矿质混合料（简称矿料，由粗骨料、细骨料、填料等组成）与沥青结合料在严格控制的条件下拌和而成的混合料的总称，是沥青混凝土混合料（简称沥青混凝土）、沥青碎石混合料（简称沥青碎石）的总称。将沥青混合料加以摊铺、碾压成型，即成为各种类型的沥青路面。在这种结构中，矿料起骨架作用，沥青与填料起胶结和填充作用。

由于沥青混合料是一种较好的黏性和弹塑性材料，具有一定的高温稳定性和低温抗裂变性能，路面不需设置施工缝、伸缩缝，施工简便，是重要的路面材料。

1. 按结合料分

(1)石油沥青混合料：以石油沥青为结合料的沥青混合料(包括黏稠石油沥青、乳化石油沥青及液体石油沥青)；

(2)煤沥青混合料：以煤沥青为结合料的沥青混合料。

2. 按制造工艺分

(1)热拌沥青混合料：采用黏稠沥青作为结合料，将沥青与经过人工组配的矿质混合料在热态下拌和，用保温运输工具运至施工现场，并在热态下进行摊铺和压实的沥青混合料；

(2)冷拌沥青混合料：采用乳化沥青或稀释沥青作为结合料，将沥青与矿料在常温状态下拌制、铺筑的混合料；

(3)再生沥青混合料：将需要翻修或废弃的旧沥青路面，经翻挖、回收、破碎、筛分，再和再生剂、新骨料、新沥青材料等按一定比例重新拌和，形成具有一定路用性能的再生沥青混合料。

3. 按材料组成及结构分

(1)连续级配沥青混合料：沥青混合料中的矿料是按级配原则，从小到大各级粒径都有，按比例相互搭配组成的混合料；

(2)间断级配沥青混合料：连续级配沥青混合料矿料中缺少一个或两个档次粒径的沥青混合料。

4. 按矿料级配组成及空隙率分

(1)密级配沥青混合料：按密实级配原则设计的连续型密级配沥青混合料，但其粒径递减系数较小，设计空隙率为 3%～5%；

(2)半开级配沥青混合料：由适当比例的粗骨料、细骨料及少量填料(或不加填料)与沥青拌和而成，设计空隙率为 6%～12% 的沥青碎石混合料；

(3)开级配沥青混合料：矿料级配主要由粗骨料嵌挤而成，细骨料及填料较少，经高黏度沥青结合料黏结而成，设计空隙率大于 18% 的沥青混合料。

5. 按骨料的公称粒径分

(1)特粗式沥青混合料：骨料公称最大粒径大于 31.5 mm 的沥青混合料；

(2)粗粒式沥青混合料：骨料公称最大粒径等于或大于 26.5 mm 的沥青混合料；

(3)中粒式沥青混合料：骨料公称最大粒径为 16.0 mm 或 19.0 mm 的沥青混合料；

(4)细粒式沥青混合料：骨料公称最大粒径为 9.5 mm 或 13.2 mm 的沥青混合料；

(5)砂粒式沥青混合料：骨料公称最大粒径小于 4.75 mm 的沥青混合料。

用石油沥青或煤焦油沥青来拌制沥青混凝土，其用量约为沥青混凝土总质量的 7%～9%，所用砂、石与水泥混凝土用的砂、石要求基本相同，所不同的是对石子应考虑其化学性质。若用于防酸处理，应采用耐酸矿料(如石英岩、花岗岩等)；碱性岩石(如石灰石、白云岩等)与沥青黏结力较强，应尽可能采用碱性岩石。

常见的沥青混合料是热拌沥青混合料，它是经人工组配的矿质混合料与黏稠沥青在专门设备中加热拌和而成，用保温运输工具运送至施工现场，并在热态下进行摊铺和压实的混合料，通称"热拌热铺沥青混合料"，简称"热拌沥青混合料"。

热拌沥青混合料是沥青混合料中最典型的品种，其他各种沥青混合料均是由其发展而来的。

二、沥青混合料的组成结构

沥青混合料是由沥青、粗细骨料和矿粉按照一定的比例拌和而成的多组分材料。用沥青混合料修筑路面,有两种不同的强度理论。

1. 表面理论

按传统的理解,沥青混合料是由粗骨料、细骨料和填料经人工组配成密实的级配矿质骨架,此矿质骨架由稠度较稀的沥青混合料分布其表面,而将它们胶结成为一个具有强度的整体。这种理论认识可图解如下:

$$
\text{沥青混合料}
\begin{cases}
\text{矿质骨架}
\begin{cases}
\text{粗骨料} \\
\text{细骨料} \\
\text{填料}
\end{cases} \\
\text{结合料—沥青}
\end{cases}
$$

2. 胶浆理论

近代某些研究从胶浆理论出发,认为沥青混合料是一种多级空间网状结构的分散系。它是以粗骨料为分散相而分散在沥青砂浆的介质中的一种粗分散,同样,砂浆是以细骨料为分散相而分散在沥青胶浆介质中的一种细分散系,而胶浆又是以填料为分散相而分散在高稠度的沥青介质中的一种微分散系。这种理论认识可图解如下:

$$
\underset{\text{(粗分散系)}}{\text{沥青混合料}}
\begin{cases}
\text{分散相—粗骨料} \\
\text{分散介质(细分散系)}
\begin{cases}
\text{分散相—细骨料} \\
\text{沥青胶结构(微分散系)}
\begin{cases}
\text{分散相—填料} \\
\text{分散介质—沥青}
\end{cases}
\end{cases}
\end{cases}
$$

这三级分散系以沥青胶浆最为重要,它的组成结构决定沥青混合料的高温稳定性和低温变形能力。目前这一理论比较集中于研究填料(矿粉)的矿物成分、填料的级配(以 0.080 mm 为最大粒径)以及沥青与填料内表面的交互作用等因素对于混合料性能的影响等。同时,这一理论的研究比较强调采用高稠度的沥青和大的沥青用量,以及采用间断级配的矿质混合料。

沥青混合料按矿质骨架的结构状况,可将其组成结构分为下述三种类型:

(1)悬浮—密实结构。当采用连续密级配的沥青混合料时,材料从大到小连续存在,由于粗骨料的数量较少而细骨料的数量较多,粗骨料被细骨料挤开,而以悬浮状态存在于细骨料之间[图 7—4(a)],这种结构的沥青混合料密实度及强度较高,而稳定性较差。一般的沥青混凝土路面都采用这种连续级配型的结构。

(2)骨架—空隙结构。当采用连续开级配的沥青混合料时,粗骨料较多,彼此紧密相接,细料的数量较少,形成较多空隙[图 7—4(b)]。这种结构的沥青混合料,石料能充分补成骨架,骨料之间的嵌挤力和内摩阻力起重要作用,因此这种沥青混合料受沥青材料性质变化的影响较小,因而热稳定性较好,但沥青与矿料黏结力小,空隙率大,耐久性差。

(3)密实—骨架结构。采用间断级配的沥青混合料,综合了以上两种结构之长,既有一定数量的粗骨料形成骨架,又根据粗骨料空隙的多少加入细骨料,形成较高的密实度[图 7—4(c)]。这种结构的沥青混合料的密实度、强度和稳定性都较好,是较理想的结构类型。

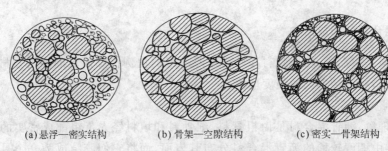

(a)悬浮—密实结构   (b)骨架—空隙结构   (c)密实—骨架结构

图7—4 三种典型沥青混合料结构组成示意图

三、沥青混合料的技术性质

1. 高温稳定性

沥青混合料的高温稳定性是指在夏季高温(通常为 60℃)条件下,沥青混合料承受多次重复荷载作用而不发生过大的累积塑性变形的能力。沥青混合料路面在车轮作用下受到垂直力和水平力的综合作用,能抵抗高温而不产生车辙和波浪等破坏现象的为高温稳定性符合要求。

在国内外的沥青混凝土技术规范中,多数采用高温强度与稳定性作为主要技术指标。常用的测试评定方法有马歇尔试验法、无侧限抗压强度试验法、史密斯三轴试验法等。我国现行《公路沥青路面施工技术规范》(JTG F40—2004)规定,采用马歇尔稳定度试验(包括稳定度、流值、马歇尔模数)来评价沥青混合料高温稳定性;对高速公路、一级公路、城市快速路、主干路用沥青混合料,还应通过车辙试验检验其抗车辙能力。

(1)马歇尔稳定度

马歇尔稳定度试验是测定沥青混合料试件在标准尺寸、规定的温度和加载速度下,在马歇尔仪中最大的破坏荷载和抗变形能力,目前普遍测定马歇尔稳定度(MS)、流值(FL)和马歇尔系数(T)三项指标。稳定度是指试件破坏时承受的最大破坏荷载(kN),流值是指达到最大破坏荷载时试件的垂直变形(0.1 mm),马歇尔系数为稳定度除以流值的商,即

$$T = \frac{MS \cdot 10}{FL}(kN/mm) \tag{7—5}$$

(2)车辙试验

车辙试验是一种模拟车辆轮胎在路面上滚动形成车辙的工程试验方法,试验结果较为直观,且与沥青路面车辙深度之间有着较好的相关性。车辙试验是用标准成型方法制成 300 mm×300 mm×50 mm 的沥青混合料试件,在 60℃的温度条件下,以一定荷载的轮子在同一轨迹上作一定时间的反复行走,形成一定的车辙深度,然后计算试件变形 1 mm 所需试验车轮行走的次数,即动稳定度(次/mm)。

对用于高速公路、一级公路的公称粒径等于或小于 19 mm 的密级配沥青混合料,沥青玛蹄脂碎石混合料和开级配沥青混合料,必须在规定的试验条件下进行车辙试验。

影响沥青混合料车辙深度的主要因素有沥青的用量、沥青的黏度、矿料的级配、矿料的尺寸和形状等。

2. 低温抗裂性

沥青混合料在低温条件下抵抗断裂破坏的能力称为低温抗裂性。在冬季,沥青混合料随着温度的降低,变形能力下降。由于沥青路面在面层和基层之间存在着很好的约束作用,当温

度大幅度降低时,沥青面层中会产生很大的收缩拉应力或者拉应变,一旦其超过材料的极限拉应力或极限拉应变,沥青面层就会开裂。因此,要求沥青混合料具有一定的低温抗裂性,即要求沥青混合料具有较高的低温强度或较大的低温变形能力。

《公路沥青路面施工技术规范》(JTG F40—2004)规定:宜对用于高速公路和一级公路的公称最大粒径等于或小于 19 mm 的密级配沥青混合料在温度 −10℃、加载速率 50 mm/min 的条件下进行弯曲试验,测定破坏强度、破坏应变、破坏劲度模量,并根据应力—应变曲线的形状综合评价沥青混合料的低温抗裂性能。

3. 耐 久 性

沥青混合料在路面中长期受自然因素的作用,为保证路面具有较长的使用年限,要求沥青混合料必须具备较好的耐久性。

影响沥青混合料耐久性的因素很多,诸如沥青的化学性质、矿料的矿物成分、沥青混合料的组成结构(残留空隙率、沥青填隙率)等。

沥青的化学性质和矿料的矿物成分对耐久性的影响已如前述。就沥青混合料的组成结构而言,首先是沥青混合料的空隙率。空隙率的大小与矿质骨料的级配、沥青材料的用量以及压实程度等有关。从耐久性角度出发,希望沥青混合料空隙率尽量减少,以防止水的渗入和日光紫外线对沥青的老化作用等,但是一般沥青混合料中均应残留 3%~6%空隙,以备夏季沥青材料膨胀。

沥青混合料空隙率与水稳定性有关。空隙率大,且沥青与矿料黏附性差的混合料,在饱水后石料与沥青黏附力降低,易发生剥落,同时颗粒相互推移产生体积膨胀以及出现力学强度显著降低等现象,引起路面早期破坏。

此外,沥青路面的使用寿命还与混合料中的沥青含量有很大的关系。当沥青用量较正常的用量减少时,则沥青膜变薄,混合料的延伸能力降低,脆性增加;如沥青用量偏少,将使混合料的空隙率增大,沥青膜暴露较多,会加速老化作用,同时增加渗水率,加强水对沥青的剥落作用。有研究认为,沥青用量较最佳沥青用量少 0.5%的混合料,能使路面使用寿命减少一半以上。

我国现行规范采用空隙率、饱和度(即沥青填隙率)和残留稳定度等指标来表征沥青混合料的耐久性。

4. 抗 滑 性

随着现代高速公路的发展,对沥青混合料路面的抗滑性提出了更高的要求。沥青混合料路面的抗滑性与矿质骨料的微表面性质、混合料的级配组成以及沥青用量等因素有关。为保证长期高速行车的安全,配料时要特别注意粗骨料的耐磨光性,应选择硬质有棱角的骨料。硬质骨料往往属于酸性骨料,与沥青的黏附性差,为此,在沥青混合料施工时,必须在采用当地产的软质骨料中掺加外运来的硬质骨料组成复合骨料,或采用掺加抗剥剂等措施。我国现行规范对抗滑层骨料提出了磨光值、磨耗值和冲击值等三项新指标。

沥青用量对抗滑性的影响非常敏感,沥青用量超过最佳用量的 0.5%即可使抗滑系数明显降低。

含蜡量对沥青混合料抗滑性有明显的影响,我国现行国家标准《重交通道路石油沥青》(GB/T 15180—2010)提出,含蜡量应不大于 3%。

5. 水稳定性

沥青路面在雨水、冰冻的作用下,尤其是在雨季过后,往往会出现脱补、松散,进而形成坑洞而损坏。出现这种现象的原因是沥青混合料在水的作用下被侵蚀,沥青从骨料表面发生剥落,使混合料颗粒失去黏结作用。

《公路沥青路面施工技术规范》(JTG F40—2004)规定,对用于高速公路和一级公路的公称最大粒径等于或小于 19 mm 的沥青混合料,必须在规定的条件下进行浸水马歇尔试验和冻融劈裂试验,以检验沥青混合料的水稳定性,并应同时符合规范要求。达不到要求时必须采取抗剥落措施,调整最佳沥青用量后再次试验。

影响沥青路面水稳定性的主要因素有沥青混合料的性质(包括沥青性质及混合料类型)、施工期的气候条件、施工后的环境条件、路面排水。

在沥青中添加抗剥落剂是增强水稳定性、减少水损坏的有效措施。此外,在沥青混合料的组成设计上采用碱性骨料以提高沥青与骨料的黏附性,采用密实结构以减少空隙率,以石灰粉取代部分矿粉等等,都可以有效地提高沥青混合料的水稳定性。

6. 施工和易性

要保证室内进行的配料方案能在施工现场得到顺利实现,沥青混合料除了应满足前述技术要求外,还要具备适宜的施工和易性。影响沥青混合料施工和易性的因素很多,如当地气温、施工条件以及混合料性质等。

单纯从混合料材料性质而言,影响施工和易性的首先是混合料的级配情况。如粗细粒料的数量大小相距过大,缺乏中间尺寸;混合料容易分层层积(粗粒集中于表面,细粒集中于底部);如细料太少,沥青层就不容易均匀地留在粗颗粒表面;如细颗粒材料过多,则会使拌和困难。此外,当沥青用量过少或矿粉用量过多时,混合料容易产生疏松,不易压实;反之,如沥青用量过多或矿粉质量不好,则容易使混合料黏结成块,不易摊铺;间断级配混合料的施工和易性就较差。

四、沥青混合料组成材料的技术要求

沥青混合料的技术性质随着混合料组成材料的性质、配合比和制备工艺等因素的差异而改变。因此,制备沥青混合料时,应严格控制其组成材料的质量。

1. 沥青材料

不同型号的沥青材料,具有不同的技术指标,适用于不同等级、不同类型的路面,在选择沥青材料时,要考虑公路等级、气候条件、交通条件、路面类型及在结构层中的层位及受力特点、施工方法等,结合当地的使用经验,经技术论证后确定。

(1)对高速公路、一级公路,夏季温度高、高温持续时间长、重载交通、山区及丘陵区上坡路段、服务区、停车场等行车速度慢的路段,尤其是汽车荷载剪应力大的层次,宜采用稠度大、$60℃$黏度大的沥青,也可提高高温气候分区的温度水平选用沥青;对于冬季寒冷的地区或交通量小的公路、旅游公路宜选用稠度小、低温延度大的沥青;对温度日温差、年温差大的地区宜选用针入度指数大的沥青。当高温要求与低温要求发生矛盾时,应优先考虑满足高温性能的要求。

(2)当缺乏所需标号的沥青时,可采用不同标号掺配的调和沥青,其掺配比例由试验确定。

在沥青的使用上,一般上面层宜用较稠的沥青,下层或联结层宜用较稀的沥青。对于渠化交通的道路,宜采用较稠的沥青。煤沥青严禁用于热拌热铺的沥青混合料。

2. 粗骨料

沥青混合料用粗骨料,可采用碎石、破碎砾石、筛选砾石、钢渣、矿渣等,但高速公路和一级公路不得使用筛选砾石和矿渣。

粗骨料要求洁净、干燥、无风化、无杂质，并且具有足够的强度和耐磨性，符合一定的级配要求，形状接近于立方体，表面粗糙，具有棱角的颗粒。粗骨料应符合表7—9的质量要求。对受热易变质的骨料，宜采用经拌和机烘干后的骨料进行检验。

表 7—9 沥青混合料用粗骨料的质量技术要求

指　　标	单位	高速公路及一级公路		其他等级公路
		表面层	其他层次	
石料压碎值	%	≤26	≤28	≤30
洛杉矶磨耗损失	%	≤28	≤30	≤35
表观相对密度	—	≤2.60	≤2.50	≤2.45
吸水率	%	≤2.0	≤3.0	≤3.0
坚固性	%	≤12	≤12	—
针片状颗粒含量(混合料)	%	≤15	≤18	≤20
其中粒径大于 9.5 mm	%	≤12	≤15	—
其中粒径小于 9.5 mm	%	≤18	≤20	—
水洗法<0.075 mm 颗粒含量	%	≤1	≤1	≤1
软石含量	%	≤3	≤5	≤5

抗滑表层沥青混合料用粗骨料应选用坚硬、耐磨、韧性好的碎石或碎砾石。如果坚硬石料来源缺乏，除沥青玛蹄脂碎石混合料和开级配沥青磨耗层路面外，允许掺加部分较小粒径的磨光值达不到要求的粗骨料，其最大掺加比例由磨光值试验确定。

3. 细骨料

沥青混合料中的细骨料可根据当地条件及混合料级配要求选用天然砂、机制砂、石屑。细骨料应具有一定棱角性，洁净、干燥、无风化、无杂质，并有适当的颗粒级配，黏土含量不大于3%。天然砂宜选用中砂、粗砂，天然河砂不应超过骨料总质量的20%，沥青玛蹄脂碎石混合料和开级配抗滑表层的混合料不宜使用河砂。

4. 填　　料

在沥青混合料中，矿质填料通常是指矿粉，其他填料如消石灰粉、水泥常作为抗剥落剂使用，粉煤灰则使用很少。

沥青混合料的矿粉必须采用石灰岩或岩浆岩中的强基性岩石等憎水性石料经磨细得到的矿粉。原石料中泥土杂质应除净。矿粉应干燥、洁净，能自由地从矿粉仓流出，其质量应符合表7—10的要求。

表 7—10 沥青混合料用矿粉的质量要求

项　　目	单　　位	高速公路、一级公路	其他等级公路
表观密度	t/m³	≥2.50	≥2.45
含水量	%	≤1	≤1
粒度范围<0.6 mm	%	100	100
<0.15 mm	%	90～100	90～100
<0.075 mm	%	75～100	70～100

项　　目	单　　位	高速公路、一级公路	其他等级公路
外观	—	无团粒结块	—
亲水系数	—	<1	
塑性指数	%	<4	

粉煤灰作为填料使用时,用量不得超过填料总量的 50%。粉煤灰的烧失量应小于 12%,与矿粉混合后的塑性指数应小于 4%,其余质量要求与矿粉相同。高速公路、一级公路的沥青面层不宜采用粉煤灰做填料。

拌和机的粉尘可作为矿粉的一部分回收使用,但每盘用量均不得超过填料总量的 25%,掺有粉尘填料的塑性指数不得大于 4%。

5. 纤维稳定剂

在沥青混合料中掺加的纤维稳定剂宜选用木质素纤维、矿物纤维等。矿物纤维宜采用玄武岩等矿物制造,易影响环境及造成人体伤害的石棉纤维不宜直接使用。

纤维应在 250℃ 的干拌温度下不变质、不发脆,使用纤维必须符合环保要求,不危害身体健康。纤维必须在混合料拌和过程中能充分分散均匀。纤维稳定剂的掺加比例以沥青混合料总量的质量百分率计算,通常情况下用于沥青玛蹄脂碎石混合料路面的木质素纤维不宜低于 0.3%,矿物纤维不宜低于 0.4%,必要时可适当增加纤维用量。纤维掺加量的允许误差宜不超过 ±5%。

复习思考题

1. 试述石油沥青三大组分及其特性。石油沥青的组分与其性质有何关系?

2. 石油沥青的主要技术性质是什么? 各用什么指标来表示? 影响这些性质的主要因素有哪些?

3. 如何划分石油沥青的牌号? 牌号大小与沥青主要技术性质之间的关系怎样?

4. 石油沥青的老化与组分有何关系? 沥青老化过程中其性质会发生哪些变化? 沥青老化对工程有何影响?

5. 与石油沥青相比,煤沥青在外观、性质和应用方面有何不同? 如何进行鉴别?

6. 在建筑屋面防水工程中,选用石油沥青的原则是什么? 某建筑工程屋面防水,需用软化点为 75℃ 的石油沥青,但工地仅有 10 号石油沥青 3.5 t、30 号石油沥青 1 t 和 40 号石油沥青 3 t,试通过计算确定出三种牌号沥青各需用多少吨?

7. 进行沥青试验时,为什么要特别强调温度? 做软化点试验时,如果不按规定升温速度加热,加热速度过快或过慢会有什么结果?

8. 冷底子油和乳化沥青的相同点和不同点各是什么?

9. 何谓沥青胶? 如何配制?

10. 试述沥青和矿粉统称沥青胶结物的原因。它们在沥青混合料中起到什么作用?

11. 试述沥青混凝土的技术性质及技术要求;沥青混凝土对组成材料的技术要求。

第八章 木 材

木材是人类最早使用的建筑材料,由于其性能优异,在当代建筑工程中仍被广泛使用,与水泥、钢材并称为三大材。但是,大量使用木材导致了森林覆盖率的下降,破坏人类赖以生存的自然环境。因此,应合理地使用木材(天然林材、速生林材),提高木材利用率并广泛采用替代材料,做到一方面充分发挥木材的优点,一方面尽量保护森林资源。

作为建筑和装饰材料,木材具有许多优点:

(1)比强度大,轻质高强,加工方便;

(2)导电和导热性能低,有较好的保温、隔热性能,无毒性;

(3)有很好的弹性和塑性,能承受冲击和振动等荷载作用;

(4)在干燥环境中或长期保持在水中,有很好的耐久性;

(5)纹路美观,风格典雅,装饰效果好。

木材也有一些较大的缺点:

(1)构造不均匀,各向异性;

(2)容易吸湿、吸水而导致力学和物理性能上的变化;

(3)容易腐朽、虫蛀和燃烧,天然疵病较多,如果经常处于干湿交替的环境中,耐久性较差;

(4)耐火性差,易着火燃烧。

木材在建筑工程中可用作桁架、梁、柱、门窗、地板、脚手架和混凝土模板等,过去使用十分普遍,现在则主要用于室内装饰和装修。

第一节 木材的分类和构造

一、分 类

木材按取材树种一般可分为针叶木和阔叶木树两大类。

1. 针叶木

针叶树树干直而高,材质均匀,纹理顺直。大多数针叶树材质较轻软,容易加工,胀缩变形小,故又称软材。由于针叶树常含有较多的树脂,因而耐腐蚀性较强。又因树材强度较高,胀缩变形较小,建筑上广泛用作承重构件和装修材料。建筑中常用的针叶树有杉木、冷杉、雪杉、柏树、红松及其他松木。

2. 阔叶木

阔叶树大多数树种的主杆较短,材质重硬而较难加工,故又称硬材。阔叶树材质强度高,胀缩变形大,易翘曲和开裂。阔叶树板面木纹和颜色美观,适用于内部装修、做家具和胶合板。建筑中常用的阔叶树有水曲柳、榆树、槐树、樟木、核桃木、黄菠萝、柞树和栎树等。

二、构　造

针叶木和阔叶木的构造不同,构造不同木材的性质也不相同。研究木材的构造是掌握木材性能的重要手段。

木材构造分为宏观构造和微观构造。

1. 宏观构造

木材宏观构造是指用肉眼和放大镜能观察到的构造。

木材的构造不均匀,通常从如图8—1所示的横切面(垂直于树轴的切面)、径切面(通过树轴的纵切面)、弦切面(平行于树轴的切面)来剖析。

从横切面来观察树木的构造,可见树木由树皮、木质部和髓心组成。

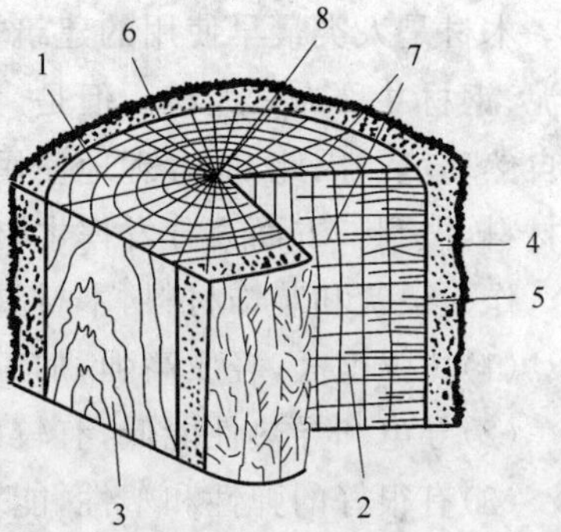

(1)树皮

树皮起保护树木的作用,其在建筑上的用途不大。栓皮栎和黄波萝的树皮,可用来制作软木板,是高级保温绝热材料。

(2)木质部

木质部位于髓心和树皮之间,是木材主要的使用部分。研究木材的构造即指木质部的构造。木质部靠近髓心部分呈深色,称为心材;靠近树皮部分呈浅色,称为边材。具有边材和心材的木材称为心材类,如松、柞和水曲柳等。另一些木材的木质部颜色基本一样,无边材和心材之分,这种木材称为边材类,如杉、杨和桦等。与边材相比,心材中有机物积累多,含水量少,不易翘曲变形,耐腐蚀性好。

(3)年轮

围绕髓心、深浅相间的同心圆环,称为年轮。一般树木每年生长一圈,同一年轮内有深浅两部分。春天生长的木质,色浅、质软,称为春材(早材);夏秋两季生长的木质,色深、质硬,称为夏材(晚材)。相同树种,年轮越密越均匀,质量越好。同样,径向单位长度的晚材含量(称晚材率)越高,木材强度越高。

(4)髓心

木材第一年生的部分,材质松软,强度低,容易被腐蚀和虫蛀。

(5)髓线

髓线是从髓心向外的辐射线。髓线由联系很弱的薄壁细胞所组成,在径切面上呈带状,其功能为横向传递养分和贮存养分。木材的变形和开裂常由髓线引起,阔叶树的髓线比针叶树发达。

2. 微观构造

木材微观构造是指只有在显微镜下才能观察清楚的构造。

木材由无数管状细胞紧密结合而成,绝大部分纵向排列,少数横向排列(髓线)。每一个细胞分为细胞壁和细胞腔两部分,细胞壁由细纤维组成。

(1)针叶树

①管胞:占总体积的90%以上,由细胞壁和细胞腔组成。春材壁薄腔大,夏材壁厚腔小,

图8—1　木材的构造
1—横切面;2—径切面;3—弦切面;4—树皮;
5—木质部;6—年轮;7—髓线;8—髓心

壁越厚纤维越多,木材越密实,强度越高。管胞起支持作用,输送养分。

②树脂道:某些树种的夏材管胞间有充满树脂的细胞,起保护作用,当树木受损伤时,树脂包覆在受伤表面,以免被腐蚀。

③髓线:横向传递养分和贮存养分,见图8—2。

(2)阔叶树

①导管:只有阔叶树有导管,薄壁大腔细胞,输送养分。阔叶树有散孔材和环孔材。散孔材导管分布散乱,如桦木;环孔材导管粗大且集中在春材上,如柞木。

②髓线:阔叶树髓线很发达,粗大明显,是鉴别阔叶树材的显著特征。

③木纤维:比管胞小,壁厚腔小,起支撑作用,见图8—3。

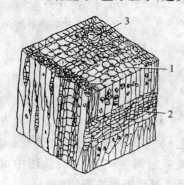 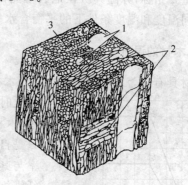

图8—2 针叶树马尾松微观构造 图8—3 阔叶树柞木微观构造
1—管胞;2—髓线;3—树脂道 1—导管;2—髓线;3—木纤维

第二节 木材的物理力学性质

木材的物理力学性质主要有含水率、湿胀干缩、强度等,其中含水率对木材的湿胀干缩性和强度影响较大。

一、木材的含水率

木材的含水率以含水率表示,即木材中水分质量占干燥木材质量的百分比。新伐倒的树木称为生材,其含水率一般为70%～140%。木材气干含水率南方约为15%～20%,北方约为10%～15%,窑干木材含水率约为4%～12%。

1. 木材中的水

木材中的水分有化学结合水、自由水和吸附水三种。

(1)化学结合水即木材中的化合水,它在常温下不变化,因而对木材的性质无影响;

(2)自由水是存在于木材细胞腔和细胞间隙中的水,它影响木材的表观密度、抗腐蚀性、燃烧性和干燥性;

(3)吸附水是指被吸附在细胞壁内细纤维之间的水,吸附水的变化则影响木材强度和木材胀缩变形性能。

2. 木材的纤维饱和点

当木材中无自由水,而细胞壁内吸附水达到饱和时,这时的木材含水率称为纤维饱和点。

木材的纤维饱和点随树种而异,一般介于25%～35%,通常取其平均值,约为30%。纤维饱和点是木材物理力学性质发生变化的转折点。

3．木材的平衡含水率

木材中所含的水分是随环境的温度和湿度的变化而改变的。当木材长时间处于一定温度和湿度的空气中,当水分的蒸发和吸收达到动态平衡时,其含水率相对稳定,这时的含水率称为平衡含水率。木材的平衡含水率是木材进行干燥的重要指标,并随其所在地区不同而异。图8—4为木材在不同温度和湿度条件下的平衡含水率。

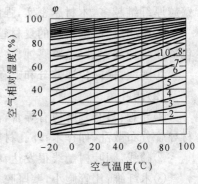

图8—4　木材在不同温度和湿度条件下的平衡含水率

二、木材的湿胀与干缩

木材具有显著的湿胀干缩性。当木材的含水率在纤维饱和点以下变化,即吸附水在发生变化时:随着含水率的增大,木材体积膨胀;随着含水率的减小,木材体积收缩。当木材的含水率在纤维饱和点以上时,只是自由水增减变化,木材体积与尺寸均无变化。木材含水率与其胀缩变形的关系如图8—5所示。从图中可以看出,纤维饱和点是木材发生湿胀干缩变形的转折点。

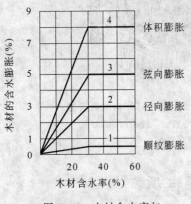

图8—5　木材含水率与其胀缩变形的关系

由于木材为非匀质构造,其胀缩变形各向不同,其中以弦向最大,径向次之,纵向(即顺纤维方向)最小。当木材干燥时,弦向干缩为6%～12%,径向干缩为3%～6%,纵向仅为0.1%～0.35%。木材弦向胀缩变形最大,是因受管胞横向排列的髓线与周围连接较差所致。木材的湿胀干缩变形还随树种不同而异。一般来说,表观密度大的、夏材含量多的木材,胀缩变形就较大。

图8—6中展示出树材干燥时其横截面上各部位的不同变形情况。由图可知,板材距髓心愈远,由于其横向更接近典型的弦向,因而干燥时收缩愈大,致使板材产生背向髓心的反翘变形。

图8—6　树材干燥时其横截面上各部位的变形情况

1—形成椭圆状;2、3、4—成反翘;5—髓心锯板两头缩小形成纺锤状;6—圆形变成椭圆形;7—与年轮成对角线的
正方形变成菱形;8—两边与年轮平等的正方形变成矩形;9、10—长方形板翘曲;11—径向锯板变形较均匀

木材的湿胀干缩对木材的使用有严重的影响。干缩使木结构构件连接处发生缝隙而致接合松弛、拼缝不严、翘曲开裂，湿胀则造成凸起变形，强度降低。为了避免这种情况，最根本的办法是预先将木材干燥至使用情况下的平衡含水率。

三、木材的密度和表观密度

各木材的分子构造基本相同，因而木材的密度基本相等，平均约为 1550 kg/m³。木材的表观密度较小，一般只有 300～800 kg/m³。木材的密度与表观密度相差较大，因此孔隙率很大，达 50％～80％。

四、木材的力学性质

1. 木材的各种强度

在建筑工程中，结构木材常用的强度有抗压强度、抗拉强度、抗剪强度和抗弯强度。由于木材是非匀质各向异性材料，因而不同的作用力方向将影响木材的各种强度。木材强度的检验是用无疵点的木材制成标准试件，按《木材物理力学试验方法》（GB/T 1928—2009）进行测定的。

（1）抗拉强度

木材的抗拉强度分为顺纹抗拉强度和横纹抗拉强度。

顺纹抗拉强度是木材所有强度中最大的。顺纹抗拉强度即指拉力方向与木材纤维方向一致时的抗拉强度。这种受拉破坏，往往木纤维未被拉断，而纤维间先被撕裂。因为木材纤维间横向连接薄弱，横纹抗拉强度很低，为顺纹抗拉强度的 2.5％～10％，工程中一般不使用。

木材在实际使用中很少用作受拉构件。此外，木材的疵病和缺陷（如木节、斜纹和裂缝等）会严重降低其顺纹抗拉强度。

（2）抗压强度

木材的抗压强度分为顺纹抗压强度和横纹抗压强度。

顺纹抗压强度较高，仅次于顺纹抗拉强度和抗弯强度。顺纹受压破坏是木材细胞壁失去稳定而非纤维的断裂。横纹受压，起初变形与压力成正比关系，超过比例极限后，细胞壁失稳，细胞腔被压扁。因此，木材的横纹抗压强度以使用中所限定的变形量来决定，通常取其比例极限作为为横纹抗压强度极限指标。

木材的横纹抗压强度比木材的顺纹抗压强度低得多，其比值随木纤维构造和树种而异，一般针叶树横纹抗压强度约为顺纹抗压强度的 10％，阔叶树为 15％～20％。

木材的顺纹抗压强度较高，且木材的疵点对其影响较小，因此这种强度在建筑工程中利用最广，常用于柱、桩、斜撑及桁架等承重构件。顺纹抗压强度是确定木材强度等级的依据。

（3）抗弯强度

木材受弯曲作用时内部应力十分复杂，在梁的上部产生顺纹压力，下部为顺纹拉力，而在水平面和垂直面上则有剪切力。木材受弯破坏时，通常在受压区首先达到强度极限，开始形成微小的不明显的皱纹，但不立即破坏，随着外力增大，皱纹慢慢地在受压区扩展，产生大量塑性变形，以后当受拉区域内许多纤维达到强度极限时，则因纤维本身及纤维间连接的断裂而最后破坏。

木材的抗弯强度仅次于顺纹抗拉强度,为顺纹抗压强度的1.5～2.0倍,在建筑工程中常用于地板、梁、桁架等结构中。

(4)抗剪强度

木材受剪切作用时,由于作用力对于木材纤维方向的不同,可分为顺纹剪切、横纹剪切和横纹切断三种,如图8—7所示。顺纹剪切破坏是由于纤维间连接撕裂产生纵向位移和受横纹拉力作用所致;横纹剪切破坏完全是因剪切面中纤维的横向连接被撕裂的结果;横纹切断破坏则是木材纤维被切断,这时强度较大,一般为顺纹剪切的4～5倍。

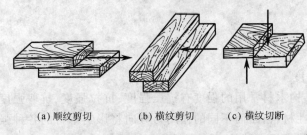

(a)顺纹剪切　　　(b)横纹剪切　　　(c)横纹切断

图8—7　木材的剪切

木材因各向异性,故各种强度差异很大。当以顺纹抗压强度为1时,木材各种强度间的比例关系见表8—1。

表8—1　木材各种强度间的比例关系

抗压强度		抗拉		抗弯	抗剪	
顺纹	横纹	顺纹	横纹		顺纹	横纹切断
1	1/10～1/3	2～3	1/20～1/3	3/2～2	1/7～1/3	1/2～1

2.影响木材强度的主要因素

(1)含水率

木材的含水率在纤维饱和点以内变化时,含水率增加使细胞壁中的木纤维之间的连接力减弱、细胞壁软化,故强度降低;当水分减少使细胞壁比较紧密时,强度增高。

含水率的变化对各强度的影响是不一样的。对顺纹抗压强度和抗弯强度的影响较大,对顺纹抗拉强度和顺纹抗剪强度的影响较小。含水率变化对木材强度的影响(以松木为例)如图8—8所示。

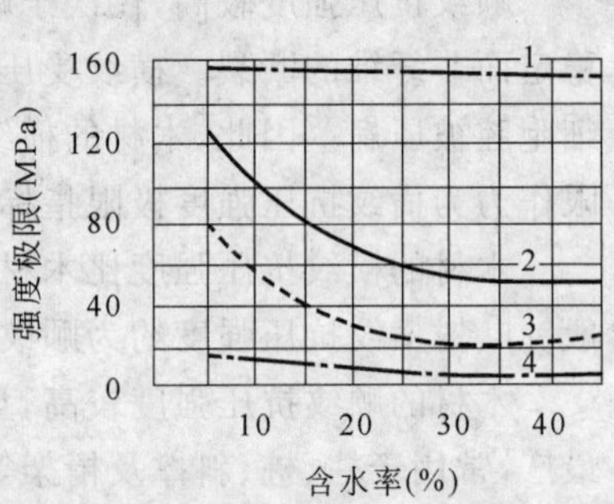

我国规定,测定木材强度以含水率为12%(称木材的标准含水率)时的强度测值作为标准,其他含水率时的测值可按下述公式换算:

$$\sigma_{12}=\sigma_w[1+\alpha(w-12)] \qquad (8-1)$$

图8—8　含水率变化对木材
强度的影响(松木)

式中　σ_{12}——含水率为12%时的木材强度;

σ_w——含水率为w%时的木材强度;

w——试验时的木材含水率;

α——含水率校正系数(随外力作用方式不同而异):顺纹抗压 $\alpha=0.05$;顺纹抗拉 $\alpha=0.015$(针叶树 $\alpha=0$);顺纹抗剪 $\alpha=0.03$;抗弯 $\alpha=0.04$;横纹抗压 $\alpha=0.045$。

我国建筑工程中,常用木材主要物理力学性能如表8—2所示。

表8—2　常用木材主要物理力学性能

树种名称		产地	气干表观密度（kg/m³）	干缩系数		顺纹抗压强度（MPa）	顺纹抗拉强度（MPa）	抗弯强度（MPa）	顺纹抗剪强度（MPa）	
				径向	弦向				径面	弦面
针叶树	杉　木	湖南	371	0.123	0.277	38.8	77.2	63.8	4.2	4.9
		四川	416	0.136	0.286	39.1	93.5	68.4	6.0	5.9
	红松	东北	440	0.122	0.321	32.8	98.1	65.3	6.3	6.9
	马尾松	安徽	533	0.140	0.270	41.9	99.0	80.7	7.3	7.1
	落叶松	东北	641	0.168	0.398	55.7	129.9	109.4	8.5	6.8
	鱼鳞云杉	东北	451	0.171	0.349	42.4	100.9	75.1	6.2	6.5
	冷　杉	四川	433	0.174	0.341	38.8	97.3	70.0	5.0	5.5
阔叶树	柞栎	东北	766	0.199	0.316	55.6	155.4	124.0	11.8	12.9
	麻栎	安徽	930	0.210	0.389	52.1	155.4	128.6	15.9	18.0
	水曲柳	东北	686	0.197	0.353	52.5	138.1	118.6	11.3	10.5
	椰榆	浙江	818	—	—	49.1	149.4	103.8	16.4	18.4

（2）负荷时间

木材的长期承载能力远低于暂时承载能力。这是因为在长期承载情况下,木材会发生纤维等速蠕滑,累积后会产生较大变形而降低承载能力。

木材在长期荷载作用下不致引起破坏的最大强度称为持久强度。木材的持久强度比其极限强度小得多,一般为极限强度的50%～60%,如图8—9所示。一切木结构都处于某一种负荷的长期作用下,因此在设计木结构时,应考虑负荷时间对木材强度的影响。

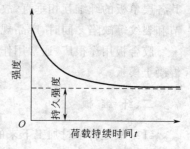

图8—9　木材的持久强度

（3）温　　度

木材随着环境温度的升高强度会降低。当温度由25℃升到50℃时,针叶树的抗拉强度降低10%～15%,抗压强度降低20%～24%。当木材长期处于60～100℃温度下时,会引起水分和所含挥发物的蒸发而呈暗褐色,强度下降,变形增大。温度超过140℃时,木材中的纤维素发生热裂解,色渐变黑,强度明显下降。因此,长期处于高温的建筑物,不宜采用木结构。

（4）疵　　病

木材在生长、采伐及保存过程中,会产生内部和外部的缺陷,这些缺陷统称为疵病。木材的疵病主要有木节、斜纹、腐朽及虫害等,这些疵病将影响木材的力学性质,但同一疵病对木材不同强度的影响不尽相同。

木节分为活节、死节、松软节、腐朽节等几种,其中活节的影响较小。木节使木材顺纹抗拉强度显著降低,对顺纹抗压强度影响较小。在木材受横纹抗压和剪切时,木节反而会增加其强度。

斜纹为木纤维与树轴成一定夹角。斜纹木材会严重降低其顺纹抗拉强度,抗弯强度次之,对顺纹抗压强度则影响较小。裂纹、腐朽、虫害等疵病会造成木材构造的不连续性或破坏其组织,因此严重影响木材的力学性质,有时甚至能使木材完全失去使用价值。

第三节　木材的综合利用

林木生长缓慢,我国又是森林资源贫乏的国家之一,这与我国高速发展的经济建设需用大量木材形成日益突出的矛盾。因此,在建筑工程中,一定要经济合理地使用木材,做到长材不短用,优材不劣用,还应加强对木材的防腐、防火处理,以提高木材的耐久性,延长使用年限。同时,要想方设法充分利用木材的边角碎料,生产各种人造板材,这是对木材进行综合利用的重要途径。

木材经加工成型材以及制作成构件时,将留下大量的碎块废屑,将这些下脚料进行加工处理,或将原木旋切成薄片进行胶合,就可制成各种人造板材。

一、胶合板

胶合板是将原木沿年轮切成大张薄片,再用胶黏合压制而成。木片层数应成奇数,一般为3～13层,胶合时应使相邻木片的纤维互相垂直。所用胶料有动植物胶和耐水性好的酚醛、脲醛等合成树脂胶。

生产胶合板是合理利用、充分节约木材的有效方法,同时还能改善木材的物理力学性能。其特点是:由小直径的原木就能制得宽幅的板材,且板面有美丽的木纹,增加了板的外观美,因其各层单板的纤维互相垂直,故能消除各向异性,得到纵横一样的均匀强度;收缩率小,没有木节和裂纹等缺陷。同时,产品规格化,便于使用。

胶合板用途很广,通常用作隔墙、天花板、门面板、家具及室内装修等。耐水胶合板可用作混凝土模板。

二、纤维板

纤维板是将木材加工下来的板皮、刨花、树枝等废料,经破碎浸泡、研磨成木浆,再加入一定的胶料,经热压成型、干燥处理而成的人造板材,分硬质纤维板、半硬质纤维板和软质纤维板三种。生产纤维板可使木材的利用率达90%以上。

纤维板的特点是材质构造均匀,各向强度一致,抗弯强度高(可达55 MPa),耐磨,绝热性好,不易胀缩和翘曲变形,不腐朽,无木节、虫眼等缺陷。

表观密度大于800 kg/m³的硬质纤维板,强度高,在建筑中应用最广,它可代替木板,主要用作室内壁板、门板、地板、家具等。通常在板表面施以仿木纹油漆处理,可达到以假乱真的效果。半硬质纤维板表观密度为400～800 kg/m³,常制成带有一定孔型的盲孔板,板表面常施以白色涂料,这种板兼具吸声和装饰作用,多用作宾馆等室内顶棚材料。软质纤维板表观密度小于400 kg/m³,适合用作保温隔热材料。

三、刨花板、木丝板、木屑板

刨花板、木丝板和木屑板是利用刨花碎片、短小废料加工刨制的木丝、木屑等,经过干燥、拌以胶料、热压而成的板材。这些板材所用的胶结材料有多种,如动物胶、合成树脂、水泥、氯镁氧水泥等。这类板材一般表观密度较小,强度低,主要用作吸音和绝热材料,但热压树脂刨花板和木屑板,表面粘贴塑料贴面或胶合板作饰面层后,可用作吊顶、隔墙、家具等材料。

第四节　木材的防腐与防火

木材作为建筑材料,其最大的缺点是容易腐朽、虫蛀和易燃,因而会缩短木材的使用年限,使用范围也受到限制。使用中应采取必要的措施以提高木材的耐久性。

一、木材的腐朽

木材腐朽是由真菌侵害所致。引起木材变质腐朽的真菌有三种,即霉菌、变色菌和腐朽菌。霉菌只寄生在木材表面,通常叫发霉,对木材不起破坏作用。变色菌以细胞腔内含物(如淀粉、糖类等)为养料,不破坏细胞壁,所以对木材破坏作用很小。而腐朽菌是以细胞壁为养料,它能分泌出一种酵素,把细胞壁物质分解成简单的养料,供自身生长繁殖,这就使细胞壁致完全破坏,从而使木材腐朽。

真菌在木材中的生存和繁殖,必须同时具备三个条件,即要有适当的水分、空气和温度。当木材的含水率在35%~50%,温度在25~30℃,木材中又存在一定量空气时,最适宜腐朽菌的繁殖,因而木材最易腐朽。如果设法破坏其中一个条件,就能防止木材腐朽。如使木材含水率处于20%以下时,真菌就不易繁殖;将木材完全浸入水中或深埋地下,则因缺氧而不易腐朽。

二、木材防腐措施

根据木材产生腐朽的原因,通常防止木材腐朽的措施有破坏真菌生存的条件和把木材变成有毒的物质两种。

1. 破坏真菌生存的条件

破坏真菌生存条件最常用的办法是使木结构、木制品和储存的木材处于经常保持通风干燥的状态,并对木结构和木制品表面进行油漆处理。油漆涂层既使木材隔绝了空气,又隔绝了水分。由此可知,木材油漆首先是为了防腐,其次才是为了美观。

2. 把木材变成有毒的物质

将化学防腐剂注入木材中,可使真菌无法寄生。木材防腐剂种类很多,一般分水溶性防腐剂、油质防腐剂和膏状防腐剂三类。

木材注入防腐剂的方法有多种,通常有表面涂刷或喷涂法、常压浸渍法、冷热槽浸透法和压力渗透法等,其中表面涂刷或喷涂法简单易行,但防腐剂不能深入木材内部,故防腐效果较差。常压浸渍法是将木材浸入防腐剂中一定时间后取出使用,使防腐剂渗入木材有一定深度,以提高木材的防腐能力。冷热槽浸透法是将木材先浸入热防腐剂中(>90℃)数小时,再迅速移入冷防腐剂中,以获得更好的防腐效果。压力渗透法是将木材放入密闭罐中,抽部分真空,再将防腐剂加压充满罐中,经一定时间后则防腐剂充满木材内部,防腐效果更好,但所需设备较多。

三、木材的防火

所谓木材的防火,就是将木材经过具有阻燃性能的化学物质处理后,变成难燃的材料,以达到遇小火能自熄、遇大火能延缓或阻滞燃烧蔓延的效果,从而赢得扑救的时间。

木材是易燃物质。在热作用下,木材会分解出可燃气体,并放出热量;当温度达到260℃时,即使在无热源的情况下,木材自己也会发焰燃烧,因而木结构设计中将260℃称为木材着火危险温度。木材在火的作用下,外层炭化,结构疏松,内部温度升高、强度降低,当强度低于承载能力时,木结构即被破坏。

为了防止木结构遭受火灾的危险,在设计上应遵守国家现行《建筑设计防火规范》(GB 50016—2013),使木结构与热源保持防火间距或设置防火墙。

采用化学药剂也是木材防火的措施之一。防火剂一般有两类:一类是浸注剂,另一类是防火涂料。其防火原理是化学药剂遇火源时产生隔热层,阻止木材着火燃烧。

复习思考题

1. 木材的主要优缺点有哪些?
2. 影响木材强度的因素有哪些?
3. 木材为什么要做干燥处理?
4. 木材有哪些缺陷?对木质有何影响?
5. 人造板材主要有哪些品种?与天然板材相比,它们有何特点?

第九章　墙体与屋面材料

在房屋建筑中,墙体具有承重、围护和分隔作用。在混合结构建筑中,墙材约占房屋建筑总重的 50%,因此合理选用墙材,对建筑物的功能、安全以及造价等均具有重要意义。目前,用于墙体的材料品种较多,总体可归纳为砌墙砖、砌块、板材等三大类。

屋面是建筑物最上层的防护结构,起着防风雨、保温隔热作用。本章简要介绍各类瓦(板)材。

第一节　砌　墙　砖

凡由黏土、工业废料或其他地方资源为主要原料,以不同工艺制成,在建筑中用于砌筑承重和非承重墙体的砖,统称砌墙砖。

砌墙砖分为普通砖和空心砖两大类。普通砖是孔洞率小于 15% 的砖;而孔洞率等于或大于 15% 的砖为空心砖,其中孔的尺寸小而数量多者又称多孔砖。根据其生产工艺,砌墙砖又有烧结砖和非烧结砖之分。经焙烧制成的砖为烧结砖,如黏土砖、页岩砖、粉煤灰砖等;非烧结砖有碳化砖、常压蒸汽养护(或高压蒸汽养护)硬化而成的蒸养(压)砖(如粉煤灰砖、炉渣砖、灰砂砖等)。为实现材料的可持续发展,实现建筑节能,2003 年 6 月 1 日全国 170 个城市取缔烧结黏土砖,并于 2005 年在全国范围内禁止生产,彻底取缔,墙体材发展以粉煤灰、页岩、炉渣、煤矸石为主要材料的空心砌块及板材。

一、烧　结　砖

1. 烧结普通砖

烧结普通砖是以黏土、页岩、煤矸石、粉煤灰为主要原料经焙烧而成的普通砖。

以黏土为主要原料,经配料、制坯、干燥、焙烧而成的烧结普通砖简称黏土砖(符号为 N)。黏土砖有红砖和青砖两种。焙烧窑中为氧化气氛时,可烧得红砖;若焙烧窑中为还原气氛,红色的高价氧化铁被还原为青灰色的低价氧化铁时,则所烧得的砖呈现青色。青砖较红砖耐碱,而且耐久性较好。

由于在焙烧时窑内温度分布(火候)不均匀,因此除了正火砖(合格品)外,还常出现欠火砖和过火砖。欠火砖色浅,敲击声音发哑,吸水率大,强度低,耐久性差;过火砖颜色深,敲击时声音清脆,吸水率低,强度较高,但有弯曲变形。欠火砖及过火砖均属不合格产品。

(1)烧结普通砖的技术性能指标

①尺寸规格

烧结普通砖的标准尺寸是 240 mm×115 mm×53 mm。通常将 240 mm×115 mm 面称为大面,240 mm×53 mm 面称为条面,115 mm×53 mm 面称为顶面。4 块砖长、8 块砖宽、16 块砖厚,再加上砌筑灰缝(10 mm),长度均为 1 m,1 m³ 砖砌体需用砖 512 块。

②表观密度

烧结普通砖的表观密度因原料和生产方式不同而异,一般为 1600~1800 kg/m³。

③吸水率

砖的吸水率反映了其孔隙率的大小和孔隙构造特征,它与砖的焙烧程度有关。欠火砖吸水率大,过火砖吸水率小,一般吸水率为 8%~16%。

④强度等级

烧结普通砖按抗压强度分为 MU30、MU25、MU20、MU15 和 MU10 五个强度等级。在评定强度等级时,若强度变异系数 $\delta \leqslant 0.21$,采用平均值—标准值法;若强度变异系数 $\delta > 0.21$,则采用平均值—最小值法。各等级烧结普通砖的强度标准如表 9—1 所示。

表 9—1　烧结普通砖强度等级(《烧结普通砖》GB 5101—2003)

强度等级	抗压强度平均值(MPa)	变异系数 $\delta \leqslant 0.21$ 时强度标准值(MPa)	变异系数 $\delta > 0.21$ 时单块最小抗压强度值(MPa)
MU30	≥30.0	≥22.0	25.0
MU25	≥25.0	≥18.0	22.0
MU20	≥20.0	≥14.0	16.0
MU15	≥15.0	≥10.0	12.0
MU10	≥10.0	≥6.5	7.5

⑤抗风化性能

抗风化性能是指在干湿变化、温度变化、冻融变化等物理因素作用下材料不破坏并长期保持原有性质的能力,它是材料耐久性的重要内容之一。显然,地域不同,风化作用程度就不同。

⑥质量等级

强度、抗风化性能和放射性物质合格的砖,根据尺寸偏差、外观质量、泛霜和石灰爆裂等指标,分为优等品(A)、一等品(B)、合格品(C)等三个质量等级。烧结普通砖的质量等级标准如表 9—2 所示。

表 9—2　焙烧普通砖的质量等级(GB 5101—2003)

项　　目	优等品		一等品		合格品	
	样本平均偏差	样本极差	样本平均偏差	样本极差	样本平均偏差	样本极差
(1)尺寸偏差(mm)						
长度 240 mm	±2.0	≤6	±2.5	≤7	±3.0	≤8
宽度 115 mm	±1.5	≤5	±2.0	≤6	±2.5	≤7
高度 53 mm	±1.5	≤4	±1.6	≤5	±2.0	≤6
(2)外观质量						
两条面高度差(mm)	≤2		≤3		≤4	
弯曲(mm)	≤2		≤3		≤4	
杂质凸出高度(mm)	≤2		≤3		≤4	
缺棱掉角的三个破坏尺寸(mm)(不得同时大于)	5		20		30	
裂纹长度						

续上表

项　目	优等品		一等品		合格品	
	样本平均偏差	样本极差	样本平均偏差	样本极差	样本平均偏差	样本极差
①大面上宽度方向及其延伸至条面的长度(mm)	≤30		≤60		≤80	
②大面上长度方向及其延伸至顶面或条面上水平裂纹的长度(mm)	≤50		≤80		≤100	
完整面(不得少于)	二条面和二顶面		一条面和一顶面			
颜色	基本一致		—			
(3)泛霜	无泛霜		不允许出现中等泛霜		不允许出现严重泛霜	
(4)石灰爆裂	不允许出现最大破坏尺寸>2 mm的爆裂区域		①最大破坏尺寸>2 mm且≤10 mm的爆裂区域,每组样砖不得多于15处 ②不允许出现最大破坏尺寸>10 mm的爆裂区域		①最大破坏尺寸>2 mm且≤15 mm的爆裂区域,每组样砖不得多于15处,其中>10 mm的不得多于7处 ②不允许出现最大破坏尺寸>15 mm的爆裂区域	

泛霜(也叫起霜、盐析、盐霜等)是指可溶性盐类(如硫酸钠等盐类)在砖或砌块表面的析出现象,一般呈白色粉末、絮团或絮片状。这些结晶的粉状物不仅有损于建筑物的外观,而且结晶膨胀也会引起砖表层的酥松,甚至剥落。

石灰爆裂是指烧结砖的砂质黏土原料中夹杂着石灰石,焙烧时被烧成生石灰块,在使用过程中会吸水消化成消石灰,体积膨胀约98%,产生内应力导致砖块裂缝,严重时甚至使砖砌体强度降低,直至破坏。

(2)烧结普通砖的优缺点及应用

烧结普通砖具有一定的强度,较好的耐久性及隔热、隔声、价格低廉等优点,加之原料广泛、工艺简单,是应用最久、应用范围最为广泛的墙体材料。另外,烧结普通砖也可用来砌筑柱、拱、烟囱、地面及基础等,还可与轻骨料混凝土、加气混凝土、岩棉等复合砌筑成各种轻质墙体,在砌体中配置适当钢筋或钢丝网制作柱、过梁等,可代替钢筋混凝土柱、过梁使用。烧结普通砖优等品用于清水墙的砌筑,一等品、合格品可用于混水墙的砌筑。中等泛霜的砖不能用于潮湿部位。

黏土砖的缺点是制砖取土,大量毁坏农田。砖自重大,烧砖能耗高,成品尺寸小,施工效率低,抗震性能差等。所以,我国正大力推广墙体材料改革,以空心砖、工业废渣砖及砌块、轻质板材来代替实心黏土砖。

2. 烧结多孔砖和烧结空心砖

用多孔砖和空心砖代替实心砖可使建筑物自重减轻1/3左右,节约黏土20%~30%,节省燃料10%~20%,且烧成率高,造价降低20%,施工效率提高40%,并能改善砖的绝热和隔声性能,在相同的热工性能要求下,用空心砖砌筑的墙体厚度可减薄半砖左右。所以,推广使用多孔砖、空心砖也是加快我国墙体材料改革、促进墙体材料工业技术进步的措施之一。

(1)烧结多孔砖

烧结多孔砖是孔洞率等于或大于15%,孔的尺寸小而数量多的烧结砖,常用于建筑物承重部位。多孔砖外形为直角六面体,其长度、宽度、高度应符合下列要求:290 mm、240 mm、190 mm、180 mm、175 mm、140 mm、115 mm、90 mm。其他规格尺寸由供需双方商定。其孔洞尺寸为:圆孔直径≤22 mm,非圆孔内切圆直径≤15 mm;手抓孔(30～40)mm×(75～85)mm,如图9—1所示。

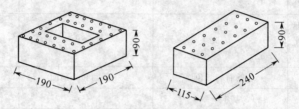

图9—1　烧结多孔砖(单位:mm)

多孔砖根据其抗压强度分为 MU30、MU25、MU20、MU15、MU10 五个强度等级。各产品等级的强度值均应不低于国家标准的规定,如表9—3所示。

表9—3　烧结多孔砖各产品等级的强度指标(《烧结多孔砖和多孔砌块》GB 13544—2011)

强度等级	抗压强度平均值(MPa)	变异系数 $\delta \leqslant 0.21$ 时 强度标准值(MPa)	变异系数 $\delta > 0.21$ 时 单块最小抗压强度值(MPa)
MU30	≥30.0	≥22.0	25.0
MU25	≥25.0	≥18.0	22.0
MU20	≥20.0	≥14.0	16.0
MU15	≥15.0	≥10.0	12.0
MU10	≥10.0	≥6.5	7.5

强度和抗风化性能合格的多孔砖根据其耐久性、外观质量和尺寸偏差分为优等品(A)、一等品(B)、合格品(C)三个等级。

烧结多孔砖主要用于六层以下建筑物的承重墙体。

(2)烧结空心砖和空心砌块

烧结空心砖和空心砌块是以黏土、页岩、煤矸石为主要原料,经焙烧而成的孔洞率等于或大于40%的砖。孔的尺寸大而数量少,且平行于大面和条面,一般用于砌筑填充墙或非承重墙。

烧结空心砖和空心砌块外形为直角六面体(图9—2),其长度、宽度、高度应符合下列要求:390 mm、290 mm、240 mm、190 mm、180 mm、140 mm、115 mm、90 mm。其他规格尺寸由供需双方商定。

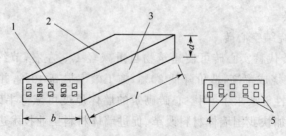

图9—2　烧结空心砖和空心砌块示意图

1—顶面;2—大面;3—条面;4—肋;5—外壁;l—长度;b—宽度;d—高度

空心砖的长度、宽度、高度有两个系列：①290 mm、190 mm、90 mm；②290 mm、290 mm、190 mm。

若长度、宽度或高度有一项或一项以上分别大于 365 mm、240 mm 或 115 mm，则称为烧结空心砌块。砖或砌块的壁厚应大于 10 mm，肋厚应大于 7 mm。

根据国家标准的规定，砖或砌块按其表观密度的不同分为 800、900、1000、1100 四个密度级别，如表 9—4 所示。

表 9—4　烧结空心砖密度级别的划分（《烧结空心砖和空心砌块》GB 13545—2003）

密度级别	五块砖的平均密度值（kg/m³）
800	≤800
900	801～900
1000	901～1 000
1 100	1 001～1 100

强度、密度、抗风化性能和放射性物质合格的烧结空心砖，根据其孔洞及其排列、尺寸偏差、外观质量、泛霜、石灰爆裂、吸水率等分为优等品（A）、一等品（B）、合格品（C）等三个产品等级。空心砖和空心砌块的强度如表 9—5 所示。

表 9—5　烧结空心砖和空心砌块的强度等级（GB 13545—2003）

强度等级	抗压强度（MPa）			密度等级范围（kg/m³）
	抗压强度平均值	变异系数 $\delta \leq 0.21$ 时强度标准值	变异系数 $\delta > 0.21$ 时单块最小抗压强度值	
MU10.0	≥10.0	≥7.0	8.0	≤1 100
MU7.5	≥7.5	≥5.0	5.8	
MU5.0	≥5.0	≥3.5	4.0	
MU3.5	≥3.5	≥2.5	2.8	
MU2.5	≥2.5	≥1.6	1.8	≤800

烧结空心砖自重较轻，强度较低，主要用作非承重墙，如多层建筑内隔墙或框架结构的填充墙等。

3. 烧结页岩砖

页岩经破碎、粉磨、配料、成型、干燥和焙烧等工艺制成的砖，称烧结页岩砖。生产这种砖可完全不用黏土，配料调制时所需水分较少，有利于砖坯干燥。由于其表观密度比普通黏土砖大，约为 1 500～2 750 kg/m³，为减轻自重，宜制成空心烧结砖。这种砖颜色与普通砖相似，抗压强度为 7.5～15 MPa，吸水率为 20％左右。页岩砖的质量标准与检验方法及应用范围均与普通砖相同。

4. 其他黏土质烧结砖

在烧制普通砖时，为了节省黏土，可利用粉煤灰、煤矸石等成分及性质与黏土相似的工业废料，以部分或全部取代黏土作为制砖原料。用这些原料烧成的砖，目前主要有烧结煤矸石砖和烧结粉煤灰砖等。由于这些工业废料中均含有一部分可燃物质，能在砖坯内燃烧，故可以节省大量燃料煤，是充分利用工业废料的有效途径。这类砖亦称内燃砖或半内燃砖。

（1）烧结煤矸石砖

采煤和洗煤时,被剔除的大量煤矸石,其成分与烧砖用的黏土相似。煤矸石经粉碎后,根据其含碳量和可塑性进行适当配料后即可制砖,焙烧时基本不需外投煤。这种砖比一般单靠外部燃料烧的砖可节省用煤量 $50\%\sim60\%$,并可节省大量的黏土原料。烧结煤矸石砖的表观密度一般为 $1\,400\sim1\,650$ kg/m³,比普通砖稍轻,颜色略淡,抗压强度一般为 $10\sim20$ MPa,抗折强度为 $2.3\sim5$ MPa,吸水率为 15.5% 左右,能经受 15 次冻融循环而不破坏。在一般工业与民用建筑中,煤矸石砖完全能代替普通砖使用。此外,煤矸石也可用于生产烧结空心砖。

（2）烧结粉煤灰砖

烧结粉煤灰砖是以粉煤灰为主要原料,经配料、成型、干燥、焙烧而制成。由于粉煤灰塑性差,通常掺用适量黏土作黏结料,以增加塑性。配料时,粉煤灰的用量可达 50% 左右。这类烧结砖为半内燃砖,其表观密度较小,约为 $1\,300\sim1\,400$ kg/m³,颜色从淡红至深红,抗压强度为 $10\sim15$ MPa,抗折强度为 $3.0\sim4.0$ MPa,吸水率为 20% 左右,能满足砖的抗冻性要求。烧结粉煤灰砖可代替普通砖用于一般的工业与民用建筑中。

二、非烧结砖

不经焙烧而制成的砖均为非烧结砖,如碳化砖、免烧免蒸砖、蒸养(压)砖等。目前,应用较广的是蒸养(压)砖。这类砖是以含钙材料(石灰、电石渣等)和含硅材料(砂子、粉煤灰、煤矸石灰渣、炉渣等)与水拌和,经压制成型,在自然条件下或人工热合成条件(蒸养或蒸压)下,反应生成以水化硅酸钙、水化铝酸钙为主要胶结料的硅酸盐建筑制品。非烧结砖的主要品种有灰砂砖、粉煤灰砖、炉渣砖等。

1. 蒸压灰砂砖

蒸压灰砂转是以石灰、砂子为原料(也可加入着色剂或掺合剂),经配料、拌和、压制成型和蒸压养护($175\sim191℃$,$0.8\sim1.2$ MPa 的饱和蒸汽)制成的,用料中石灰约占 $10\%\sim20\%$。

灰砂砖的尺寸规格与烧结普通砖相同,为 240 mm×115 mm×53 mm。其表观密度为 $1\,800\sim1\,900$ kg/m³,导热系数约为 0.61 W/(m·K)。根据产品的尺寸偏差和外观分为优等品(A)、一等品(B)、合格品(C)三个产品等级。

按《蒸压灰砂砖》(GB 11945—1999)的规定,根据砖浸水 24 h 后的抗压强度和抗折强度分为 MU25、MU20、MU15、MU10 四个强度等级。各等级的抗折强度和抗压强度值及抗冻性指标应符合表 9—6 的规定。

表 9—6　蒸压灰砂砖强度指标和抗冻性指标(GB 11945—1999)

强度等级	抗压强度(MPa)		抗折强度(MPa)		抗冻性指标	
	平均值	单块值	平均值	单块值	冻后抗压强度(MPa)平均值	单块砖的干质量损失(%)
MU25	≥25.0	≥20.0	≥5.0	≥4.0	≥20.0	≤2.0
MU20	≥20.0	≥16.0	≥4.0	≥3.2	≥16.0	≤2.0
MU15	≥15.0	≥12.0	≥3.3	≥2.6	≥12.0	≤2.0
MU10	≥10.0	≥8.0	≥2.5	≥2.0	≥8.0	≤2.0

灰砂砖有彩色(Co)和本色(N)两类。灰砂砖产品采用产品名称(LSB)、颜色、强度等级、

标准编号的顺序标记,如 MU20,优等品的彩色灰砂砖,其产品标记为 LSB Co 20A GB11945。MU15、MU20、MU25 的砖可用于基础及其他建筑;MU10 的砖仅可用于防潮层以上的建筑。灰砂砖不得用于长期受热(200℃以上)、受急冷急热和有酸性介质侵蚀的建筑部位,也不宜用于有流水冲刷的部位。

2. 蒸压(养)粉煤灰砖

粉煤灰砖是利用电厂废料粉煤灰为主要原料,掺入适量的石灰和石膏或再加入部分炉渣等,经配料、拌和、压制成型、常压或高压蒸汽养护而成的实心砖。其外形尺寸同普通砖,即长 240 mm、宽 115 mm、高 53 mm,呈深灰色,表观密度约为 1 500 kg/m³。

根据《粉煤灰砖》(JC 239—2001)规定的抗压强度和抗折强度,分为 MU20、MU15、MU10、MU7.5 四个强度等级。各等级的强度值及抗冻性应符合表 9—7 的规定,优等品的强度等级应不低于 MU15,一等品的强度等级应不低于 MU10。干燥收缩率:优等品应不大于 0.60 mm/m,一等品应不大于 0.75 mm/m,合格品应不大于 0.85 mm/m。

表 9—7 粉煤灰砖强度指标和抗冻性指标(JC 239—2001)

强度等级	抗压强度(MPa)		抗折强度(MPa)		抗冻性指标	
	10 块平均值	单块值	10 块平均值	单块值	抗冻强度(MPa)平均值	单块砖的干质量损失(%)
MU20	≥20.0	≥15.0	≥4.0	≥3.0	≥16.0	≤2.0
MU15	≥15.0	≥11.0	≥3.2	≥2.4	≥12.0	≤2.0
MU10	≥10.0	≥7.5	≥2.5	≥1.9	≥8.0	≤2.0
MU7.5	≥7.5	≥5.6	≥2.0	≥1.5	≥6.0	≤2.0

粉煤灰砖可用于工业与民用建筑的墙体和基础,但用于基础或易受冻融和干湿交替作用的建筑部位时,必须使用一等品。粉煤灰砖不得用于长期受热(200℃以上)、受急冷急热和有酸性介质侵蚀的建筑部位。为避免或减少收缩裂缝的产生,用粉煤灰砖砌筑的建筑物,应适当增设圈梁及伸缩缝。

3. 炉渣砖

炉渣砖是以煤燃烧后的炉渣为主要原料,加入适量的石灰或电石渣、石膏等材料经混合、搅拌、成型、蒸汽养护等制成的砖。其尺寸规格与普通砖相同,呈黑灰色,表观密度为 1 500～2 000 kg/m³,吸水率为 6%～19%。按其抗压强度和抗折强度分为 MU20、MU15、MU10 三个强度等级。各级砖的强度指标应满足表 9—8 的要求。该类砖可用于一般工程的内墙和非承重外墙,但不得用于高温、受急冷急热交替作用或有酸性介质侵蚀的部位。

表 9—8 炉渣砖的强度指标

强度等级	抗压强度(MPa)		抗折强度(MPa)	
	样组砖的平均值	单块最小值	样组砖的平均值	单块最小值
MU20	≥20	≥15	≥9.1	≥2.0
MU15	≥15	≥11	≥2.3	≥1.3
MU10	≥10	≥7.5	≥1.8	≥1.1

第二节 墙用砌块

砌块是形体大于砌墙砖的人造砌筑块材,一般为直角六面体。按产品规格尺寸,砌块可分为大型砌块(高度大于 980 mm)、中型砌块(高度为 380～980 mm)和小型砌块(高度大于 115 mm,小于 380 mm)。砌块高度一般不大于长度或宽度的 6 倍,长度不超过高度的 3 倍。根据需要,也可生产各种异形砌块。

砌块是一种新型墙体材料,可以充分利用地方资源和工业废渣,并可节省黏土资源和改善环境。它具有生产工艺简单、原料来源广、适应性强、制作及使用方便、可改善墙体功能等特点,因此发展较快。

砌块的分类方法很多,按其用途可分为承重砌块和非承重砌块,按其有无孔洞分为实心砌块(无孔洞或空心率小于 25%)和空心砌块(空心率≥25%),按其材质又可分为硅酸盐砌块、轻骨料混凝土砌块、加气混凝土砌块、混凝土砌块等。本节简介几种常用的砌块。

一、蒸压加气混凝土砌块

蒸压加气混凝土砌块是以钙质材料(水泥、石灰等)和硅质材料(砂、矿渣、粉煤灰等)以及加气剂(铝粉)等,经配料、搅拌、浇筑、发气(由化学反应形成孔隙)、预养切割、蒸汽养护等工艺过程制成的多孔硅酸盐砌块。

蒸压加气混凝土砌块按其养护方法分为蒸养加气混凝土砌块和蒸压加气混凝土砌块两种。按其原材料的种类,蒸压加气混凝土砌块主要分为蒸压水泥—石灰—砂加气混凝土砌块、蒸压水泥—石灰—粉煤灰加气混凝土砌块、蒸压水泥—矿渣—砂加气混凝土砌块、蒸压水泥—石灰—尾矿加气混凝土砌块、蒸压水泥—石灰—沸腾炉渣加气混凝土砌块、蒸压水泥—石灰—煤矸石加气混凝土砌块、蒸压石灰—粉煤灰加气混凝土砌块等。

1. 砌块的尺寸规格

砌块公称尺寸的长度 L 为 600 mm,宽度 B 有 100 mm、125 mm、150 mm、200 mm、250 mm、300 mm 及 120 mm、180 mm、240 mm,高度 H 有 200 mm、250 mm、300 mm 等多种规格。

2. 砌块等级

(1)砌块的强度等级

根据《蒸压加气混凝土砌块》(GB 11968—2006)的规定,按抗压强度,砌块分为 A1.0、A2.0、A2.5、A3.5、A5.0、A7.5、A10.0 七个级别。各等级砌块的立方体抗压强度值不得小于表 9—9 的规定。

表 9—9　砌块的抗压强度(GB 11968—2006)

强度级别	立方体抗压强度(MPa)	
	平均值不小于	单块最小值不小于
A1.0	1.0	0.8
A2.0	2.0	1.6
A2.5	2.5	2.0
A3.5	3.5	2.8

强度级别	立方体抗压强度（MPa）	
	平均值不小于	单块最小值不小于
A5.0	5.0	4.0
A7.5	7.5	6.0
A10.0	10.0	8.0

（2）砌块的体积密度等级

按砌块的干体积密度，划分为 B03、B04、B05、B06、B07、B08 六个级别。各级别砌块的密度值应符合表 9－10 的规定。

表 9－10　砌块的干密度（GB 11968－2006）

干密度级别		B03	B04	B05	B06	B07	B08
干密度（kg/m³）	优等品（A）≤	300	400	500	600	700	800
	合格品（C）≤	350	450	550	650	750	850

（3）砌块质量等级

砌块按尺寸偏差与外观质量、体积密度和抗压强度分为：优等品和合格品两个等级。各级砌块的体积密度和相应的强度应符合表 9－11 的规定。

表 9－11　砌块的质量等级（GB 11968—2006）

干密度级别		B03	B04	B05	B06	B07	B08
强度级别	优等品	A1.0	A2.0	A3.5	A5.0	A7.5	A10.0
	合格品			A2.5	A3.5	A5.0	A7.5

3. 蒸压加气混凝土砌块的抗冻性

蒸压加气混凝土的抗冻性、收缩性和导热性应符合表 9－12 的规定。

表 9－12　干燥收缩、抗冻性和导热系数（GB 11968—2006）

体积密度级别			B03	B04	B05	B06	B07	B08
干燥收缩值	标准法，≤	mm/m	0.50					
	快速法，≤		0.80					
抗冻性	质量损失（%），≤		5.0					
	冻后强度（MPa）≥	优等品（A）	0.8	1.6	2.8	4.0	6.0	8.0
		合格品（B）			2.0	2.8	4.0	6.0
导热系数（干态）[W/(m·K)]，≤			0.10	0.12	0.14	0.15	0.18	0.20

4. 粉煤灰加气混凝土砌块的应用

加气混凝土砌块质量轻，表观密度约为黏土砖的 1/3，具有保温、隔热、隔音性能好、抗震性强、导热系数低、耐火性好、易于加工、施工方便等特点，是应用较多的轻质墙体材料之一，适用于低层建筑的承重墙、多层建筑的间隔墙和高层框架结构的填充墙，也可用于一般建筑的围护墙。在无可靠的防护措施时,该类砌块不得用在处于水中或高湿度和有侵蚀介质的环境中,也不得用于建筑物的基础和温度长期高于80℃的建筑部位。

二、普通混凝土小型空心砌块

普通混凝土小型空心砌块以普通混凝土拌和物为原料,经成型、养护而成的空心块体墙材,有承重砌块和非承重砌块两类。为减轻自重,非承重砌块可用炉渣或其他轻质骨料配制。根据其外观质量和尺寸偏差,普通混凝土小型空心砌块分为优等品(A)、一等品(B)、合格品(C)三个质量等级。其强度等级分为 MU3.5、MU5.0、MU7.5、MU10.0、MU15.0、MU20.0。砌块的主规格尺寸为 390 mm×190 mm×190 mm,其他规格尺寸可由供需双方协商。砌块的最小外壁厚应不小于 30 mm,最小肋厚应不小于 25 mm,空心率应不小于 25%。小型空心砌块各部位名称如图9—3所示。

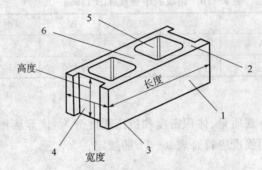

图9—3　小型空心砌块砌块各部位的名称

1—条面;2—坐浆面(肋厚较小面);3—铺浆面(肋厚较大面);4—顶面;5—壁;6—肋

这类小型砌块适用于地震设计烈度为8度和8度以下地区的一般民用与工业建筑物的墙体。

三、混凝土中型空心砌块

中型空心砌块是以水泥或无熟料水泥为原料,配以一定比例的骨料制成的空心率≥25%的制品。其尺寸规格为长度 500 mm、600 mm、800 mm、1000 mm,宽度 200 mm、240 mm,高度 400 mm、450 mm、800 mm、900 mm。砌块的构造如图9—4所示。

用无熟料水泥或少许熟料水泥配制的砌块属硅酸盐类制品,生产中应通过蒸汽养护或相关的技术措施以提高产品质量。

中型水泥混凝土空心砌块分为 MU3.5、MU5.0、MU7.5、MU10.0 和 MU15.0 等五个强度等级。

中型空心砌块具有表观密度小、强度较高、生产简单、施工方便等特点,适用于民用与一般工业建筑物的墙体。

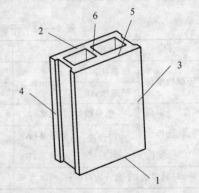

图9—4　中型空心砌块的构造示意图

1—铺浆面;2—坐浆面;3—侧面;

4—端面;5—壁;6—肋

四、企口空心混凝土砌块

企口空心混凝土砌块是采用最大粒径为 6 mm 的小石子配成干硬性混合料,经振动加压成型、自然养护而成,要求形状规整、企口尺寸准确,便于不用砂浆进行干砌(拼装)。例如,在北欧、东南亚等地区,就有采用该种无砂浆企口型混凝土空心砌块体系直接搭建的房屋。

企口空心混凝土砌块有质量轻、强度较高、耐火和耐冻性较好、制作简单、施工迅速等优点,适用于五层和五层以下的承重墙,或五层以上的非承重墙。作承重墙时,可浇筑混凝土角柱或圈梁,以提高抗震抗风能力。砌块空腔中可充填保温材料,以提高墙体的热工作性能或安装水电线路,也可作大跨度的临时隔墙和围墙等。

第三节　墙用板材

随着建筑结构体系改革和大开间多功能框架结构的发展,各种轻质和复合板材的应用逐渐增多。以板材为围护墙体的建筑体系,质轻、节能、施工方便快捷、使用面积大、开间布置灵活等,具有良好的发展前景。我国目前可用于墙体的板材较多,有承重用的预制混凝土大板、质量较轻的石膏板和加气硅酸盐板、各种植物纤维板及轻质多功能复合板材等。本节介绍几种具有代表性的板材。

一、水泥类墙用板材

水泥类墙用板材具有较好的力学性能和耐久性,生产技术成熟,产品质量可靠,可用于承重墙、外墙和复合墙板的外层面。其主要缺点是表观密度大,抗拉强度低。生产中可用作预应力空心板材,以减轻自重和改善隔音隔热性能,也可制作以纤维等增强的薄型板材,还可在水泥类板材上制作成具有装饰效果的表面层(如花纹线条装饰、露骨料装饰、着色装饰等)。

1. 预应力混凝土空心墙板

预应力混凝土空心墙板使用时可按要求配置以保温层、外饰面层和防水层等。该类板的长度为 1 000～1 900 mm,宽度为 600～1 200 mm,总厚度为 200～480 mm,可用于承重或非承重外墙板、内墙板、楼板、屋面板和阳台板等。

2. 玻璃纤维增强水泥(GRC)空心轻质墙板

玻璃纤维增强水泥空心板是以低碱水泥为胶结料,抗碱玻璃纤维或其网格布为增强材料,膨胀珍珠岩为骨料(也可用炉渣、粉煤灰等),并配以发泡剂和防水剂等,经配料、搅拌、浇筑、振动成型、脱水、养护而成。该空心板长度为 3 000 mm,宽度为 600 mm,厚度为 60 mm、90 mm、120 mm。

GRC 空心轻质墙板的优点是质轻、强度高、隔热、隔声、不燃、加工方便等,可用于工业和民用建筑的内隔墙及复合墙体的外墙面。

3. 纤维增强水泥平板(TK 板)

纤维增强水泥平板是以低碱水泥、耐碱玻璃纤维为主要原料,加水混合成浆,经圆网机抄取制坯、压制、蒸养而成的薄型平板。其长度为 1 200～3 000 mm,宽度为 800～900 mm,厚度为 4 mm、5 mm、6 mm 和 8 mm。

TK 板的质量轻、强度高、防潮、放火、不易变形、可加工性(锯、钻、钉及表面装饰等)好,适用于各类建筑物的复合外墙和内隔墙,特别是高层建筑有防火、防潮要求的隔墙。

4. 水泥木丝板

水泥木丝板是以木材下脚料经机器刨切成均匀木丝,加入水泥、水玻璃等经成型、冷压、养护、干燥而成的薄型建筑平板,具有自重轻、强度高、防火、防水、防蛀、保温、隔音等性能,可进行锯、钻、钉、装饰等加工,主要用于建筑物的内外墙板、天花板、壁橱板等。

5. 水泥刨花板

水泥刨花板以水泥和木材加工的下脚料——刨花为主要原料,加入适量水和化学助剂,经搅拌、成型、加压、养护而成,其性能和用途如水泥木丝板。

6. 其他水泥类板材

除上述水泥类墙板外,还有钢丝网水泥板、水泥木屑板、纤维增强硅酸钙板、玻璃纤维增强水泥轻质多孔隔墙条板、维纶纤维增强水泥平板等,均可用于墙体或复合墙板的组合板材。

二、石膏类墙用板材

石膏制品有许多优点。石膏类板材在轻质墙体材料中占有很大比例,主要有纸面石膏板、无面纸的石膏纤维板、石膏空心板和石膏刨花板等。

1. 纸面石膏板

纸面石膏板是以石膏芯材及与其牢固结合在一起的护面纸组成,分普通型、耐水型和耐火型三种。以建筑石膏及适量纤维类增强材料和外加剂为中心材,与具有一定强度的护面纸组成的石膏板为普通纸面石膏板;若在中心配料中加入防水、防潮外加剂,并用耐水护面纸,即可制成耐水纸面石膏板;若在配料中加入无机耐火纤维和阻燃剂等,即可制成耐火纸面石膏板。

纸面石膏板具有自重轻、保温隔热、隔声、防火、抗震,可调节室内湿度,加工性好,施工简便等优点,但用纸量较大,成本较高。

普通纸面石膏板可作为是内隔墙板、复合外墙板的内壁板、天花板等。耐水性板可用于相对湿度较大(≥75%)的环境,如厕所、盥洗室等。耐火型纸面石膏板主要用于对防火要求较高的房屋建筑中。

2. 石膏纤维板

石膏纤维板是以纤维增强石膏为基材的无面纸石膏板,用无机纤维或有机纤维与建筑石膏、缓凝剂等经打浆、铺装、脱水、成型、烘干而成,可节省护面纸,具有质轻、高强、耐火、隔声、韧性高,可加工性好。其尺寸规格和用途与纸面石膏板相同。

3. 石膏空心板

石膏空心板的外形与生产方式类似于水泥混凝土空心板,它是以熟石膏为胶凝材料,适量加入各种轻质骨料(如膨胀珍珠岩、膨胀蛭石等)和改性材料(如矿渣、粉煤灰、石灰、外加剂等),经搅拌、振动成型、抽芯模、干燥而成。其长度为 2 500~3 000 mm,宽度为 500~600 mm,厚度为 60~90 mm。该板生产时不用纸,不用胶,安装墙体时不用龙骨,设备简单,较易投产。

石膏空心板具有质轻、比强度高、隔热、隔声、防火、可加工性好等优点,且安装方便,适用于各类建筑的非承重内隔墙,但若用于相对湿度大于75%的环境中,则板材表面应作防水等相应处理。

4. 石膏刨花板

石膏刨花板是以熟石膏为胶凝材料,以木质刨花为增强材料,添加所需的辅助材料,经配合、搅拌、铺装、压制而成,具有上述石膏板材的优点,适用于非承重隔墙和做装饰板材的基材板。

三、植物纤维类板材

随着农业的发展,农作物的废弃物(如稻草、麦秸、玉米秆、甘蔗渣等)随之增多,但各种废弃物如适当处理,则可制成各种板材。中国是农业大国,农作物资源丰富,该类产品应该得到发展和推广。

1. 稻草(麦秸)板

稻草板生产的主要原料是稻草或麦秸、板纸和脲醛树脂胶等。其生产方法是将干燥的稻草热压成密实的板芯,在板芯两面及四个侧边用胶贴上一层完整的面纸,经加热固化而成。板芯内不加任何黏结剂,只利用稻草之间的缠绞拧编与压合形成密实并有相当刚度的板材。

2. 稻 壳 板

稻壳板是以稻壳与合成树脂为原料,经配料、混合、铺装、热压而成的中密度平板,可用脲醛胶和聚酯酸乙烯胶粘贴,表面可涂刷酚醛清漆或用薄木贴面加以修饰,可作为内隔墙及室内各种隔断板和壁橱(柜)隔板等。

3. 蔗 渣 板

蔗渣板是以甘蔗渣为主要原料,经加工、混合、铺装、热压成型而成的平板。该板生产时可不用胶而利用甘蔗渣本身含有的物质热压时转化成呋喃系树脂而起胶结作用,也可用合成树脂胶结成有胶蔗渣板。

4. 麻 屑 板

麻屑板是以亚麻杆茎为原料,经破碎后加入合成树脂、防水剂、固化剂等,混合、铺装、热压固化、修边、研光等工序制成。

四、复合墙板

以单一材料制成的板材,常因材料本身的局限性而使其应用受到限制。如质量较轻、隔热、隔声效果较好的石膏板、加气混凝土板、稻草板等,因其耐水性差或强度较低,通常只能用于非承重墙的内隔墙。而水泥混凝土类板材虽有足够的强度和耐久性,但其自重太大,隔声保温性能较差。为克服上述缺点,常用不同材料组合成多功能的复合墙板以满足需要。

常用的复合墙板主要由承受(或传递)外力的结构层(多为普通混凝土或金属板)和保温层(矿棉、泡沫塑料、加气混凝土等)及面层(各类具有可装饰性的轻质薄板)组成。其优点是承重材料和轻质保温材料的功能都得到合理利用。

1. 混凝土夹心板

混凝土夹心板以 20～30 mm 厚的钢筋混凝土作内外表面层,中间填以矿渣毡或岩棉毡、泡沫混凝土等保温材料,夹层厚度视热工计算而定。内外两层板以钢筋件连接,用于内外墙。

2. 泰柏墙板

泰柏板是以直径为 2.06 mm 的钢丝焊接成的三维钢丝网骨架与高热阻聚苯乙烯泡沫塑料组成的芯板材,两面喷(抹)涂水泥砂浆而成。

该类板轻质高强,隔热隔声,防火、防潮、防震,耐久性好,易加工,施工方便,适用于自承重外墙、内隔墙、屋面板、3 m 跨内的楼板等。

3. 轻型夹心板

该类板是用轻质高强的薄板为外层,中间以轻质的保温隔热材料为芯材组成的复合板。用于外墙面的外层薄板有不锈钢板、彩色镀锌钢板、铝合金板、纤维增强水泥薄板等,芯材有岩棉毡、玻璃棉毡、阻燃型发泡聚苯乙烯、发泡聚氨酯等;用于内侧的外层薄板可根据需要选用石膏类板、植物纤维类板、塑料类板材等。该复合墙板的性能和适用范围与泰柏板基本相同。

第四节　屋面材料

随着建筑物多功能化需要和材料技术的发展,屋面材料已经由过去较简单的烧结瓦,向多种材料的大型水泥类瓦材和高分子复合瓦材发展。随着大跨度建筑物的兴建,屋面承重结构也由过去主要以预应力钢筋混凝土大型屋面,向承重、保温、防水三结合的轻型钢板结构转变。为了提高生活品质和环境保护,人们已可在大型屋面上种植花草(植被屋面)或修建水池(刚性蓄水屋面)等。本节简要介绍屋面常用瓦材和板材。

一、屋面瓦材

1. 烧结类瓦材

(1)黏土瓦

黏土瓦是以杂质少、塑性好的黏土为原料,经成型、干燥、焙烧而成。黏土瓦按其颜色分为红瓦和青瓦,按其形状分为平瓦、脊瓦、三曲瓦、双筒瓦、鱼鳞瓦、牛舌瓦、板瓦、筒瓦、滴水瓦、沟头瓦、J型瓦、S型瓦和其他异形瓦及其配件等。根据其表面状态,黏土瓦可分为有釉瓦和无釉瓦两类。

黏土瓦的产品规格及结构尺寸由供需双方协定,规格以长和宽的外形尺寸表示。

黏土瓦是我国使用历史悠久、用量较大的屋面瓦材之一,主要用于民用建筑和农村建筑坡形屋面防水。但由于黏土瓦生产中须消耗土地,能耗大,制造和施工的生产率均不高,已渐为其他品种瓦材取代。

(2)琉璃瓦

琉璃瓦是用难熔黏土制坯,经干燥、上釉后焙烧而成。这种瓦表面光滑、质地坚密、色彩美丽,常用的有黄、绿、黑、蓝、青、紫、翡翠色。其造型多样,主要有板瓦、筒瓦、滴水瓦、勾头瓦等,有时还制成飞禽、走兽、龙飞凤舞等形象作为檐头和屋脊的装饰,是一种富有我国传统民族特色的高级屋面防水与装饰材料。琉璃瓦耐久性好,但成本较高,一般只限于在古建筑修复、纪念性建筑及园林建筑中的亭、台、楼、阁上使用。

2. 水泥类屋面瓦材

(1)混凝土瓦

混凝土瓦的标准尺寸有两种。该瓦成本低,耐久性好,但自重大于黏土瓦,在配料中加入耐碱颜料,可制成彩色瓦,其应用范围同黏土瓦。

(2)纤维增强水泥瓦

纤维增强水泥瓦以增强纤维和水泥为主要原料,经配料、打浆、成型、养护而成。目前市售的纤维增强水泥瓦主要为石棉水泥瓦,分大波、中波、小波三种类型。该瓦具有防水、防潮、防腐、绝缘等性能。石棉瓦主要用于工业建筑,如厂房、库房、堆货棚、凉棚等。但由于石棉纤维可能带有放射性物质,许多国家已禁止使用,我国也开始采用其他增强纤维逐渐代替石棉纤维。

（3）钢丝网水泥大波瓦

钢丝网水泥大波瓦是用普通硅酸盐水泥和砂子,按一定配比,中间加一层低碳冷拔钢丝网加工而成,适用与工厂散热车间、仓库或临时性的屋面及围护结构等处。

3. 高分子类复合瓦材

（1）纤维增强塑料波形瓦

纤维增强塑料波形瓦亦称玻璃钢波形瓦,它是采用不饱和聚酯树脂和玻璃纤维为原料,经加工而成。其特点是质量轻、强度高、耐冲击、耐腐蚀、透光率高、制作简单等,是一种良好的建筑材料,适用于各种建筑的遮阳及车站月台、售货亭、凉棚等的屋面。

（2）聚氯乙烯波形瓦

聚氯乙烯波形瓦亦称塑料瓦楞板,它是以聚氯乙烯树脂为主体,加入其他配合剂,经塑化、挤压或压延、压波等制成的一种新型建筑瓦材,具有质轻、高强、防水、耐化学腐蚀、透光率高、色彩鲜艳等特点,适用于凉棚、果棚、遮阳板和简易建筑的屋面等处。

（3）木质纤维波形瓦

木质纤维波形瓦是利用废木料制成的木纤维与适量的酚醛树脂配制后,经高温高压成型、养护而成,适用于活动房屋及轻结构房屋的屋面及车间、仓库、料棚或临时设施等的屋面。

（4）玻璃纤维沥青瓦

玻璃纤维沥青瓦是以玻璃纤维薄毡为胎料,以改性沥青涂敷而成的片状屋面瓦材。其表面可撒以各种彩色的矿物料粒,形成彩色沥青瓦。该瓦质量轻,互相黏结的能力强,抗风化能力好,施工方便,适用于一般民用建筑的坡形屋面。

二、屋面用轻型板材

在大跨度结构中,长期习惯使用的钢筋混凝土大板屋盖自重达 300 kg/m^2 以上,且不保温,须另设防水层。随着我国彩色涂层钢板、超细玻璃纤维、自熄性泡沫塑料的出现,轻型保温的大跨度屋盖得以迅速发展。例如,EPS 隔热夹心板就是其中的一类。它是集承重、保温、防水于一体（即三合一）,直接铺于檩条之上的轻型屋面板。

1. EPS 轻型板

EPS 轻型板是以 0.5～0.75 mm 厚的彩色涂层钢板为表面材,以自熄聚苯乙烯为芯材,用热固化胶在连续成型机内加热加压复合而成的超轻型建筑板材。其质量为混凝土的 1/20～1/30,保温隔热性好,施工简便,是集承重、保温、防水、装修于一体的新型围护结构材料,可制成平面形或曲面形板材,适合多种屋面形式,可用于大跨度屋面结构,如体育馆、展览厅、冷库等。

2. 硬质聚氨酯夹心板

硬质聚氨酯夹心板用镀锌彩色压型钢板（面层）与硬质聚氨酯泡沫（芯材）复合而成。彩色涂层为聚酯型、硅改性聚酯型、氟氯乙烯塑料型,这些涂层均具有极强的耐候性。

复合板材具有质量轻、强度高、保温和隔音效果好、色彩丰富、施工简便的特点,是承重、保温、防水三合一的屋面板材,可用于大型工业厂房、仓库、公共设施等大跨度建筑和高层建筑的屋面结构。

3. 植被屋面

在具有防水层的钢筋混凝土屋面上增设 50～100 mm 厚的水泥渣或细炉渣层,该层上面再加 100～200 mm 厚蛭石或蛭石粉,然后铺 100～150 mm 厚的种植土,即可种植花草类植物。

植被屋面有利于增强屋顶的隔热、保温性能,如在高温季节,室内温度能大幅度降低,使居住者无烘烤感,此外,有利于美化和改善环境,但增加了屋面荷载,可用于大型高层公寓性建筑或与公共建筑相连的多层停车场结构的屋面(做成空间花园以增加高层建筑中人们的活动空间)等。

4. 刚性蓄水屋面

刚性蓄水屋面是直接利用水泥混凝土作为防水层的蓄水屋面。水池底部与池壁一次浇成,振捣密实,初凝后即逐步加水养护。蓄水深度应按当地降雨量和蒸发量综合考虑,以 400～600 mm 为宜,若养殖,则深度按实际情况决定。该类屋面能充分发挥水硬性胶凝材料的特点,防水抗渗性强,热工性能好,可避免混凝土的碳化风化,耐久性好,但屋面结构的自重增大。

 复习思考题

1. 砌墙砖有哪几类? 它们各有什么特性?

2. 简要叙述烧结普通砖的强度等级是如何确定的?

3. 可用哪些简易方法鉴别过火黏土砖和欠火黏土砖?

4. 建筑工程中常用的非烧结砖有哪几种?

5. 按材质,墙用砌块有哪几类? 砌块与烧结普通黏土砖相比,有什么优点?

6. 加气混凝土砌块与粉煤灰硅酸盐砌块有什么不同?

7. 轻型复合板作屋面材料与传统的黏土瓦相比有何特点?

8. 以烧结普通黏土砖为主要材料的墙体模式是否需要改革? 为什么? 如何改?

第十章 绝热材料和吸声隔声材料

为满足建筑物保温绝热和吸声隔声等方面的要求,选用适当的绝热材料和吸声隔声材料,不仅能满足建筑物性能方面的要求,而且能满足人们居住环境的要求,如可以保持室内良好的声环境和减少噪声污染,保持室内常年的温、湿度状况。为此,我国对建筑设计中的保温隔热以及吸声隔声在规范中都有明确的规定。

第一节 绝 热 材 料

在建筑中,绝热材料是用来减少结构物与环境热交换的一种功能性材料。习惯上,把保持室内热量、减少热量散失以及保持室温稳定的材料称为保温材料;把防止室外热量进入室内的材料称为隔热材料。保温和隔热材料统称为绝热材料。性能良好的保温和隔热材料用于建筑物,可以降低采暖和空调的能耗,在建筑节能方面意义深远。

一、材料的绝热机理

在任何介质中,当存在温度差时,就会有热传递现象产生,热能将从温度较高的部分传递至温度较低的部分。热量传递的基本方式有导热、对流和热辐射三种。"导热"是组成物质的分子、原子和自由电子等在物质内部作热运动而引起的热能传递过程;"对流"是较热的物质(液体、气体)遇热膨胀、密度减少、势能(相对位移)增大,冷物质补充进来,从而形成分子的循环流动,热量从较高的地方通过分子相对位移传向温度较低的地方;"热辐射"是一种靠电磁波来传递能量的过程。一般说来,在实际的传热过程中,往往是两种或三种传热方式共存的。一般性能良好的绝热材料常是多孔的,在孔隙内部除存在气体的导热外,同时还有对流和热辐射的存在,但所占的比例很小。

热量主要是通过围护结构来传递的。围护结构是由各种建筑材料组合而成的,不同的建筑材料,其导热系数各不相同,建筑材料的导热系数说明材料传递热量的能力。实践证明,在稳定导热的情况下,通过壁体的传热量 Q 与壁体材料的导热能力、壁面之间的温差、传热面积和传热时间成正比,与壁体的厚度成反比,即

$$\lambda = \frac{Q \cdot \delta}{(\tau_2 - \tau_1) \cdot F \cdot Z} \tag{10—1}$$

式中 λ——导热系数$[\text{W}/(\text{m}\cdot\text{K})]$;

$\quad$ Q——传导热量(J);

$\quad$ δ——材料厚度(m);

$\quad$ $\tau_2 - \tau_1$——材料两侧温差(K);

$\quad$ F——材料传热面积(m^2);

$\quad$ Z——传热时间(s)。

导热系数的物理意义:在稳定传热条件下,当材料层单位厚度内的温度差为1℃(1K)时,在1 h内通过1 m²表面积的热量。导热系数λ值愈小,说明通过围护结构的热量愈少,材料保温性能愈好。在建筑工程中,一般把导热系数值小于0.23 W/(m·K)、表观密度小于600 kg/m³的材料统称为绝热材料。

下面来探讨绝热材料能起绝热作用的机理。

1. 多 孔 型

当热量Q从温度较高面向温度较低面传递,未碰到气孔之前,传递过程为通过实体结构本身的导热,在碰到气孔之后,便会有两条传热路线:一条仍然是通过实体结构本身的导热,但其传热方向发生变化,传递速度减缓,总的传热路线增加;另一条是通过气孔内气体的传热,其中包括气体自身的对流传热、气体的导热、高温实体结构表面对气体的辐射与对流给热、热气体对低温实体结构表面的辐射与对流给热以及热实体结构表面和冷实体结构表面之间的辐射传热。虽然在材料的孔隙内有空气,起辐射、对流作用,但与热传导相比,热辐射和对流所占的比例很小,故在建筑热工计算时通常不予考虑,以气孔中的气体导热为主。由于空气的导热系数仅为0.029 W/(m·K),远远小于实体结构的导热系数,热量通过气孔传递的阻力较大,传热速度大大减慢。这便是含有大量气孔的材料能起绝热作用的原因。

2. 纤 维 型

纤维型绝热材料的绝热机理基本上与通过多孔材料的情况相类似。实践证明,纤维方向与传热方向相互垂直时的绝热性能比纤维方向与传热方向相互平行时的绝热性能要好一些。

3. 反 射 型

反射型绝热材料的绝热机理说明如下:当外来的热辐射能量I_C投射到物体上,常常将其中的一部分能量I_B反射掉,另一部分I_A被吸收(透射部分不计),根据能量守恒原理,则

$$I_A + I_B = I_C \tag{10—2a}$$

或

$$\frac{I_A}{I_C} + \frac{I_B}{I_C} = 1 \tag{10—2b}$$

式中 $\dfrac{I_A}{I_C}$——吸收率,说明材料对热辐射的吸收性能;

$\dfrac{I_B}{I_C}$——反射率,说明材料的反射性能。

可以看出,凡是反射性能好的材料,吸收热辐射的能力就小;反之,吸收能力强,则其反射率就小。为此,可以利用某些材料对热辐射有反射作用,在绝热部位表面贴上此材料,可将绝大部分外来的热辐射反射掉,故而起到绝热作用。

二、绝热材料的性能

不同的建筑材料具有不同的绝热性能。绝热材料的性能有导热系数、温度稳定性、吸湿性和强度。

1. 导热系数

导热系数是通过材料本身热量传导能力强弱的一种量度。导热系数越小,保温性能越好。它本身受材料的物质构成、微观结构、孔隙构造、温度、湿度和热流方向等因素的影响。

(1)材料的物质构成

不同的材料,其导热系数不同。一般说来,金属材料的导热系数最大,非金属材料次之,有

机材料的导热系数最小。化学组成和分子结构比较简单的物质比结构复杂的物质的导热系数要大一些。

（2）孔隙率

由于固体物质的导热系数远大于空气的导热系数，一般说来，材料的孔隙率越大，导热系数越小。材料的导热系数不仅与孔隙率有关，还与孔隙的大小、分布、形状及连通状况有关。在孔隙率相近时，孔径增大，孔隙相通，由于孔内空气的流通与对流，使材料的导热系数增加；纤维状的材料，其导热系数还与压实程度有关。压实达某一表观密度（称为最佳表观密度），导热系数最小；压实小于最佳表观密度时，材料内空隙过大，存在空气的对流，使导热系数有所增加。

（3）湿度

材料受潮后，其导热系数会增加，多孔材料最为明显。水的导热系数是空气导热系数的20倍，而冰的导热系数约为空气导热系数的80倍。孔隙中的蒸气扩散和水分子的热传导起主要的传热作用，其结果是使材料的导热系数增加。

（4）热流方向

对于各向异性的纤维质材料，当热流平行于纤维延伸方向时受到的阻力小，而热流垂直于纤维延伸方向时受到的阻力最大。以松木为例，松木的表观密度为 $500~kg/m^3$，当热流垂直于木纹时，$\lambda=0.175~W/(m \cdot K)$；当热流平行于木纹时，则 $\lambda=0.349~W/(m \cdot K)$。

（5）温度

材料的导热系数随着温度的升高而增加。但当温度在 $0\sim50℃$ 范围内时，这种影响不明显，因此只对处于高温或负温下的材料才考虑温度的影响。

（6）微观结构

相同化学组成的材料，结晶结构的导热系数最大，微晶结构次之，玻璃体结构最小。

2. 温度稳定性

绝热材料的温度稳定性是指绝热材料在受热作用下保持其原有性能不变的能力，常用其不致丧失绝热性能的极限温度来表示。

3. 吸湿性

绝热材料的吸湿性是指绝热材料在潮湿环境中吸收水分的能力。一般吸湿性越大，对绝热效果越不利。

4. 强　度

绝热材料的机械强度用强度极限来表示，常采用抗压强度和抗折强度。绝热材料通常含有大量孔隙，一般强度均不大，故而不宜将绝热材料用于承受外界荷载作用部位。

三、常用绝热材料及其性能

1. 硅藻土

硅藻土是一种单细胞藻类水生物遗骸的沉积物。由于硅藻土的种类复杂并具多孔性（孔隙率为 $50\%\sim80\%$），导热系数 $\lambda=0.060~W/(m \cdot K)$，使用温度可达 $900℃\sim1\,200℃$，因此硅藻土具有很好的保温绝热性能。硅藻土制品具有任何过滤介质无与伦比的过滤性与吸附性能，是目前国内外广泛应用的助滤剂、填料、载体。

2. 膨胀蛭石

膨胀蛭石是一种复杂的铁、镁含水硅铝酸盐矿物,经晾干、破碎、筛选、850℃～1000℃煅烧而成的体积可膨胀20～30倍的松散颗粒状物质。其堆积密度为80～200 kg/m³,导热系数$\lambda=0.046～0.070$ W/(m·K),使用温度可达1000℃～1100℃,因此保温效果佳。膨胀蛭石除可直接用于填充墙壁、楼板及平屋顶外,还可用作胶结材。

3. 膨胀珍珠岩

膨胀珍珠岩是天然珍珠岩石、黑曜岩、松脂岩经煅烧而成的体积可膨胀约20倍的一种多孔结构的物质。其堆积密度为40～500 kg/m³,导热系数$\lambda=0.047～0.070$ W/(m·K),使用温度可达-200℃～800℃,吸湿率比一般的保温绝热材料小,是一种高效能保温保冷材料。膨胀珍珠岩可用作填充材料,还可与水泥、水玻璃、沥青、黏土等制成膨胀珍珠岩保温绝热制品。

4. 发泡黏土(发泡页岩)

发泡黏土是一种轻质骨料。由一定矿物组成的黏土(页岩),经加热至某一温度后会产生一定量的高温液相,放出一定量的气体,由于该气体受热膨胀,冷却后即可形成发泡黏土。其表观密度约为350 kg/m³,导热系数$\lambda=0.105$ W/(m·K)。发泡黏土(发泡页岩)可用作填充材料、混凝土轻质骨料。

5. 轻质混凝土

轻质混凝土包括轻骨料混凝土和多孔混凝土。

轻骨料混凝土由于所采用轻骨料和胶结材的种类都很多,从而使轻骨料混凝土的性能和应用范围较大。当其表观密度为1 000 kg/m³时,导热系数$\lambda=0.28$ W/(m·K);表观密度为1 400 kg/m³时,导热系数$\lambda=0.49$ W/(m·K);表观密度为1 800 kg/m³时,导热系数$\lambda=0.87$ W/(m·K)。随着含水率的增加,轻骨料质混凝土的导热系数会随之增大,因此轻骨料混凝土具有优良的保温性能。轻骨料混凝土适用于高层和多层建筑、软土地基、大跨度结构等。

多孔混凝土分加气混凝土和泡沫混凝土两种。多孔混凝土的表观密度为300～1 200 kg/m³,导热系数$\lambda=0.09～0.17$ W/(m·K),导热系数随其表观密度的降低而减少,因此其保温性能优良,可制作屋面板、内外墙板、砌块和保温制品,广泛用于工业及民用建筑和管道保温。

6. 微孔硅酸钙

微孔硅酸钙是一种用粉状的硅藻土、石灰、纤维增强材料、水玻璃、水经拌和、成型、蒸压处理和烘干而制成的一种保温材料。其表观密度为250 kg/m³,导热系数为0.041 W/(m·K),可用于围护结构和管道保温,效果较水泥膨胀珍珠岩、水泥膨胀蛭石好。

7. 泡沫玻璃

泡沫玻璃是以玻璃粉为基料,加入外加剂通过高温焙烧而成,是一种高级保温隔热材料,具有容重轻、导热系数小、不透湿、吸水率小、不燃烧、不霉变、机械强度高、加工方便、耐化学腐蚀(除氢氟酸外)、本身无毒、性能稳定、既是保冷材料又是保温材料、能适应深冷到较高温度范围等特点。它的重要价值不仅在于长年使用不会变质,而且本身又起到防火、防震作用。它在低温深冷、地下工程、易燃易爆、潮湿以及化学侵蚀等苛刻环境下使用,不但安全可靠,而且经久耐用,被广泛应用于石油、化工、地下工程、造船、国防军工等隔热保冷工程。

8. 石 棉

石棉是一种含水、镁、铁硅酸盐的天然矿物纤维,是一种高效保温材料,具有耐火、耐热、耐化学腐蚀、绝热、长年使用不会变质、隔音、绝缘等特点。石棉除可用作填充材料外,还可用作黏结剂,或与水泥、碳酸镁等制成石棉制品绝热材料。

9. 岩棉和矿渣棉

岩棉和矿渣棉统称为矿棉。天然岩石(白云石、花岗石、玄武石)熔融后用喷吹法或离心法制成的细纤维状物质称岩棉。在高炉硬矿渣、铜矿渣等中加入钙质和硅质原料经喷吹制成的细纤维状物质称为矿渣棉。矿棉具有容重轻、导热系数小、热容量小、化学稳定性和电绝缘性及隔音性能好等特点,可用作保温和吸声材料。

10. 玻璃棉

玻璃棉是用熔融玻璃制成的人造无机纤维,包括短棉和超细棉两种。根据不同需求,采用离心法生产工艺,可制造成各种制品。如加入酚醛树脂黏结剂经加热固化成型的毡状材料(像保温吸声玻璃棉毡、离心玻璃棉毡),具有重量轻、吸声系数大、导热系数小、不燃且阻燃、化学稳定性好、节能、美观、隔音、坚固、耐用等特点,主要用于有防火、绝热、吸声要求的建筑及制冷、空调机房、车辆、船舶、飞机等的保温、保冷部位。表面贴加铝箔防潮层,可起防辐射及装饰作用。

11. 陶瓷纤维

陶瓷纤维是采用氧化硅、氧化铝为原料,经高温熔融、喷吹制成的一种新型的绝热耐火材料(又称硅铝酸耐火纤维),具有重量轻、耐高温、抗热震、低热容、保温性能好、化学稳定性好等特点,可制成高温绝热和高温吸声材料。

12. 吸热玻璃

吸热玻璃是以普通玻璃为基材,加入氧化亚铁等能吸热的着色剂或在普通玻璃的表面贴敷各种面料(如氧化锡等)而成的吸热玻璃。吸热玻璃与普通玻璃厚度相同时,吸热玻璃的热阻挡率是普通玻璃的 2.5 倍。吸热玻璃能吸收太阳辐射热 20%～60%,透光率为 70%～75%。茶色玻璃、灰色玻璃、蓝色玻璃均属此类玻璃。

13. 热反射玻璃

热反射玻璃是在玻璃表面用热溅射、蒸发、化学等方法喷涂金、银、铝、铜、镍、铬、铁等金属及金属氧化物或粘贴有机物的薄膜,或以某种金属和离子置换玻璃表面层中的原有离子制成的,又称镜面玻璃。它能减少热量向室内辐射,反射率约为 70%。热反射玻璃已在建筑上大面积使用,具有单向透视功能:白天,室内可以看到室外的景物,而室外却看不见室内;夜晚,室内灯光照耀,则室外可以看见室内。

14. 中空玻璃

中空玻璃是由两片或多片玻璃组合,经二次打胶而成的玻璃。中空玻璃中间充有干燥空气或其他气体。在制作过程中,首先嵌入充有干燥剂的铝支架,然后在空隙间打入第一层丁基胶,接着将框架放入两片玻璃中间,再根据建筑要求打上聚硫胶、聚氨胶和硅酮胶。中空玻璃能减少室内外环境的热传输,这将降低空调费用,减小能耗,并有良好的隔音作用,使室内环境更舒适。使用镀膜玻璃更能提高中空玻璃的热阻率。

15. 泡沫塑料

泡沫塑料是以合成树脂为主要原材料,经过与发泡剂、不同添加剂、颜料等多种化工原料混合、加工制成的轻质保温、防震材料。目前我国生产的聚苯乙烯、聚氯乙烯、聚氨酯及脲醛树脂等泡沫塑料,具有泡孔细密均匀、强韧且有挠性、隔热及隔音效果好、耐腐蚀性高、回弹性好、吸水性小、手感舒适等多种优异性能,但造价高,且具有可燃性。与其性能相适应,可广泛用于车船制造业、空调制冷业、包装业、建筑、工程、农业、体育用品、娱乐及日常生活中。

16. 碳化软木板

软木是软木橡树的外层表皮,在国际上非常流行,是一种绿色环保的可再生资源。碳化软木板是以优质的天然软木(栓皮)为原料,经破碎后与皮胶溶液拌和,加压成型,在80℃的干燥室中干燥24 h而制成。它保持了软木的天然本色,具有独特高雅的软木自然花纹,无放射性,不霉变,不腐烂,不生虫,有弹性,防滑耐磨,行走舒适脚感好,吸音,吸振,保温,绝缘,防潮,耐水,耐油,耐稀酸和皂液,抗静电,属阻燃产品,便于铺装和清洁,经久耐用,已在工业生产和人民生活中得到广泛应用。

17. 纤 维 板

纤维板是以松木、桉木等木质纤维为主要原料,在高温、高压下通过胶黏剂的固化作用而形成的一种结构致密的人造板材,具有极佳的抗弯、抗拉等力学性能,结构均匀,尺寸稳定性好,边部加工性能良好,可进行切削、雕刻等各种机械加工,其表面致密、光滑平整,非常适合于直接油漆、涂饰、二次贴面等表面装饰。纤维板是应用于家具制造、室内装修、音响、建筑模板等行业的理想材料。

18. 蜂 窝 板

蜂窝板是由两块较薄的面板牢固地黏结在一层较厚的蜂窝状芯材两面而制成的木板,也称蜂窝夹层结构。蜂窝状芯材是用浸渍过酚醛、聚酯等合成树脂的牛皮纸、玻璃布、铝片,经加工粘合成六角形空腹(蜂窝状)的整块芯材。常用的面板为浸渍过树脂的牛皮纸、玻璃布、胶合板等,蜂窝板是将芯板和面板用黏结剂黏结而成的。蜂窝板质轻、强度高,具有缓冲、防震、保温、隔热、隔音等优异性能,其独特之处是一系列呈六边形的网状结构可以分散承担来自各方的外力。它具有较强的抗压抗折能力,可制成轻质高强度结构用板材、绝热性能良好的非结构用板材和隔声材料。

第二节 吸声隔声材料

一、吸声材料概说

声音起源于物体的振动。声源的振动迫使邻近的空气跟着振动而形成声波,并在空气介质中向四周传播。声音沿发射的方向最响,称声音的方向性。

声音在传播过程中,一部分由于声能随着距离的增大而扩散,另一部分则因空气分子的吸收而减弱。声能的这种减弱现象,在室外空旷处颇为明显,但若室内的体积并不太大时,上述的这种声能减弱就不起主要作用,而是室内墙壁天花板、地板等材料表面对声能的吸收在起主要作用。

当声波遇到材料表面时,一部分被反射,另一部分穿透材料,其余的部分则传递给材料,在材料的孔隙中引起空气分子与孔壁的摩擦和黏滞阻力,其中一部分声能转化为热能被吸收掉。被吸收声能(E_1)与入射声能(E_0)之比,称为吸声系数 α,即

$$\alpha = \frac{E_1}{E_0} \times 100\% \tag{10—3}$$

吸声系数是评定材料吸声性能的主要指标,它与声音的频率及声音的入射方向有关。因此,吸声系数用声音从各方向入射的吸收平均值表示。通常取125 Hz、250 Hz、500 Hz、1000 Hz、2000 Hz、4000 Hz六个频率的吸声系数来表示材料的吸声频率特性。凡上述六个频率的平均

吸声系数 α 大于 0.2 的材料,称为吸声材料。

任何材料都能吸收声音,只是吸收程度不同而已。一般材料的吸声系数越高,吸声效果越好。如在礼堂、影剧院等公共场所内部的墙壁、地面、天棚等部位,采用适当的吸声材料,能改善声波在室内的传播质量,减小噪声,保持良好的音质。

为能较好地发挥吸声材料的作用,吸声材料的气孔是开放且互相连通的,气孔越多,吸声性能越好。大多数吸声材料的强度较低,故应设置在护壁台以上,以免碰撞损坏。由于多孔吸声材料易于吸湿,安装时应考虑到胀缩的影响。为了达到使用较少数量的材料,获得较高经济效益的目的,可选用吸声系数较高的材料。此外,还应考虑吸声材料的防火、防腐、防蛀等问题。

二、吸声材料的类型及结构形式

1. 多孔吸声材料

多孔吸声材料是一种比较常用的吸声材料,具有良好的中、高频率吸声性能。当声波进入材料内部互相贯通的孔隙时,空气分子受到摩擦和黏滞阻力,使空气产生振动,从而使声能转化为机械能,再因摩擦而转变为热能被吸收。其吸声系数一般从低频率到高频率逐渐增大。材料中开放的、互相连通的、细小的气孔越多,吸声效果愈好。孔隙太大,则效果较差。

2. 柔性吸声材料

柔性吸声材料是具有密闭气孔和一定弹性的材料。如聚氯乙烯泡沫塑料,表面为多孔,但因具有密闭气孔,声音引起的空气振动不易传递至其内部,只能相应地产生振动,在振动过程中由于克服材料内部的摩擦而消耗了声能,引起声波衰减。这种材料的吸声特性是在一定的频率范围内出现一个或多个吸收频率。

3. 帘幕吸声体

帘幕吸声体是用具有通气性能的纺织品,安装在离墙面或窗洞一定距离处,背后设置空气层。这种吸声体对中、高频都有一定的吸声效果。它的吸声效果与材料的种类和褶裥有关。使用时具有安装、拆卸方便,并兼具装饰等特点。

4. 悬挂空间吸声体

悬挂空间吸声体增加了有效的吸声面积,加上声波的衍射作用,很大程度上提高了实际的吸声效果。悬挂空间吸声体可根据不同的使用地点和要求,设计成平板形、球形、圆锥形、棱锥形等多种形式,悬挂在顶棚下面。

5. 薄板振动吸声结构

将胶合板、薄木板、纤维板、石膏板等的周边钉在墙或顶棚的龙骨上,并在背后留有空气层,即成薄板振动吸声结构。薄板振动吸声结构具有低频吸声特性,还兼有助声波的扩散作用。建筑中常用的薄板振动吸声结构的共振频率约在 80~300 Hz 之间,此频率附近的吸声系数最大,约为 0.2~0.5。

6. 穿孔板组合共振吸声结构

将穿孔的胶合板、硬质纤维板、石膏板、石棉水泥板、铝合板、薄钢板等的周边钉在龙骨上,并在背后设置空气层,即形成穿孔板组合共振吸声结构。其特点是具有中频的吸声特性,使用较为普遍。

三、隔声材料

在建筑上常常将主要起隔绝声音的材料称为隔声材料。隔声材料主要用于外墙、门窗、隔墙、隔断等。

按传播途径的不同,隔声可分为隔绝空气声(空气的振动)和隔绝固体声(固体的撞击或振动)两种。对于隔绝空气声,根据声学中的"质量定律",即材料的体积密度越大、质量越大,隔声性越好。因此,应选密实沉重的材料作为隔声材料,如黏土砖、钢板、钢筋混凝土等。对轻质、疏松、多孔的材料,尽管吸声性能很好,但不能简单地把它们作为隔声材料来使用。对于隔绝固体声,最有效的措施是采用不连续的结构处理,即在墙壁和承重梁之间、房屋的框架和隔墙及楼板之间加弹性衬垫,如毛毡、软木、橡皮等材料,或在楼板上加弹性地毯。

 复习思考题

1. 何谓导热系数？其物理意义如何？

2. 何谓绝热材料？影响绝热性能的因素有哪些？

3. 选用绝热材料有哪些方面的性能要求和应予考虑的问题？

4. 何谓吸声材料？试述影响多孔吸声材料吸声效果的主要因素。

5. 材料的吸声系数为多少时被列为吸声材料？试列举三种常用的吸声材料或吸声结构。

6. 隔声材料和吸声材料有何区别？为什么不能简单地将一些吸声材料作为隔声材料来使用？

第十一章　建筑装饰材料

建筑装饰材料是铺设或涂装在建筑表面（内、外面）起装饰效果的材料，是装饰工程的物质基础。装饰工程的总体效果及各种功能的实现，无不通过运用装饰材料及其室内配套产品的质感、形体、图案、色彩、光泽、功能、质量等体现出来。装饰工程设计的原则，就是正确掌握材料的特点、性能、规格及适用范围等，赋予材料以生命。

装饰材料类别繁多，花色品种浩如烟海，且新材料产品层出不穷，升级换代异乎寻常地频繁，因此，装饰材料的分类方法不尽统一。

按照装饰材料的化学成分，可以分为四大类。

（1）无机材料，其中又可分为金属和非金属材料两种，金属材料包括黑色金属、有色金属（铜、铝等）及不锈钢，非金属材料包括天然石材（大理石、花岗石等）、陶瓷制品（瓷砖、玻璃瓦等）、胶凝材料（水泥、石灰、石膏等）。

（2）有机材料，主要有木材、竹材、壁纸、装饰布和橡胶等。

（3）高分子材料，如塑料等。

（4）复合材料，如玻璃钢等。

按照装饰用于建筑的部位直接划分，又可分为外墙饰面材料、内墙饰面材料、地面装饰材料、顶棚装饰材料、配套设备与用品等，详见表11—1。

表 11—1　装饰材料分类概表（依使用部位划分）

外墙饰面材料	饰面石材	天然大理石、花岗石、石英石、筋石、人造石板
	陶瓷制品	外墙贴面砖、陶瓷锦砖
	玻璃制品	钢化玻璃、夹层玻璃、夹丝玻璃、中空玻璃、结晶化玻璃建材、彩色玻璃砖、钛化玻璃、曲面玻璃、调光玻璃、玻璃锦砖、吸热玻璃、热反射玻璃、异形玻璃、光致变色玻璃、彩色膜玻璃、选择吸收玻璃、防紫外线玻璃
	饰面板材	彩色涂层钢板、彩色不锈钢板、铝合金装饰板、不锈钢板、玻璃钢装饰板、美铝直板、美铝坑板、铝塑板、扣板（不锈钢、铝合金、加强型 PVC）、美化铜板、镜纹板、有机玻璃板
	外墙涂料	外墙彩色油漆、乙丙乳液涂料、各色丙烯酸拉毛涂料、彩砂涂料、高级喷磁型外墙涂料、PG838 浮雕漆涂料、真石漆、有机无机复合涂料、水性外墙涂料
	石渣饰面	彩色水泥、水刷石、干粘石
	门及幕墙	玻璃门、浮雕门、钢板门、自动门、塑料门、百叶门、木门、铝合金门、铁门、特殊门窗、玻璃幕墙、卷门
内墙饰面材料	饰面石材	天然大理石、人造石板、云母石、化石、石英石、洞石、金沙石、木绞石
	陶瓷制品	釉面砖、陶瓷壁画
	玻璃制品	镜面、喷砂玻璃、压花玻璃、拼花工艺玻璃、雕刻玻璃、彩色玻璃、釉面玻璃、空心玻璃砖、镭射玻璃、彩色玻璃砖、彩色乳浊饰面玻璃（斑纹玻璃）、冰花玻璃、全黑玻璃、彩色裂花玻璃、装饰玻璃

内墙饰面材料	饰面板材	贴皮夹板、印花夹板、防火树脂面夹板、防火板、企口夹板、木质活动组合壁砖、纤维装饰板、立体木纹板、长条中密度纤维板壁板、实木企口板、实木积成板、木芯集成材贴面壁板、木雕漏空屏板、藻井板、中国宫殿彩绘雕刻板、华丽板、保丽板、微薄木贴面板、耐油板、美铝曲板、美然曲板、舒然曲板、软木、金属装饰板、塑胶壁板、塑胶浮雕板、聚钢壁板、铝砖饰材、浮雕金属花饰板、波音板、有机玻璃板、扣板(铝合金、PVC 等)、铝塑板、玻璃钢装饰板、防火纤维板、玻璃纤维墙身板、玻璃纤维夹心板、原木纤维板、玻璃纤维板、不锈钢板、彩色少涂层板、彩色不锈钢板、美铜曲板、树脂压合板、FRP 蜂巢
	贴墙材料	PVC 壁纸、织物壁纸、印花贴墙布、无纺贴墙布、麻草墙纸、织锦缎、粗纺呢、丝绸墙布、绒布、PU 皮、墙毯、人造革、真皮、即时贴、人造贴皮、真木皮、木编织、竹编织、麻织材、藤编织、草编织、纸编织、金属网织、金属壁纸、玻璃纤维墙布
	内墙涂料	浮胶漆内涂料、乙—乙乳液彩色内墙涂料、多彩喷涂料、彩石壁涂料、好时壁涂料、膨胀珍珠岩喷浆涂料、真石漆、仿瓷涂料、SJ 内墙滚花涂料、有光乳胶漆
地面装饰材料	饰面石材	天然花岗石、大理石、人造大理石(花岗石)、水磨石、碎拼大理石、鹅卵石、观音石(灰石片)、石英石
	陶瓷制品	釉面砖、陶瓷地砖、梯沿砖、陶瓷锦砖、劈裂砖(劈离砖)、红地砖、劈开砖
	铺地材料	木地板、硬质纤维板、高架活动地板、塑料地板、竹织地板、木织地板、软木地板、贴面地板、PVC 地砖、石棉地砖、地板块、木砖、纯毛手工地毯、纯羊毛无纺地毯、纯毛机织地毯、化纤地毯、混纺地毯、柞丝地毯、PP 类拼式地毯、草织地毯、人工草皮、地垫、装饰纸涂塑地面
	地面涂料	塑料地面涂料(环氧树脂、聚氨酯、不饱和聚酯)、改性塑料地面涂料、苯丙水泥地板漆、彩色地面涂料、OJQ-1 地面漆、各色聚氨酯地板漆、改性 PVFL、地面涂料、水泥地板乳胶漆、多功能聚氨弹性彩色地面涂料、107 胶彩色水泥浆涂料、841 地板漆浆
	铺装材料	聚氨酯橡胶跑道、聚氨酯橡胶地板等
顶棚装饰材料	装饰板材	矿棉装饰吸声板、珍珠岩装饰吸声板、聚氯乙烯塑料装饰板、聚苯乙烯泡沫塑料装饰板、纸面石膏装饰吸声板、玻璃棉装饰吸声板、钙塑泡沫装饰吸声板、金属微孔吸声板、石膏装饰板、穿孔吸声石棉水泥板、轻质硅酸钙吊顶板、软(硬)质纤维吸声板、装饰塑料贴面复合板、聚乙烯泡沫塑料装饰板、纤维增强水泥板、水泥刨花板、刨花板、稻草板(麦秸板)、稻壳板、无机轻质防火板、木丝板、麻屑板、蔗渣碎粒板、蔗渣吸声板、金属微穿孔吸声板、铝合金花纹板、铝合金装饰板单体均件、镜子、玻璃、藤网板、竹编板、保丽板及内墙装饰板材
	吊顶材料	轻钢龙骨、铝合金龙骨、木龙骨、玻璃纤维天花骨架
	顶棚涂料	与内墙涂料基本相同
	贴顶材料	金属壁纸、PVD 高泡壁纸、无纺贴墙布、印花贴墙布、织物壁纸、织锦缎、丝绸墙布、绒布等
	配套灯具	吸顶灯、吊灯、水晶吊灯、高反射灯盘、高效节能灯、石英射灯、筒灯
配套设备与用品	卫生洁具	陶瓷制品、人造大理石制品、搪瓷制品、玻璃钢制品、塑料制品、人造玉制品、进口洁具等
	五金配件	门锁、执手、拉手、地弹簧、门夹、门窗及桌柜五金配件、水暖器材
	配套设备	空调设备、通风换气设备、厨房设备、消防预警及自动喷淋系统、电器控制系统装置、广播通信系统、安全(摄像)监防系统、楼宇呼叫系统

第一节　装饰陶瓷与装饰玻璃

一、装饰陶瓷

陶瓷是陶器和瓷器两大类产品的总称,有陶质、炻质、瓷质三种,我国目前装修工程中所采用的陶瓷制品,基本上都属于这三种。

装饰陶瓷包括釉面砖、墙地砖、锦砖和建筑玻璃制品,广泛用作建筑物内外墙,地面和屋面的装饰和保护,已成为房屋装饰的一个极为重要的饰面材料。

1. 釉面内墙砖

釉面内墙砖(简称釉面砖)是用于建筑物内部墙面装饰的薄板,先使用瓷土压制成坯,干燥后上釉焙烧而成,因釉料颜色多样,故有黑白瓷砖、彩色砖、印花图案砖等品种。釉面砖热稳定性好,吸水率小于18%,表面光滑,易于清洗。

釉面砖为多孔的精陶坯体,在长期与空气接触过程中,特别是在潮湿的环境中使用,会吸收大量水分而产生吸湿膨胀现象。又由于釉的吸湿膨胀非常小,当坯体湿膨胀的程度增长到使釉面处于张应力状态,应力超过釉的抗拉强度时,釉面发生开裂。如用于室外,由于在室外环境中风吹、日晒、雨淋及冻融等作用,会导致釉面砖的损坏,更甚者出现剥落。因此,釉面砖只用于室内而不宜用于室外,通常用于内墙饰面、粘贴台面等。

釉面砖要求尺寸准确、平正,表面光滑洁净、耐火、防水、抗腐蚀、热稳定性良好。用釉面砖装饰建筑物内墙,可使建筑具有独特的卫生、易清洗和装饰美观的建筑效果。釉面砖的种类繁多,规格不一,但较常见的是 108 mm×108 mm(即 4.25″×4.25″)和 152×152 mm(即 6″×6″)两种规格的正方形面砖以及与其配套的边角材料,其厚度一般在 5～6 mm。近年来,国内外的釉面砖产品正向大而薄的方向发展,并大力发展彩色图案砖。釉面砖彩色图案的种类已多到无法统计的程度。

釉面砖的物理力学性能如表 11—2 所示。

表 11—2　轴面砖的物理力学性能表

性　　能	指　　标
吸水率(%)	不大于 22%
耐急冷热试验	150℃至 19℃±1℃热交换一次不裂
弯曲强度(MPa)	平均值应不低于 16.67
白度	由供需双方商定

2. 墙 地 砖

墙地砖的生产工艺类似于釉面砖,或不施釉一次烧成无釉墙地砖,产品包括内墙砖(参见面砖)、外墙砖和地砖三类。

墙地砖具有强度高、耐磨、化学性能稳定、不燃、吸水率低、易清洁、经久不裂等特点。按《彩色釉面陶瓷墙地砖》(GB 11947)的规定,墙地砖的物理化学性质应满足表 11—3 的要求。

表 11—3　墙地砖的物理化学性质表

项　　目	技术要求
吸水率(%)	不大于 10
耐急冷热试验	经 3 次急冷极热循环不出现炸裂或裂纹
抗冻性能	经 20 次冻融循环不出现破裂、剥落或裂纹
弯曲强度(MPa)	平均值不低于 24.5
耐磨性	只对铺地砖有要求
耐化学腐蚀性	耐酸、耐碱性能分为 AA、A、B、C、D 五个等级

3. 陶瓷锦砖

陶瓷锦砖亦称陶瓷马赛克,由于其成品常按不同图案贴在纸上,故也称纸皮石。陶瓷锦砖可以组成各种装饰图案的片状小瓷砖,大小不一,断面分凸面和平面两种,凸面多用于墙面装修,平面则多铺设地面。

陶瓷锦砖是用优质瓷土烧结而成的,分有釉及无釉两种,质地坚硬,不变形,不褪色,吸水率小,耐磨性好,一般可用几十年。陶瓷锦砖有多种形状和多种颜色,图案丰富,组合灵活,可根据不同用途适当选用,其表面光洁,不易污染,又不太滑,清扫简便,洁净美观。陶瓷锦砖的物理性能见表11—4。

表 11—4　陶瓷锦砖的物理性能表

技术性能	指　标	技术性能	指　标
比密度(kg/m³)	2.4~2.4	耐酸度(%)	>95
抗压强度(MPa)	15~25	耐碱度(%)	<84
吸水率(%)	<4	莫氏硬度(%)	6~7
使用温度(℃)	-20~100	耐磨值(kg/m²)	<0.5

4. 建筑玻璃制品

建筑玻璃制品是我国陶瓷宝库中的古老珍品之一,是用难熔黏土制坯,经干燥、上釉后焙烧而成的,其颜色有绿、黄、蓝、青等等。建筑玻璃制品可分为瓦类(板瓦、滴水瓦、筒瓦沟头)、脊类和饰件类(吻、博古、兽)三类。

玻璃制品色彩绚丽、造型古朴、质坚耐久,用它装饰的建筑物富有传统的民族特色,主要用于具有民族色彩的宫殿式房屋和园林中的亭、台、楼阁等。

按《建筑玻璃制品》(GB 9197—1988)的规定,玻璃制品的物理性能见表11—5。

表 11—5　建筑玻璃制品的物理性能表

项　目	优等品	一级品	合格品
	指　标		
吸水率(%)	≤12		
抗冻性能		冻融循环 15 次	冻融循环 10 次
	无开裂、剥落、掉角、掉棱、起鼓现象。因特殊要求,冷冻最低温度、循环次数可由供需双方商定		
弯曲破坏荷重(N)	≥1177		
耐急冷急热性能	3 次循环,无开裂、剥落、掉角、掉棱、起鼓现象		
光泽度(度)	平均值≥50 根据需要,光泽度可由供需双方商定		

二、装饰玻璃

1. 白片玻璃和磨砂玻璃

白片玻璃现大多采用浮法工艺生产,它表面平整光滑且有光泽,人、物形象透过时不变形,透光率大于84%,常用于制作高级门、窗、橱窗和镜子等。

磨砂玻璃是通过机械喷砂、手工研磨或氢氟酸蚀等方法把普通平板玻璃的表面处理成均匀的毛面制成的。磨砂玻璃由于表面粗糙,使光线产生漫射,只能透光而不能透视,作为门、窗玻璃可使室内光线柔和,没有耀眼刺目之感。

2. 压花玻璃和喷花玻璃

压花玻璃和喷花玻璃统称为花纹玻璃。

压花玻璃又称滚花玻璃,它是在玻璃硬化之前,用刻有花纹的滚筒在玻璃的单面或两面压出深浅不同的各种图案。

喷花玻璃又叫胶花玻璃,它是在平板玻璃表面贴上花纹图案,再抹上护面,然后经喷砂处理而成。

由于压花玻璃和喷花玻璃花纹美丽、透光而不透视,所以宾馆大厦,特别是沿街的酒楼、商店都乐于采用。

3. 彩色玻璃

彩色玻璃又称颜色玻璃,分透明和不透明两种。透明颜色玻璃是在颜料中加入一定金属氧化物使玻璃带色;不透明颜色玻璃是在一定形状的平板玻璃的一面喷以色釉,经过烘烤而成。彩色玻璃具有耐腐蚀、抗冲刷、易清洗并可拼成图案、花纹等特点,适用于门窗及对光有特殊要求的采光部位和装饰内外墙面。

不透明颜色玻璃也叫饰面玻璃。经退火处理的饰面玻璃可以裁切,经钢化处理的饰面玻璃不能进行裁切等再加工。

彩色玻璃的色泽有多种,最大规格为 1500 mm×1000 mm,厚度为 5～6 mm,特殊规格可订货。

目前,市面上有新型彩色玻璃出售,这种彩色饰面或涂面用有机高分子涂料制得,饰面层为两层结构。底层由透明着色涂料组成,为了在表面造成漫反射,使用很细的碎贝或铝箔粉;面层为不透明着色涂料。喷涂压力为 0.2～0.4 MPa。这种色彩饰面玻璃板的颜色如繁星闪闪发光,有着独特的外观装饰效果。

4. 幕墙玻璃

玻璃在现代高层建筑中用量最大,最能体现大都市风姿的地方就是玻璃幕墙。作为幕墙玻璃使用的玻璃主要是吸热玻璃和热反射玻璃。

吸热玻璃能全部或部分吸收热射线,包括大部分红外能量。

热反射玻璃也叫镜面玻璃,因为它在迎光的一面具有镜子的特性,而在背光的一面又能像普通玻璃那样透明可视。

5. 泡沫玻璃

泡沫玻璃又称多孔玻璃,通常是指气孔率高、具有孔径 0.5～5.0 mm 或更小的闭口气泡或相互联用的开口气泡的玻璃制品。泡沫玻璃有如下特点:

(1)密度小,自重轻,其密度仅是普通玻璃的 1/10 左右。

(2)导热系数小,隔热效果好。

(3)吸声系数大,吸音效果好。

(4)耐酸、耐碱、耐虫蛀、耐细菌的侵蚀。

(5)可进行切割、磨削、钻孔、黏接等加工,使用和安装方便。

(6)可进行着色、施釉。

（7）耐热性能良好，不燃烧，可长期在 420℃以下温度使用。

泡沫玻璃按其用途，有隔热泡沫玻璃、吸音泡沫玻璃、装饰彩色泡沫玻璃、耐高温泡沫玻璃、石英泡沫玻璃和熔岩泡沫玻璃等。

6. 玻璃空心砖

玻璃空心砖一般是由两块压铸成的凹形玻璃，经熔结或粘贴而成的正方形或圆形空心砖玻璃砖块。玻璃空心砖具有绝热、隔声、耐酸、耐火等优点，常用于砌筑需要透光的外墙、分隔墙等，其透光率可达 80%。压铸花纹和填充玻璃棉的玻璃空心砖，由于光线的漫射，使室内光照柔和优雅。

7. 玻璃锦砖

玻璃锦砖也叫玻璃马赛克。玻璃锦砖与陶瓷锦砖的外观区别在于：玻璃锦砖为乳浊状半透明材料，而陶瓷锦砖则是不透明的。玻璃锦砖已做成 30 多种颜色，色泽鲜艳，不易受污染，不会褪色，常用常新，而且价格低于陶瓷锦砖，是一种很好的外墙装饰材料。

8. 镜子玻璃

镜子是一种传统的日用品，但随着制镜技术的不断发展，现在已能制成大面积有颜色的镜子，其功能已远远超出着衣、梳妆时照容貌的作用，把它安装在室内墙面上，能增加色彩、开阔眼界，使狭窄的空间显得很宽敞，已成为一种广受欢迎的室内外装饰的材料。

第二节　金属装饰材料

一、铝合金装饰材料

铝属于有色金属中的轻金属，银白色，固态铝呈面心体，具有很好的塑性，但它的强度和硬度较低（拉伸强度为 80～100 MPa，HB＝200 MPa）。为了提高铝的实用价值，在铝中加入镁、锰、铜、锌、硅等元素组成铝基合金，即为铝合金，其机械性能明显高于铝本身，并仍然保持铝的轻量性，因此，使用价值大为提高。

铝合金材料除了用来制作门、窗异型材制品外，还可做成装饰板材，如利用铝阳极氧化处理后可以进行着色的特点，做成装饰品。此外，铝板表面还可进行防腐、轧花、涂装、印刷等二次加工。近年来，还出现了塑料铝合金复合板材，可用作建筑物内部装饰材料。

二、不锈钢材

不锈钢装饰板及各种管件、异型材、连接件等，表面经过加工处理，既可高度抛光发亮，也可无光泽。它作为建筑装饰材料，室内外都可使用，可作为非承重的纯装饰品，也可作承重材料。不锈钢用于外墙、柱面，不仅具有强烈的金属质感，亮度夺目，而且经久耐用，是目前国内外正大力发展的一种主要高档建筑装饰材料。

在现代装修工程中，不锈钢材的应用越来越广泛。不锈钢具有表面光洁度高、耐腐蚀性强、不易生锈等特点。

不锈钢是含铬 12%以上，具有耐腐蚀性性能的铁基合金。不锈钢可分为不锈耐酸钢和不锈钢两种。能抵抗大气腐蚀的钢称为不锈钢，而在一些化学介质（如酸类）中能抵抗腐蚀的钢称为耐酸钢。通常将这两种钢统称为不锈钢。一般不锈钢不一定耐酸，而耐酸钢一般都具有良好的耐蚀性。

不锈钢钢种按组织特征分为五类，共 55 个牌号，经常被用于装修工程的类别和牌号见表 11—6。

表 11—6　不锈钢按组织特征分类

类　　别	牌　　号	备　　注
奥氏体型	ICr17Ni8	不锈钢的钢号前的数字表示平均含碳量的千分之几，合金元素仍以百分数表示，当含碳量≤0.03%或≤0.08%者，在钢号前分别冠以"00"或"0"，如：0Cr13 钢的平均含碳量≤0.03%，含铬量≈13%，00Cr18Ni10 钢的平均含碳量≤0.03%，含铬量≈18%，含镍量≈10%
	ICr18Ni9	
铁素体型	ICr17	
	ICr17Mo	
	00Cr17Mo	

三、彩色钢板

彩色钢板系在热轧或镀锌钢板（也可采用铝合金板）表面加做有机彩色涂层而得。涂层的主要成分为聚氯乙烯或聚丙烯酸酯等，可用液体涂覆或薄膜层压的方法粘固在板面上。为获得不同线型，常把板压出有折角的大、小波型。

彩色钢板按其形状分为彩色压型钢板、条板、扣板、平面方板及特殊加工的板材。其具体尺寸及色彩图案可根据设计生产。

1. 彩色压型钢板

彩色压型钢板是以镀锌钢板为基材，经成型轧制，表面涂敷各种防腐蚀涂层与烧漆而制成的轻型板材。

2. 条板、扣板与方形平面板材

条板、扣板与方形平面板材以普通钢板为基材，经防腐处理后涂饰各类油漆，多用于室内墙面及吊顶。

四、复合板材

复合板材种类繁多，用于装饰工程的复合板材主要有：

1. 塑料复合金属板

塑料复合金属板是在镀锌钢板或铝板等金属板上用涂布法或贴膜法复合一层 0.2～0.4 mm 厚的软质或硬质塑料薄膜而成的复合板材，它兼有金属板的强度、刚性和塑料表面层的优良装饰性和耐腐蚀性。塑料复合金属板不仅可用作室内墙面装饰板材和屋面板，还可用于制作家具以及各种防腐制品。图 11—1 为各类塑料钢板的结构。

2. 复合隔热板

复合隔热板的表面均为镀锌钢材，涂以硅酮聚酯，中芯的隔热材料为膨胀的聚氨酸酯，注入两层钢板之间，使三层组合成坚固的整体板材。

3. 隔热夹芯板

隔热夹芯板是通过自动化连续板成型机将彩色钢板压型后，用高强黏合剂把内外两层彩色钢板与聚苯乙烯泡沫板加压加热固比后形成的。夹芯板两侧可以是钢板，也可用塑料板，也可以一面为钢一面为塑料板等多种材料组合。

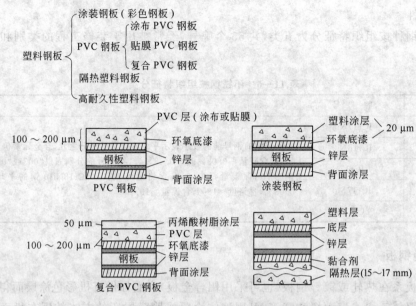

图 11—1　各类塑料钢板结构示意图

隔热夹心板和复合隔热板都可用于隔墙,使墙体一次完成,既有分隔功能,表面又无须装饰,可广泛用在高层建筑和写字楼中作为分隔构件。

第三节　塑料壁纸、地板与地毯

一、塑料壁纸

胶面的壁纸,一般统称为塑料壁纸。塑料壁纸是目前发展最为迅速、生产量最大、应用最广泛的壁纸。

目前,常用的塑料壁纸主要包括两大类,即纸基涂塑壁纸和 PVC(聚氯乙烯)壁纸。其中纸基涂塑壁纸大致可分为三类,即普通壁纸(亦称纸基塑料壁纸)、发泡壁纸和特种壁纸。

1. 普通壁纸(纸基塑料壁纸)

普通壁纸是以 $80\ g/m^2$ 的木浆纸为基材,表面再涂以 $100\ g/m^2$ 左右的高分子乳液,经印花、压花而成。这种壁纸花色品种多,适用面广,价格低廉,广泛用于住宅、公共建筑的内墙、柱面、顶棚的装饰。

普通壁纸的种类有印花涂塑壁纸、复塑壁纸、压花壁纸、木纹壁纸、双层压纹壁纸、浅浮雕塑纸、深浮雕壁纸。

2. 发泡壁纸

发泡壁纸亦称浮雕壁纸,它是以 $100\ g/m^2$ 的纸作基材,涂刷 $300\sim400\ g/m^2$ 掺有发泡剂的聚氯乙烯糊状料印花后,再经加热发泡而成,壁纸表面呈凹凸花纹。

这种壁纸图样真,立体感强,装饰效果好,并富有弹性,其中高发泡纸尚兼有保温、隔热及吸声等功能,图案及色彩种类繁多。

发泡壁纸有高发泡印花、低发泡印花、低发泡印花压花等品种。

高发泡印花壁纸是一种装饰、吸声多功能壁纸,适用于影剧院、会议室、住宅天花板等的装饰。

低发泡印花压花壁纸适用于室内墙裙、客厅和内廊的装饰。

3. 特种壁纸

所谓特种壁纸,意即指具有特殊功能的塑料面层壁纸,也称专用壁纸,如自粘型壁纸、耐水壁纸、防火壁纸、抗腐蚀壁纸、抗静电壁纸、防污壁纸、健康壁纸、吸声壁纸、金属面壁纸、图景画壁纸、彩色砂粒壁纸等。这些壁纸都用于特殊需要的地方。

特种壁纸的功能不同,其基材、规格、特点等亦不相同,具有各自的特点。

(1)耐水壁纸

耐水壁纸是用玻璃纤维毡纸作基材,以适应卫生间、浴室等墙面的装饰。这些壁纸外表与瓷砖一模一样,而且更漂亮,但价格仅为瓷砖的 1/4 左右。

其缺点是,尽管壁纸面不怕水,但接缝处会渗水,水将胶溶解,壁纸即会脱落。

(2)防火壁纸

防火壁纸是用 $100\sim200$ g/m^2 的石棉纸作基材,在面层 PVC 涂塑料材料中掺入阻燃剂,使壁纸具有一定的阻燃防火性能,适用于防火要求较高的建筑和木板面装饰。

防火壁纸的防火等级比一般壁纸的防火等级要高得多,但与一般壁纸相同的是,其燃烧时,没有有毒气体产生。

(3)彩色砂粒壁纸

表面彩色砂粒壁纸是在基材上撒布彩色砂粒,然后再喷涂胶黏剂,使表面具有砂粒毛面,一般用作门厅、柱头、走廊等局部装饰。

(4)自粘型壁纸

自粘型壁纸亦称即时贴。在裱糊时,不用刷胶黏剂,只要将壁纸背后的保护纸撕掉,即可像胶布一样贴于墙面,其施工和更换均较方便、容易。

(5)金属面壁纸

金属面壁纸是以铝箔为面,以纸为基材制成,面层也可印花、压花。其装饰效果像安装了金属装饰板一样,具有不锈钢面、黄铜面等多种质感与光泽,有时可以达到以假乱真的地步。

(6)图景画壁纸

图景画壁纸是一种将塑料壁纸的表面图案同图画或风景照结合起来制成的壁纸。为了便于裱糊,生产时将一幅壁纸划分成若干块,裱糊时按标准的顺序拼贴即可。

图景画壁纸多用于厅、堂的墙面。

4. PVC 壁纸

PVC 壁纸有 PVC 压延壁纸和 PVC 发泡壁纸两大类,适用于各种建筑物的内墙、天棚、梁柱等贴面装饰。

PVC 压延壁纸是在纸基上层压上一定厚度的 PVC 薄膜,然后再经印刷、压花而成的一种墙面装饰材料。PVC 压延壁纸主要有以下三种规格:长度均为 50 m($\pm$0.3 mm),宽度分别为 920 mm、1000 mm 和 1200 mm。

PVC 发泡壁纸是在纸基上通过筛网涂上掺有发泡剂的 PVC 颜料糊,然后再经高温发泡而成的一种墙面装饰材料。PVC 发泡壁纸主要有一种规格,即 10.05 m×0.53 m,个别尚有 10 m×0.90 m 的规格。

PVC 壁纸具有以下特点:

(1)有一定的伸缩性和耐裂强度,因此允许底层结构有一定程度的裂缝。

（2）可制成各色图案及丰富多彩的凹凸花纹,富有质感和艺术感。

（3）强度高,经拉经拽,易于粘贴,陈旧后也易于更换。

（4）表面不吸水,清理保养容易。

PVC壁纸的主要物理性能如表11—7。

表11—7　PVC壁纸的物理性能表

项　目			优等品	一等品	合格品
褪色性(级)			≥4	≥4	≥3
耐摩擦色牢度试验(级)	干摩擦	纵向	≥4	≥4	≥3
		横向			
	湿摩擦	纵向	≥4	≥4	≥3
		横向			
遮蔽性试验(级)			4	3	3
湿润拉伸负荷		纵向	≥2.0	≥2.0	≥2.0
		横向			
黏结剂可拭性		横向	可	可	可

注:可拭性是指黏贴壁纸的黏合剂在壁纸的正面,在黏合剂未干时,应有可能用湿布或海绵拭去而不留下明显的痕迹。

二、塑料地板

塑料地板是指由高分子树脂及其助剂通过适当的工艺制成的片状地面覆盖材料。

1. **塑料地板的种类**

塑料地板按其生产和施工方法的不同分为预制塑料地板和现场施工塑料地板两大类。前者以聚氯乙烯为主要原料,后者以不饱和聚酯树脂、环氧树脂等热固性树脂以及聚酯酸乙烯酯等热塑性树脂乳涂为主要原料。

塑料地板按其材料性能分为硬质地板、半硬质地板和弹性地板,按其使用形态分为块材地板和卷材地板,按其组成和结构则可分为单色半硬质块材地板、印花块材地板、软质单色卷材地板、不发泡卷材地板和印花发泡卷材地板。

地板还可分为有底层和无底层两种。目前作为底层材料用的有矿棉纸、玻璃纤维毡、玻璃布、化学纤维无纺布等。有底层塑料地板的机械强度高,不易破损,但价格较无底层的要高。大部分块材地板没有底层,卷材地板则大多有底层。

现场施工的塑料地板也称涂布地板或无接缝地板,主要有不饱和聚酯树脂涂布地板、环氧树脂涂布地板和聚乙烯醇缩甲醛水泥涂布地板。

2. **塑料地板的性能特点**

（1）脚感舒适,不易沾灰,噪声小,防滑,耐磨,自熄,绝缘性好,吸水性小,耐化学磨蚀。

（2）色泽选择性强,根据需要可自选地板颜色,并可组成各种图案,或仿天然图案。

（3）造价低,施工方便。

（4）没有水泥基地板的冷、硬、潮、脏等缺陷。

（5）多用于住宅和室内公共场所。

另外,塑料地板需测试的性能要求包括尺寸稳定性,耐凹陷性,耐磨性,耐热、耐燃、耐烟头性,耐化学性,耐污染性,耐刻画性和抗静电性。

以上各项都应满足一定的指标要求。其相应测试方法可查阅有关资料。

三、塑料地毯

塑料地毯也称化纤地毯,它是从传统羊毛地毯发展而来的。尽管羊毛地毯有独特的工艺装饰性能,但其资源有限价格也高,而且容易虫蛀、霉变,因此其应用受到限制。塑料地毯却以其原料丰富、成本较低、各项使用特性与羊毛地毯相近而成为普遍采用的地面装饰材料。

1. 塑料地毯的种类

塑料地毯按其加工方法的不同分为簇绒地毯、印染地毯和人造草皮。

(1)簇绒地毯

簇绒地毯由四部分组成,即毯面纤维、初级背衬、防松涂层和次级背衬。地毯纤维是地毯的主体,它决定了地毯的防污、脚感、耐磨性、质感等主要性能。防松涂层的作用是黏结绒圈,防止绒卷从初级背衬中抽出。次级背衬则使地毯具有更好的外形稳定性和铺设平伏性。

(2)针扎地毯

针扎地毯由三部分组成,即毯面纤维、底衬和防松涂层。底衬一般为聚丙烯机织布,它与毯面纤维相互缠结,使针扎地毯具有一定的刚性和外形稳定性。防松涂层使纤维间相互黏结,防止纤维在使用中勾出,延长地毯的使用寿命。

(3)印染地毯

印染地毯是以簇绒地毯印染加工而成的,表面图案丰富多彩。

(4)人造草皮

人造草皮也是一种簇绒地毯,只是它的毯面是用聚丙烯撕裂而成的,颜色一般为绿色。应用场合不同,所制成草皮的质感和密度是不一样的,例如住宅用的是疏松型结构品种,而用于运动场的则是紧密、重型的结构品种。

图11—2为各类塑料地毯的结构示意图。

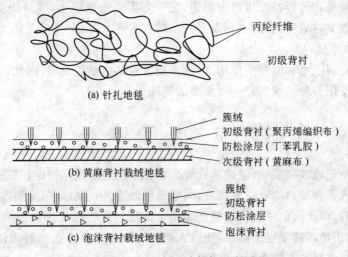

图 11—2 塑料地毯结构示意图

由于簇绒法可进行机械化大规模生产,生产速度比传统机织工艺要快 20 倍左右,加上簇绒机械的发展,可以生产出各种质感的地毯,所以簇绒地毯是目前使用最普遍的一种塑料地毯。

塑料地毯按其外形尺寸可分为卷材和块材两种。卷材的宽度可自 2 m 至 4 m。块材地毯在国际上通行的尺寸为 500 mm×500 mm 和 450 mm×450 mm,也有 750 mm×750 mm 和 1000 mm×1000 mm 尺寸的品种。卷材和块材各有利弊。卷材地毯拼缝少,施工方便,而块材地毯在局部损坏时可以更换,这对于用在人流较多的公用地方(如办公室)是比较合理的。但块材地毯施工时接缝多,使用时易翘角踢坏。

2. 塑料地毯的性能

塑料地毯性能优劣主要根据以下几点来衡量:

(1)耐倒伏性(回弹性)

所谓倒伏,是指毯面纤维在长期受压摩擦后向一边倒下而不能回弹。倒伏会造成露底、表面色泽不均匀以及藏污性下降。倒伏性主要取决于毯面纤维的高度、密度和纤维的性质。密度大的手工编织地毯一般不会发生倒伏,而密度小、绒头较高的簇绒地毯则较易发生倒伏。

(2)耐磨性

耐磨性是决定使用寿命的主要因素。化学纤维的耐磨性高于羊毛,化纤中数尼龙的耐磨性最好。耐磨性还与绒头的高低有关。有的化纤(如腈纶)在磨耗的同时还容易起球,影响地毯的外观。

(3)耐燃性和耐烟头性

制造塑料地毯的聚合物原料与制造塑料地板的常见原料不同,它们本身大都不含阻燃元素,因此较易着火燃烧。在制造化纤原材料的同时,加入一定量的阻燃剂就可以使塑料地毯获得自熄性能,目前已经有这类阻燃地毯问世。

塑料地毯的耐烟头性也较塑料地板差。在地毯上踩灭烟头会使毯面纤维烧焦,无法修复,所以使用时必须避免烟头的危害。

(4)抗静电性

化学纤维未经处理时容易产生静电积累,它一方面会造成吸尘,同时除尘也困难,另一方面由于放电会造成某种危害,如对电脑及其磁盘的危害等。

(5)色牢度

塑料地毯在光、热、水和摩擦的作用下,或多或少地都会褪色变旧,因此色牢度对于塑料地毯的装饰性能和使用寿命来说也是一项重要的性能指标。

第四节 建 筑 涂 料

建筑涂料是位于建筑物表面,经过物理变化或化学反应形成坚韧保护膜的物料的总称,其中大多数是含有或不含颜料的有机黏稠液体,通常叫做漆。长期以来,涂料都是用植物油和天然树脂熬炼而成的,因此人们一直将涂料产品叫做油漆。尽管以水作主要溶剂的涂料产品正逐渐增多,但是由于油漆两字沿用已久,所以人们仍旧按习惯称有机涂料为油漆,而涂料多用于称呼以水作主要溶剂的水性涂料,尤指建筑涂料。

各种涂料均由主要成膜物质、次要成膜物质和辅助成膜物质三部分组成。涂料的这些组成成分,按其性能形态可完全包括在油漆、树脂、颜料、溶剂、催干剂及其他涂料助剂五大类原料中。

涂料产品的命名原则为:

涂料全名=颜色或颜料名称+成膜物质名称+基本名称

如果颜料对涂膜性能起显著作用,则可用颜料的名称代替颜色的名称,仍位于涂料名称的前面,如红丹油性防锈漆。

成膜物质名称以主要成膜物质为基础,如果有多种成膜物质时,尤其应注意这一点。

基本名称仍采用已广泛使用的习惯名称,如清漆、厚漆、磁漆、调和漆、木器漆、罐头漆等。除粉末外,其他涂料产品命名用"漆"字,统称时用涂料。

一、涂料的组成

各种建筑涂料都包含多种组成物质,每种涂料的具体组成也差异很大。建筑涂料大致可分成挥发部分和不挥发部分两个组分。挥发部分包括分散介质和其他材料带入的可挥发成分;不挥发部分则会留在基层表面,干结后形成一层膜盖住基层。涂料中的不挥发部分称作成膜物质。进一步,组成涂料的物质按其在涂料中的作用可划分为主要成膜物质(基料)、次要成膜物质(颜料和填料)、辅助成膜物质(分解介质和助剂)。

1. 主要成膜物质

主要成膜物质也称基料或黏结剂,是决定涂料性质的最主要组分。主要成膜物质具有单独成膜的能力,亦可黏结其他组分共同成膜。涂料的品种与名称通常是根据主要成膜物质来命名的。

可以成膜的物质很多,如干性油、半干性油、天然树脂、合成树脂、无机胶结材等。

2. 次要成膜物质

次要成膜物质主要是指颜料。颜料按其在涂料中所起的作用可分为着色颜料和体质颜料。颜料自身没有成膜的能力,它们必须依靠主要成膜物质的黏结而成为膜的一个组成部分。

着色颜料是一种不溶于水、溶剂或涂料的一种微细粉末状的有色物质,能均匀地分散在涂料介质中。着色颜料在建筑涂料中不仅能使涂料层具有一定的遮盖能力,增加涂层色彩,而且还能提高膜的强度。

体质颜料按其颗粒大小分为粉料和粒料。

粉料是一些几乎不具有遮盖力和着色力白色粉末。粉末开始用于涂料仅是为了弥补着色颜料的体质不足,降低涂料成本,故称填充料。现在发现,粉料与着色颜料配合使用,粉料轻、悬浮力大,可以防止重颜料沉淀,使颜料在涂料中均匀分散。粉料还能增加涂膜厚度和体质感,提高涂层的耐磨性和耐久性,因而也称为体质颜料。

粒料是用天然石材加工或人工烧结而成的一类粒径在 3 mm 以下的彩色固体颗粒,也称作彩砂。相对于涂料中其他基料而言,粒料的粒度较粗,因此在建筑涂料中可以起到色观和质感的作用。加有粒料的涂料被称作彩砂涂料,这也是一种较新颖的建筑涂料。

3. 分解介质

为了便于涂装施工,建筑材料大都是液体状的,具有一定的流动性,所以建筑涂料中总是含有较大数量的分散介质。分散介质可以是有机溶剂,也可以是水,前者组成溶剂型涂料,后者则是水性的。

分散介质在涂料中属于辅助成膜物质,涂料涂于基层上,分散介质被基层物质吸收一部分,而大部分则挥发到空气中。分散介质虽然不构成涂膜,但它对涂膜形成的质量和涂料的成本都有很大影响。

4. 助　　剂

由主要成膜物质和次要成膜物质构成的建筑涂料,其性能常不够完善,需要加入一些具有特殊作用的助剂,以改善涂料质量,使之能适合各种应用场合。助剂通常用量很少,但作用显著。常见助剂品种有:

(1)引发剂、固化剂、催化剂。这类助剂能参与或促进涂料的化学反应,加快涂膜在常温条件下的干燥硬化速度,并改善涂层性能。

(2)增塑剂、抗氧剂。它们能改善涂膜柔韧性、保光保色性,提高涂层的耐久性等。

(3)乳化剂、润湿分散剂、中和剂、增稠剂、成膜助剂、消泡剂。这类助剂大多是配制水性涂料,尤其是浮液型涂料所必需的。其他还有防污剂、防霉剂、防锈剂、防腐剂、防冻剂、阻燃剂等。

二、建筑涂料的性能要求

1. 遮　盖　力

遮盖力通常用能使规定的黑白格遮盖所需的涂料的质量表示。质量大则遮盖力小。遮盖力与涂料中颜料的着色能力以及含量有关。建筑涂料遮盖力的范围为 $100\sim300$ g。

2. 涂膜附着力

涂膜附着力表示涂料与基层的黏结力。涂膜附着力可用划格法测定,即在涂料表面用特殊的划刀划出 100 个 1 mm^2 的方格,切口穿透整个涂膜,然后用软毛刷沿格子对角线方向前后各刷 5 次,检查掉下小方格的数目。附着力按下式计算:

$$a=[(100-a_1)/100]\times100\%$$

式中　a——附着力;

　a_1——掉下方格数。

附着力与涂料中成膜物质的性质及基层的性质和处理方法有关,最大为 100%。

3. 黏　　度

涂料的黏度影响其施工性能。不同的施工方法要求涂料有不同的黏度。有的要求涂料具有触变性,抹上基本表面后不流淌,而涂刷又很容易。涂料黏度取决于涂料所含的固体成分,即成膜物质和填料的性质和含量。

黏度常用涂-4 杯法测定,即一定量涂料流过涂-4 杯下面的孔所需的时间(s)。时间越长,黏度越大。厚质涂料则用旋转黏度计测定,并用厘泊(cP)数表示。

4. 细　　度

涂料细度采用刮板细度计测定,用微米(μm)数表示。细度影响涂膜表面平整性和光泽。建筑涂料作为墙面和地面的装饰材料,对其性能还有一些特殊要求,主要包括:

(1)耐污染性

建筑涂料的耐久性用白度受污损百分数来表示,污染物为 1:1 的粉煤灰水。用粉煤灰水反复污染涂层一定的次数,测定其白度损失率。损失率愈小,说明涂料的耐污染性愈好。

（2）耐久性

建筑涂料的耐久性主要包括以下三方面的内容：

①耐冻融作用。外墙涂料的涂层表面毛细管内含吸收水分，在冬季可能发生反复冰冻和融化。水冰冻时发生膨胀，会使涂层脱裂、开裂或起泡。涂料中成膜物质的柔性好，有一定延伸性，耐冻融性就较好。

耐冻融性是使涂层经−20℃和23℃、50℃处理各3 h为一次循环，经多次循环后不出现涂层开裂或脱落，循环的次数愈多，耐冻融性就愈好。

②耐洗刷性。耐洗刷性表示外墙涂料耐雨水长期冲刷的性能。耐洗刷性测试方法是用浸过皂水的棕毛刷反复刷一定重量的涂层，涂层擦完露底所经刷擦的次数愈多，则耐洗刷性愈好。外墙涂料耐刷擦次数要求达到1 000次以上。

③耐老化性。涂料中的成膜物质受大气中光、热、臭氧等因素的作用会发生分子的降解或交联，使涂层发黏或变脆，失去原有强度和柔性，从而造成涂层开裂、脱落或粉化。老化也包括涂层的变色和褪色。

耐老化性通常用疝灯老化仪人工加速老化法测定。在一定光照强度、温湿度条件下处理一定时间后，检查涂层有无起泡、剥落、裂纹、粉化和变色等现象。

（3）耐碱性

建筑涂料大都以水泥混凝土、含石灰抹灰材料等碱性材料为装饰对象。耐碱性差的涂料受碱性物质的影响会使涂层褪色、脱落。

耐碱性的测定方法是将涂层浸在氢氧化钙的饱和溶液中一定时间后，检查有无起泡、剥落和变色。

（4）最低成膜温度（MFT）

最低成膜温度对乳液型涂料是一项很重要的性能指标。乳液涂料是通过涂料中的微小颗粒的凝结而成膜的，而成膜只有在某一最低温度以上才能实现，所以乳液涂料只有在高于这一温度的条件下才能施工。一般乳液型的涂料的MFT都在10℃以上。

三、建筑涂料的种类和特点

建筑涂料的种类繁多，分类方法也很多。建筑涂料按其主要成膜物质的性质可分为有机质涂料、无机质涂料和有机无机复合系涂料三大类；按其分散介质种类分为溶剂型涂料和水性涂料两大类，水性涂料又可分为水溶性涂料和乳液型涂料两类；按其使用部位分为外墙涂料、内墙涂料、顶棚涂料、地面涂料和屋面涂料五类；按涂料的功能分为防水涂料、防火涂料、防霉涂料等。建筑涂料还有其他分类方法。

以下按涂料成膜物质的性质介绍常用建筑涂料的品种和特点。

1. 溶剂型建筑涂料

（1）油性涂料

油性涂料是指以传统干性油为主要成分的涂料，种类很多。这种涂料的耐老化性较差，使用寿命较短，但涂层致密，易于清洁，目前仍大量用于门窗、家具等涂装。

（2）过氯乙烯外墙涂料

过氯乙烯外墙涂料是以过氯乙烯树脂（含氯量61%～65%）为主要成膜物质，以二甲苯为溶剂，再加上一定量的增塑剂、稳定剂、填料、颜料等物质，经捏和、混炼、塑化、切粒、溶解、过滤等工艺而制成的一种溶剂型涂料。这种涂料光泽较好,防水,耐污、耐老化性好,耐碱性也很好,而且涂膜干燥快,施工方便,可广泛用于外墙和地面的涂装。过氯乙烯涂料是我国应用最早的装饰涂料之一。

2. 丙烯醛树脂类建筑涂料

丙烯醛类树脂是丙烯酸、丙烯酸酯以及它与其他树脂组成的共聚物的总称。丙烯酸树脂类建筑涂料的品种很多,目前主要品种有苯乙烯—丙烯酸、类涂料(简称苯丙涂料)和醋酸乙烯—丙烯酸类涂料(简称乙丙涂料)。丙烯酸类涂料的性能全面,特别是耐老化性优异,在长期光照和日晒雨淋条件下不易变色、粉化或脱落。

建筑用的丙烯酸涂料主要是乳液型的,也有溶剂型的。除线形热塑性的外,还有室温交联的丙烯酸涂料。

3. 聚乙烯醇水玻璃内墙涂料

聚乙烯醇水玻璃内墙涂料以聚乙烯醇和钠水玻璃为成膜物质,是一种水溶性涂料,俗称106涂料。106涂料价格低,原料来源丰富,但耐水性较差,一般作为内墙涂料使用。

4. 多彩花纹内墙涂料

多彩花纹内墙涂料是由液体状或胶体状的两种或两种以上颜色粒子制成的悬浊涂料,一次喷涂就可形成多彩花纹涂膜。多彩花纹涂料可用于内墙、顶棚等部位的装饰,具有色调美观、典雅豪华、立体感强、装饰性强等特点。这种涂料本身还具有优良的耐久性、耐油性、耐化学腐蚀性、耐燃性和耐洗刷性。

(1)多彩花纹涂料涂膜的形成原理

多彩花纹涂料的分散相中有两种或两种以上较大而且大小不等的着色粒子,在含有稳定剂的分散介质中均匀稳定地悬浮着。在喷涂时,一次喷涂就可形成每一个粒子都是独立的多彩花纹,干燥后彼此凝结起来,成为坚实的多彩涂膜。

(2)多彩花纹涂料的基本组成

多彩花纹涂料由两相组成,一相为分散相(磁漆相),另一相为分散介质相(水性保护胶体)。分散相由合成树脂、增塑剂、溶剂、颜料、填料及其他助剂组成。

 复习思考题

1. 建筑工程中常用装饰材料有哪几种? 它们各自有什么特点?

2. 简要说明塑料墙纸和塑料地板的主要类型和特点。

3. 简要说明聚氯乙烯材料的优缺点。

4. 建筑涂料主要包括哪些组分? 生产和施工中常用哪些技术指标来说明建筑涂料的性能?

建筑材料试验

建筑材料试验是重要的实践性学习环节。通过试验,要达到以下要求:

(1)熟悉建筑材料的技术要求,能够对常用建筑材料进行质量检验和评定;

(2)通过具体材料的性能测试,进一步了解材料的基本性状,验证和丰富建筑材料的理论知识;

(3)培养基本试验技能和严谨的科学态度,提高分析问题和解决问题的能力。

材料的质量指标和试验结果是有条件的、相对的,它与取样、测试和数据处理密切相关。在进行建筑材料试验的整个过程中,材料的取样、试验操作和数据处理,都应严格按照国家(或部颁)现行的有关标准和规范进行,以保证试样的代表性、试验条件稳定一致以及测试技术和计算结果的正确性。

本书中建筑材料试验项目,是按照土木工程专业课程教学大纲要求,并依据国家最新标准和规范编写的,试验内容较多,可根据不同专业的教学要求进行选择与安排。

试验一 材料基本物理性质试验

本试验测定材料的表观密度、密度和吸水率。表观密度和密度用来计算材料的孔隙率和密实度,吸水率对材料的耐久性影响很大。

一、密度的测定

(一)主要仪器设备

李氏瓶(图 1)、筛子(孔径为 0.20 mm 或 900 孔/cm²)、烘箱、干燥器、天平(称量 500 g,感量 0.01 g)、温度计等。

(二)测定步骤

1. 将试样研碎,过筛后放在烘箱中,以不超过 110℃的温度烘干至恒重,烘干后的粉料储放在干燥器中,以待取用。

2. 在李氏瓶中注入对试样不起反应的流体至凸颈下部,记录刻度数。将李氏瓶放在盛水的容器中,在试验过程中保持水温为 20℃。

3. 用天平称取 50~90 g 试样,用漏斗将试样逐渐送入李氏瓶内,使液面上升至接近 20 mL 的刻度为止。再称剩下的试样,计算装入瓶中的试样质量 m(g)。

4. 记录注入试样的李氏瓶中液面的读数,减去未注前的读数,即得试样的绝对体积 V(cm³)。

5. 计算密度 ρ:

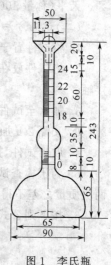

图 1 李氏瓶

$$\rho = \frac{m}{V} \tag{1}$$

按规定应做两次试验,求出两次结果的算术平均值。两次结果相差不应大于2%。

二、表观密度的测定

(一)主要仪器

天平(称量1000 g,感量0.1 g)、游标卡尺(精度为0.1 mm)、烘箱等。

(二)测定步骤

1. 将试件置入烘箱内,以不超过110℃的温度烘干至恒重,置入干燥器中冷却置室温。

2. 用游标卡尺量其尺寸(每边测三次,取平均值),并计算其体积 V_0(cm³),再用天平称其质量 m(g)。

3. 按下式计算其表观密度 ρ_0:

$$\rho_0 = \frac{1000m}{V_0} \tag{2}$$

三、孔隙率的计算

根据前两个试验所测定的试样密度 ρ(g/cm³)和表观密度 ρ_0(g/cm³),按下式计算试样的孔隙率 p:

$$p = \left(1 - \frac{\rho_0}{\rho}\right) \times 100\% \tag{3}$$

计算结果精确至0.1%。

四、吸水率试验

(一)主要仪器

天平(称量1000 g,感量0.1 g)、游标卡尺(精度0.1 mm)、烘箱、水槽等。

(二)试验方法

1. 将试件置于烘箱中,以不超过110℃的温度烘干至恒重,然后用天平称其质量 m(g)。

2. 将试件放在水槽中,试件间应有1～2 cm的间隔,并将试件底部垫起,避免与槽底直接接触。

3. 加水至试件高度的1/4处,过2 h后再加水至高度的1/2处,再过2 h加水至高度的3/4处,又隔2 h加水至高出试件1～2 cm,再24 h取出试件。

4. 取出试件,抹去表面水分,称其质量 m_1(g)。

5. 为了检查试件吸水是否饱和,可将试件再浸入水中至高度的3/4处,过24 h重新称之。两次质量之差不得超过1%。

6. 按下列公式计算吸水率:

$$W_{质量} = \frac{m_1 - m}{m} \times 100\% \tag{4}$$

$$W_{体积} = \frac{m_1 - m}{V_0} \times 100\% \tag{5}$$

7. 取三个试样的算术平均值为测定结果。

试验二　水泥技术性质检验

本试验根据国家标准《水泥细度检验方法筛吸法》(GB/T 1345—2005)、《水泥标准稠度用水量、凝结时间、安定性检验方法》(GB/T 1346—2011)及《水泥胶砂强度检验方法(ISO)法》(GB/T 17671—1999)对水泥的各性能指标进行检验。

一、水泥试验的一般规定

1. 以同一水泥厂、同期到达、同品种、同强度等级的水泥取样。取样应有代表性,可连续取样,亦可从 20 个以上不同部位取等量样品,总量至少 12 kg。

2. 试样应充分拌匀。

3. 试验用水必须是洁净的淡水。

4. 试验室温度应为 17~25℃,相对湿度应大于 50%。养护箱温度为 20℃±3℃,相对湿度应大于 90%。

5. 水泥试样、标准砂、拌和用水及试模等的温度均应与试验室温度相同。

二、水泥细度检验

细度检验方法有负压筛法、水筛法和干筛法三种。在检验工作中,如负压筛法与水筛法或干筛法的测定结果有争议时,以负压筛法为准。

（一）主要仪器设备

1. 负压筛析仪(图 2):负压筛析仪由筛座、负压筛、负压源及收尘器组成,其中筛座由转速为 30 r/min±2 r/min 的喷气嘴、负压表、控制板、微电机及壳体等构成。

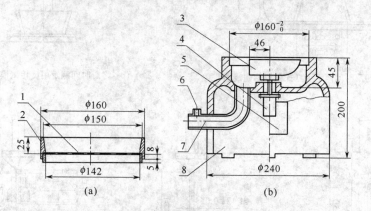

图 2　负压筛析仪(单位:)

1—筛网;2—筛框;3—喷气嘴;4—微电机;5—控制板开关;6—负压表接口;7—负压源及吸尘器接口;8—壳体

2. 天平:最大称量 100 g,分度值不大于 0.05 g。

（二）试验步骤

1. 筛析试验前,应把负压筛放在筛座上,盖上筛盖,接通电源,检查控制系统,调节负压至 4~6 kPa 范围内。

2. 称取试样 25 g,置于洁净的负压筛中,盖上筛盖,放在筛座上,开动筛析仪连续筛析

2 min,在此期间如有试样附着在筛盖上,可轻轻地敲击,使试样落下。筛毕,用天平称量筛余物,精确至 0.05 g。

3. 水泥试样筛余百分数按下式计算(结果计算至 0.1%):

$$F = \frac{R_s}{W} \times 100\% \qquad (6)$$

式中　F——水泥试样的筛余百分数;

　　　R_s——水泥筛余物的质量(g);

　　　W——水泥试样的质量(g)。

三、水泥标准稠度用水量测定(标准法)

(一)主要仪器设备

1. 标准法维卡仪(图 3)

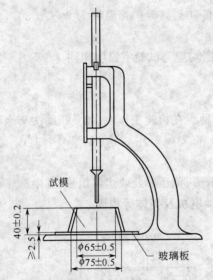

(a) 初凝时间测定用立式试模的侧视图

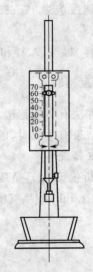

(b) 终凝时间测定用反转试模的前视图

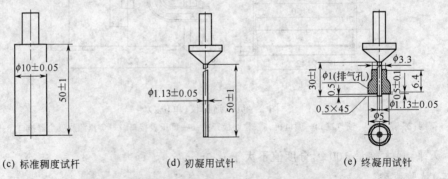

(c) 标准稠度试杆　　　(d) 初凝用试针　　　(e) 终凝用试针

图 3　测定水泥标准稠度和凝结时间的维卡仪

标准稠度测定用试杆[图 3(c)]有效长度为 50 mm±1 mm,由直径为 ϕ10 mm±0.05 mm 的圆柱形耐腐蚀金属制成。测定凝结时间时取下试杆,用试针[图 3(d)、(e)]代替试杆。滑动部分的总质量为 300 g±1 g。与试杆、试针连接的滑动杆表面应光滑,能靠重力下落,不得有紧涩和晃动现象。

盛装水泥净浆的试模[图 3(a)]应由耐腐蚀的、有足够硬度的金属制成。试模为截顶圆锥体,底内径为 ϕ75 mm±0.5 mm,顶内径为 ϕ65 mm±0.5 mm,深为 40 mm±0.2 mm。

2. 水泥净浆搅拌机

水泥净浆搅拌机由搅拌锅、搅拌叶片、传动机构和控制系统组成。搅动叶片在搅拌锅内作旋转方向的公转与自转,并可在竖直方向调节。搅拌锅可以升降,传动结构保证叶片按规定的方向和速度旋转,控制系统具有按程序自动控制与手动控制两种功能。总之,水泥净浆搅拌机应符合《水泥净浆搅拌机》(JC/T 729)规定的要求。

(二)试验步骤

1. 测定前必须做到:①维卡仪的金属棒能自由滑动;②调整至试杆接触玻璃板时指针对准零点;③搅拌机运行正常。

2. 水泥净浆的拌制:用水泥净浆搅拌机搅拌,搅拌锅和搅拌叶片前先用湿布擦抹。将拌和水倒入搅拌锅内,然后在 5～10 s 内将称好的水泥试样 500 g 加入水中;拌和时将锅置搅拌机上,升至搅拌位置,启动机器,低速搅拌 120 s,停 15 s,同时将叶片和锅壁上的水泥刮入锅中间,接着高速搅拌 120 s 后停机。拌和用水量当采用调整水量方法时按经验找水(初次试验可选用 150 mL),采用固定水量方法时用水量为 142.5 mL。

3. 标准稠度用水量测定步骤:拌和结束后,立即将拌制好的水泥净浆装入玻璃板上的试膜中,用小刀插捣,轻轻振动数次,刮去多余净浆,抹平后迅速将试膜和底板移到维卡仪上,将其中心定在试杆下,降低试杆至净浆表面,拧紧螺丝 1～2 s 后突然放松,让试杆垂直自由沉入净浆中。在试杆停止下沉或释放试杆 30 s 时,记录试杆距底板间的距离,升起试杆后,立即擦净。整个操作应在搅拌后 1.5 min 内完成。

4. 以试杆沉入净浆并距底板 6 mm±1 mm 的水泥净浆为标准稠度净浆。其拌和水量为该水泥的标准稠度用水量(P),按水泥质量的百分比计。

四、水泥净浆凝结时间测定(标准法)

(一)主要仪器设备

1. 测定仪

与测定标准稠度时所用的测定仪相同,只将试杆换成试针,装净浆用的锥模换成圆模(图 3d、e)。

2. 净浆搅拌机

与测定标准稠度时所用的相同。

(二)试验步骤

1. 测定前准备工作:调整测定仪的试针接触玻璃板时,指针对准零点。

2. 试件的制备:以标准稠度用水量按水泥净浆的拌制方法制成标准稠度净浆,一次装满试膜,振动数次刮平,立即放入湿气养护箱中。记录水泥全部加入水中的时间,作为凝结时间的起始时间。

3. 初凝时间的测定：试件在湿气养护箱中养护至加水后 30 min 时进行第一次测定。测定时，从养护箱中取出试模放到试针下，降低试针至净浆表面接触。拧紧螺丝 1～2 s 后，突然放松，试针垂直自由地沉入水泥净浆，观察试针停止下沉或释放试针 30 s 时指针的读数。当试针沉至距底板 4 mm±1 mm 时，为水泥达到初凝状态；由水泥全部加入水中至初凝状态的时间为水泥的初凝时间，用"min"表示。

4. 终凝时间的测定：为了准确观测试针沉入的状况，在终凝针上安装了一个环形附件（图 3e）。在初凝时间测定完成后，立即将试模连同浆体以平移的方式从玻璃板上取下，翻转 180°，直径大端向上、小端向下放在玻璃板上，再放入湿气养护箱中继续养护，临近终凝时间时每隔 15 min 测定一次。当试针沉入试体 0.5 mm，即环形附件开始不能在试体上留下痕迹时，为水泥达到终凝状态；由水泥全部加入水中至终凝状态的时间，为水泥的终凝时间，用"min"表示。

5. 测定时应注意：在最初测定的操作时应轻轻扶持金属柱，使其徐徐下降，以防试针撞弯，但结果以自由下落为准。在整个测试过程中，试针贯入的位置至少要距试模内壁 10 mm。临近初凝时每隔 5 min 测定一次，临近终凝时每隔 15 min 测定一次，到达初凝或终凝时应立即重复测一次。当两次结论相同时，才能定为到达初凝或终凝状态。每次测定均不得让试针落入原针孔。每次测试完毕须将试针擦净，并将试模放回湿气养护箱内。整个测定过程中要防止试模受振。

五、安定性检验（标准法）

（一）主要仪器设备

1. 净浆搅拌机。

2. 沸煮箱：沸煮箱有效容积为 410 mm×240 mm×310 mm，篦板结构应不影响试验结果，篦板与加热器之间的距离大于 50 mm。箱的内层由不易锈蚀的金属材料制成，能在 30 min±5 min 内将箱内的试验用水由室温升至沸腾状态并保持 3 h 以上，整个试验过程中不需补充水量。

3. 雷氏夹：雷氏夹由铜质材料制成，其结构如图 4 所示。当一根指针的根部先悬挂在一根金属丝或尼龙丝上，另一根指针的根部再挂上 300 g 的砝码时，两根指针针尖距离应在 17.5 mm±2.5 mm 范围内，当去掉砝码后针尖的距离能恢复至挂砝码前的状态。

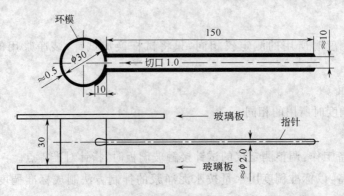

图 4　雷氏夹（单位：）

4. 雷氏夹膨胀值测定仪(图5)的标尺最小刻度为 0.5 mm。

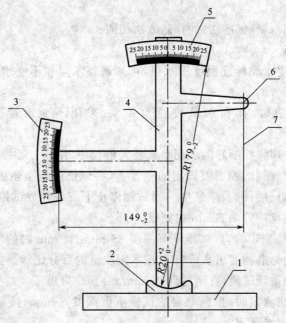

图 5　雷氏夹膨胀值测定仪
1—底座;2—模子座;3—测弹性标尺;4—立柱;5—测膨胀值标尺;6—悬臂;7—悬丝

(二)试验步骤

1. 测定前的准备工作:每个试样需成型两个试件,每个雷氏夹需配备质量约 75~85 g 的玻璃板两块,凡与水泥净浆接触的玻璃板和雷氏夹内表面稍稍涂上一层油。

2. 雷氏夹试件的成型:将预先准备好的雷氏夹放在已涂油的玻璃板上,并立即将已制好的标准稠度净浆一次装满雷氏夹,装浆时一只手用宽约 10 mm 的小刀插捣数次,然后抹平,盖上稍涂油的玻璃板,接着立即将试件移至湿气养护箱内养护 24 h±2 h。

3. 沸煮:

①调整好沸煮箱内的水位,使之能保证在整个沸煮过程中都超过试件,不需中途添补试验用水,同时又能保证在 30 min±5 min。

②脱去玻璃板,取下试件,先测量雷氏夹指针尖端间的距离(A),精确到 0.5 mm,接着将试件放入沸煮箱水中的试件架上,指针朝上,然后在 30 min±5 min 内加热至恒沸 180 min±5 min。

③结果判别:沸煮结束后,立即放掉箱中热水,打开箱盖,待箱体冷却至室温,取出试件进行判别。测量雷氏夹指针尖端的距离(C),准确至 0.5 mm。当两个试件煮后增加距离($C-A$)的平均值不大于 5.0 mm 时,即认为该水泥安定性合格;当两个试件的($C-A$)值相差超过 4.0 mm 时,应用同一样品立即重做一次试验。再如此,则认为该水泥为安定性不合格。

六、标准稠度用水量的测定(代用法)

1. 试验前的要求

(1)维卡仪的金属棒能自由滑动;

(2)调整至试锥接触锥模顶面时指针对准零点;

（3）搅拌机运行正常。

2. 水泥净浆的拌制

与水泥标准稠度用水量(标准法)的拌制方法相同。

3. 标准稠度的测定

（1）采用代用法测定水泥标准稠度用水量,可用调整水量和不变水量两种方法的任一种测定。

采用调整水量方法时,拌和水量按经验找水;采用不变水量方法时,拌和水量用142.5 mL。

（2）拌和结束后,立即将拌制好的水泥净浆装入锥模中,用小刀插捣,轻轻振动数次,刮去多余净浆。抹平后迅速放到试锥下面固定的位置上,将试锥降至净浆表面,拧紧螺丝1～2 s后突然放松,让试锥垂直自由沉入净浆中。到试锥停止下沉或释放试锥30 s时,记录试锥下沉深度。整个操作应在搅拌后1.5 min内完成。

（3）用调整水量方法测定时,以试锥下沉深度28 mm±2 mm时的净浆为标准稠度净浆。其拌和水量为该水泥的标准稠度用水量(P),按水泥质量的百分比计。如下沉深度超出范围,需另称试样,调整水量,重新试验,直至达到28 mm±2 mm为止。

（4）用不变水量方法测定时,根据测得的试锥下沉深度 S(mm)按下式(或仪器上对应标尺)计算得到标准稠度用水量 $P\%$。

$$P=33.4-0.18S \tag{7}$$

当试锥下沉深度小于13 mm时,应改用调整水量法测定。

七、安定性的测定(代用法)

1. 测定前的准备工作:每个样品需准备两块约100 mm×100 mm的玻璃板,凡与水泥净浆接触的玻璃板都要稍稍涂上一层油。

2. 试饼的成型方法:将制好的标准稠度净浆取出一部分分成两等份,使之成球形,放在备好的玻璃板上,轻轻振动玻璃板并用湿布擦过的小刀由边缘向中央抹,做成直径70～80 mm、中心厚约10 mm、边缘渐薄、表面光滑的试饼,接着将试饼放入湿气养护箱内养护24 h±2 h。

3. 沸煮:

（1）同前述标准法检验时的沸煮方法。

（2）脱去玻璃板取下试饼,在试饼无缺陷的情况下将试饼放在沸煮箱水中的篦板上,然后在30 min±5 min内加热至沸并恒沸180 min±5 min。

4. 结果判别:沸煮结束后,立即放掉沸煮箱内的热水,打开箱盖,待箱体冷却至室温,取出试件进行判别。目测试饼未发现裂缝,用钢直尺检查也没有弯曲(使钢直尺和试饼底部紧靠,以两者间不透光为不弯曲)的试饼为安定性合格,反之为不合格。

当两个试饼判别结果有矛盾时,该水泥的安定性为不合格。

八、水泥胶砂强度检验(ISO法)

(一)主要仪器设备

1. 试 验 筛

金属丝网试验筛应符合《金属丝编织网试验筛》(GB/T 6003.1—2012)的要求。

2. 搅 拌 机

搅拌机为行星式搅拌机,应符合《行星式水泥胶砂搅拌机》(JC/T 681—2005)的要求。

用多台搅拌机工作时,搅拌锅和搅拌叶应保持配对使用。叶片与锅之间的间隙(叶片与锅壁最近的距离)应每月检查一次。

3. 试 模

试模由三个水平的模槽组成,可同时成型三个 40 mm×40 mm×160 mm 的棱柱试体。其材质和制造尺寸应符合《水泥胶砂试模》(JC/T 726—2005)的要求。

为控制料层厚度和刮平胶砂,应备有两个播料器和一把金属刮平直尺。

(二)胶砂组成

1. 砂

中国 ISO 标准砂的质量控制按《水泥胶砂强度检验方法》(GB/T 17671—1999)进行。

中国 ISO 标准砂完全符合 ISO 标准砂颗粒分布和湿含量的规定,可以单级分包装,也可以各级预配合以 1350 g±5 g 量的塑料袋混合包装,但所用塑料袋材料不得影响强度试验结果。

2. 水 泥

当试验水泥从取样至试验要保持 24 h 以上时,应把它贮存在基本装满和气密的容器里,这个容器应不与水泥起反应。

3. 水

仲裁试验或其他重要试验用蒸馏水,其他试验可用饮用水。

(三)胶砂的制备

1. 配 合 比

胶砂的质量配合比应为一份水泥、三份中国 ISO 标准砂(水灰比为 0.5)。一锅胶砂成三条试体,每锅材料需要量如表 1 所示。

表 1　材料需要量表

品　种	水泥(g)	标准砂(g)	水(g)
硅酸盐水泥			
普通硅酸盐水泥			
矿渣硅酸盐水泥	450±2	1 350±5	225±1
粉煤灰硅酸盐水泥			
复合硅酸盐水泥			
石灰石硅酸盐水泥			

2. 配 料

水泥、砂、水和试验用具的温度与试验室相同,称量用的天平精度应为±1 g。当用自动滴管加 225 mL 水时,滴管精度应达到±1 mL。

3. 搅 拌

每锅胶砂均用搅拌机进行机械搅拌。先使搅拌机处于待工作状态,然后按以下程序进行操作:把水加入锅里,再加入水泥,把锅放在固定架上,上升至固定位置。然后立即开动机器,低速搅拌 30 s 后,在第二个 30 s 开始的同时均匀地将砂子加入。当各级砂是分装时,从最粗粒级开始,依次将所需的每级砂量加完。把机器转至高速再拌 30 s。停拌 90 s,在第一个 15 s 内用一胶皮刮具将叶片和锅壁上的胶砂刮入锅中间。在高速下继续搅拌 60 s。各个搅拌阶段的时间误差应在 ±1 s 以内。

(四)试件的制备

1. 尺　　寸

应是 40 mm×40 mm×160 mm 的棱柱体。

2. 成　　型

(1)用振实台成型

胶砂制备后立即进行成型。将空试模和模套固定在振实台上,用一个适当的勺子直接从搅拌锅里将胶砂分两层装入试模。装第一层时,每个槽里约放 300 g 胶砂,用大播料器垂直架在模套顶部沿每个模槽来回一次将料层播平,接着振实 60 下。再装入第二层胶砂,用小播料器播平,再振实 60 下。移走模套,从振实台上取下试模,用一金属直尺以近似 90°的角度架在试模模顶的一端,然后沿试模长度方向以横向锯割动作慢慢向另一端移动,一次将超过试模部分的胶砂刮去,并用同一直尺以近乎水平的情况下将试体表面抹平,然后在试模上作标记或加字条标明试件编号和试件相对于振实台的位置。

(2)用振动台成型

当使用代用的振动台成型时,操作如下:

在搅拌胶砂的同时,将试模和下料漏斗卡紧在振动台的中心。将搅拌好的全部胶砂均匀地装入下料漏斗中,开动振动台,胶砂通过漏斗流入试模。振动 120 s±5 s 停车。振动完毕,取下试模,用刮平尺按上一条(用振实台成型)规定的刮平手法刮去其高出试模的胶砂并抹平。接着在试模上作标记或用字条标明试件编号。

(五)试件的养护

1. 脱模前的处理和养护

去掉留在模子四周的胶砂。立即将做好标记的试模放入雾室或湿箱的水平架子上养护,湿空气应能与试模各边接触。养护时不应将试模放在其他试模上。一直养护到规定的脱模时间时取出脱模。脱模前,用防水墨汁或颜料笔对试体进行编号和做其他标记。两个龄期以上的试体,在编号时应将同一试模中的三条试体分在两个以上龄期内。

2. 脱　　模

脱模应非常小心。对于 24 h 龄期的,应在破型试验前 20 min 内脱模;对于 24 h 以上龄期的,应在成型后 20～24 h 之间脱模。

注:如经 24 h 养护会因脱模对强度造成损害时,可以延迟至 24 h 以后脱模,但在试验报告中应予说明。

已确定作为 24 h 龄期试验(或其他不下水直接做试验)的已脱模试体,应用湿布覆盖至做试验时为止。

3. 水中养护

将做好标记的试件立即水平或竖直放在 20℃±1℃的水中养护,水平放置时刮平面应朝上。试件放在不易腐烂的篦子上,并彼此间保持一定间距,以让水与试件的六个面接触。养护期间试件之间间隔或试体上表面的水深不得小于 5 mm。

注:不宜用木篦子。

每个养护池只养护同类型的水泥试件。最初用自来水装满养护池(或容器),随后随时加水保持适当的恒定水位,不允许在养护期间全部换水。除 24 h 龄期或延迟至 48 h 脱模的试体外,任何到龄期的试体均应在试验(破型)前 15 min 从水中取出。揩去试体表面沉积物,并用湿布覆盖至试验为止。

4. 强度试验试体的龄期

试体龄期是从水泥和水搅拌开始试验时算起。不同龄期强度试验在下列时间里进行:24 h±15 min、48 h±30 min、72 h±45 min、7 d±2 h、28 d±8 h。

(六)试验程序

1. 总　则

用规定的设备以中心加荷法测定抗折强度。

在折断后的棱柱体上进行抗压试验,受压面是试体成型时的两个侧面,面积为 40 mm× 40 mm。

当不需要抗折强度数值时,抗折强度试验可以省去,但抗压强度试验应在不使试件受有害应力情况下折断的两截棱柱体上进行。

2. 抗折强度测定

将试体一个侧面放在试验机支撑圆柱上,试体长轴垂直于支撑圆柱,通过加荷圆柱以 50 N/s±10 N/s 的速率均匀地将荷载垂直地加在棱柱体相对侧面上,直至折断。保持两个半截棱柱体处于潮湿状态直至抗压试验。

抗折强度以 MPa 为单位,按下式计算:

$$R_f = \frac{1.5 F_f L}{b^3} \tag{8}$$

式中　F_f——折断时施加于棱柱体中部的荷载(N);

　　　L——支撑圆柱之间的距离(mm);

　　　b——棱柱体正方形截面的边长(mm)。

3. 抗压强度测定

抗压强度试验通过规定的仪器在半截棱柱体的侧面上进行。

半截棱柱体中心与压力机压板受压中心差应在 ±0.5 mm 内,棱柱体露在压板外的部分约有 10 m。

在整个加荷过程中以 2400 N/s±200 N/s 的速率均匀地加荷,直至破坏。

抗压强度以 MPa 为单位,按下式计算:

$$R_c = \frac{F_c}{A} \tag{9}$$

式中　F_c——破坏时的最大荷载(N);

　　　A——受压部分面积(mm²),40 mm×40 mm=1600 mm²。

(七)水泥的合格检验

1. 总　则

强度测定有两种主要用途,即合格检验和验收检验。本处叙述合格检验,即用它确定水泥是否符合规定的强度要求。

2. 试验结果的确定

(1)抗折强度

以一组三个棱柱体抗折试验结果的平均值作为试验结果。当三个强度值中有超出平均值±10％时,应剔除后再取平均值作为抗折强度试验结果。

(2)抗压强度

以一组三个棱柱体上得到的六个抗压强度测定值的算术平均值作为试验结果。如六个测定值中有一个超出六个平均值的±10％时,应剔除这个结果,而以剩下五个的平均数作为抗压强度试验结果。如果五个测定值中再有超过它们平均数±10％的,则此组结果作废。

(3)试验结果的计算

各试体的抗折强度记录至 0.1 MPa,按抗折强度规定计算平均值,计算精确至 0.1 MPa。各个半棱柱体得到的单个抗压强度结果计算至 0.1 MPa,按抗压强度规定计算平均值,计算精确至 0.1 MPa。

(4)试验报告

报告应包括所有各单个强度结果包括按抗压强度规定舍去的试验结果和计算出的平均值。

(5)检验方法的精确性

检验方法的精确性通过其重复性和再现性来测量。合格检验方法的精确性是通过它的再现性来测量的。验收检验方法和以生产控制为目的检验方法的精确性是通过它的重复性来测量的。

(6)再现性

抗压强度测量方法的再现性,是同一个水泥样品在不同试验室工作的不同操作人员,在不同的时间、用不同来源的标准砂和不同套设备所获得试验结果误差的定量表达。

对于28d抗压强度的测定,在合格试验室之间的再现性,用变异系数表示,可要求不超过6％。这意味着不同试验室之间获得的两个相应试验结果的差可要求(概率 95％)小于约 15％。

试验三　混凝土用砂和石检验

一、砂的筛分析试验

(一)主要仪器设备

1. 方孔筛:孔径为 150 μm、300 μm、600 μm、1.18 mm、2.36 mm、4.75 mm 及 9.50 mm 的筛各一只,并附有筛底和筛盖。

2. 天平:称量 1000 g,感量 1 g。

3. 摇筛机。

4. 鼓风烘箱:能使温度控制在 105℃±5℃。

5. 浅盘和毛刷等。

(二)试样制备

按规定取样,将试样缩分至约 1 100 g,放在烘箱中于 105℃±5℃下烘干至恒重,待冷却至室温后,筛除大于 9.50 mm 的颗粒(算出其筛余百分率),分为大致相等的两份备用。

（三）试验步骤

1. 称取试样 500 g，精确至 1 g。

2. 将试样倒入按孔径大小从上到下组合的套筛（附筛底）上，然后进行筛分。

3. 将套筛置于摇筛机上，摇筛约 10 min；取下套筛，按筛孔大小顺序再逐个用手筛，筛至每分钟通过量小于试样总量 0.1% 为止。通过的试样并入下一号筛中，并和下一号筛中的试样一起过筛，以此顺序进行，直至各号筛全部筛完为止。

4. 称出各号筛的筛余量（精确至 1 g），试样在各号筛上的筛余量不得超过按式（10）计算出的量，超过时应按下列方法之一处理：

$$G=\frac{A\times\sqrt{d}}{200} \tag{10}$$

式中　G——在一个筛上的筛余量（g）；

　　　A——筛面面积（mm^2）；

　　　d——筛孔尺寸（mm）。

（1）将该粒级试样分成少于按式（10）计算出的量分别筛分，并以筛余量之和作为该号筛的筛余量。

（2）将该粒级及以下各粒级的筛余混合均匀，称出其质量（精确至 1 g），再用四分法缩为大致相等的两份，取其中一份，称出其质量（精确至 1 g），继续筛分。计算该粒级及以下各粒级的分计筛余量时，应根据缩分比例进行修正。

（四）结果计算

1. 分计筛余百分率：各号筛的筛余量与试样总量之比（精确至 0.1%）。

2. 累计筛余百分率：该号筛的筛余百分率加上该号筛以上各筛余百分率的总和（精确至 0.1%）。

3. 根据累计筛余百分率的计算结果，绘制筛分曲线，并评定该试样的颗粒级配分布情况。

4. 按下式计算砂的细度模数 M_x（精确至 0.01）：

$$M_x=\frac{(A_2+A_3+A_4+A_5+A_6)-5A_1}{100-A_1} \tag{11}$$

式中　$A_1,A_2,\cdots,A_6$——4.75 mm、2.36 mm、1.18 mm、0.60 mm、0.30 mm、0.15 mm 各筛上的累计筛余百分率。

5. 筛分析试验应采用两个试样平行试验，并以其试验结果的算术平均值作为测定值。如两次试验所得的细度模数之差大于 0.20，应重新取样进行试验。

二、砂的表观密度测定

（一）主要仪器设备

1. 天平：称量 1000 g，感量 1 g。

2. 容量瓶：500 mL。

3. 烘箱、干燥器、烧杯（500 mL）、搪瓷盘、滴管、毛刷等。

（二）试样制备

用四分法缩取试样约 660 g，置于温度为 105℃±5℃ 的烘箱中烘至恒重，并在干燥器中冷却至室温后分成两份试样备用。

（三）测定步骤

1. 称取烘干试样 300 g（G_0），装入容量瓶中，注入冷开水至接近 500 mL 的刻度处。摇动容量瓶使试样充分搅动，排除气泡，塞紧瓶塞。

2. 静置 24 h 后打开瓶塞，然后用滴管添水至 500 mL 的刻度处。塞紧瓶塞，擦干瓶外水分，称其质量 G_1（g）。

3. 倒出瓶中的水和试样，将瓶内外清洗干净，再注入与上项水温相差不超过 2℃的饮用水至瓶颈刻度线，塞紧瓶塞，擦干瓶外水分，称其质量 G_2（g）。试验应在 15～25℃范围内进行。从试样加水静置的最后 2 h 起至试验结束，其温度相差不应超过 2℃。

（四）测定结果计算

试样的表观密度 ρ_0 按下式计算（精确至 10 kg/m³）：

$$\rho_0 = \frac{G_0}{G_0 + G_2 - G_1} \times \rho_{水}$$ (12)

表观密度应用两份试样测定两次，并以两次结果的算术平均值作为测定结果。如两次测定结果的差值大于 20 kg/m³，应重新取样测定。

三、砂的堆积密度测定

（一）主要仪器设备

1. 天平：称量 5 kg，感量 5 g。

2. 容量筒：金属制圆柱形筒，容积为 1 L，内径为 108 mm，净高为 109 mm，筒壁厚为 2 mm，筒底厚为 5 mm。

容量筒应先校正其容积。以温度为 20℃±2℃的饮用水装满容量筒，用玻璃板沿筒口推移，使其紧贴水面，不能夹有气泡，擦干筒外壁水分后称量，按下式计算筒的容积 V（L）：

$$V = G_1 - G_2$$ (13)

式中　G_1——筒、玻璃板和水总质量（kg）；

　　　G_2——筒和玻璃板总质量（kg）。

3. 烘箱、铝制料勺或漏斗、直尺、浅盘等。

4. 垫棒：直径为 10 mm、长为 500 mm 的圆钢。

（二）试样制备

用四分法取试样约 3L，置于温度为 105℃±5℃的烘箱中烘干至恒重，取出冷却至室温，筛除大于 4.75 mm 的颗粒，分为大致相等的两份试样备用。

（三）测定步骤

1. 称容量筒质量 G_2（kg），将筒置于不受振动的桌上浅盘中，用料勺将试样徐徐装入容量筒内，料勺口距容量筒口不应超过 50 mm，装至试样装满并超出容量筒筒口。

2. 用直尺将筒口上部的试样沿筒口中心线向两个相反方向刮平，称容量筒和试样的总质量 G_1（kg）。

（四）测定结果计算

试样的堆积密度 ρ_1 按下式计算（精确至 10 kg/m³）：

$$\rho_1 = \frac{G_1 - G_2}{V}$$ (14)

堆积密度应用两份试样测定两次,并以两次结果的算术平均值作为测定结果。

四、砂的含水率测定

(一)主要仪器设备

1. 天平:称量 2 kg,感量 1 g。

2. 烘箱、干燥器、铝制盘等。

(二)测定步骤

1. 取试样一份约 500 g 装入已称质量为 m_1(g)的铝盘内,称出试样连同铝盘的质量 m_2(g),然后摊开试样,放入温度为 105℃±5℃ 的烘箱中烘干至恒重,在干燥器中冷却至室温。

2. 称烘干试样和铝盘的总质量 m_3(g)。

(三)测定结果计算

试样的含水率 w 按下式计算(精确至 0.1%):

$$w = \frac{m_2 - m_3}{m_3 - m_1} \times 100\%$$ (15)

含水率应同时取两份试样测定两次,并以两次结果的算术平均值作为测定结果。

五、碎石或卵石的筛分析试验

(一)主要仪器设备

1. 方孔筛:孔径为 2.36 mm、4.75 mm、9.50 mm、16.0 mm、19.0 mm、26.5 mm、31.5 mm、37.5 mm、53.0 mm、63.0 mm、75.0 mm 及 90 mm 的筛,以及筛的底盘和盖各一只,其规格和质量要求应符合 GB/T 6003 中的方孔筛的规定(筛框内径均为 300 mm)。

2. 天平或台秤:称量 10 kg,感量 1 g。

3. 摇筛机。

4. 烘箱、容器、浅盘等。

(二)试验步骤

1. 将试样倒入按孔径大小从上到下组合的套筛(附筛底)上进行筛分。

2. 将套筛置于摇筛机上摇 10 min,取下套筛,按筛孔大小顺序再逐个用手筛,筛至每分钟通过量小于试样总量 0.1% 为止。通过的颗粒并入下一号筛中,并和下一号筛中的试样一起过筛,以此顺序,直至各号筛全部筛完为止。(注:当筛余颗粒的粒径大于 19.0 mm 时,在筛分过程中,允许用手指拨动颗粒。)

3. 称取各筛的筛余量(精确至 1 g)。

(三)试验结果计算

1. 计算分计筛余百分率和累计筛余百分率(计算方法同砂的筛分析),分别精确至 0.1% 和 1.0%。

2. 根据各筛的累计筛余百分率,评定该试样的颗粒级配。

六、碎石或卵石的表观密度测定(广口瓶法)

广口瓶法宜用于最大粒径不大于 37.5 mm 的碎石或卵石。

(一)主要仪器设备

1. 托盘天平:称量 2 kg,感量 1 g。

2. 广口瓶:容积为 1 000 mL,磨口,带玻璃片。

3. 方孔筛(孔径为 4.75 mm)、烘箱、金属丝刷、搪瓷盘、带盖容器、毛巾等。

(二)测定步骤

1. 取试样一份浸水饱和后,装入广口瓶中,然后注满水,用玻璃片覆盖瓶口,排尽气泡,称量总质量 G_1。

2. 将瓶中试样倒入浅盘中,置于烘箱烘干至恒重,冷却后称量其质量 G_0。

3. 将瓶洗净,重新装入水,称出其质量 G_2。

(三)测定结果计算

试样的表观密度 ρ_0 按下式计算(精确至 10 kg/m³):

$$\rho_0 = \frac{G_0}{G_0 + G_2 - G_1} \times \rho_水 \tag{16}$$

表观密度应用两份试样测定两次,并以两次结果的算术平均值作为测定结果。如两次测定结果的差值大于 20 kg/m³,应重新取样测定。

七、碎石或卵石的堆积密度测定

(一)主要仪器设备

1. 磅秤:称量 50 kg、感量 50g 及称量 100 kg、感量 100g 各一台。

2. 称量筒。

3. 烘箱、平头铁铲等。

(二)测定步骤

1. 称容量筒质量 G_2(kg)。

2. 取试样一份,用铁铲将试样装满容量筒,称出总质量 G_1(kg)。

(三)测定结果计算

试样的堆积密度 ρ_1 按下式计算(精确至 10 kg/m³):

$$\rho_1 = \frac{G_1 - G_2}{V} \tag{17}$$

堆积密度应用两份试样测定两次,并以两次结果的算术平均值作为测定结果。

试验四　普通混凝土试验

一、拌和物取样和拌制方法

(一)取样方法

1. 同一组混凝土拌和物应从同一盘混凝土或同一车混凝土中取样,取样量应多于试验所需量的 1.5 倍,且宜不少于 20L。

2. 混凝土拌和物的取样应具有代表性,宜采用多次采样的方法。一般在同一盘混凝土或同一车混凝土中的 1/4 处、1/2 处和 3/4 处之间分别取样,从第一次取样到最后一次取样不宜超过 15 min,然后人工搅拌均匀。

3. 从取样完毕到开始做各项性能试验不宜超过 5 min。

（二）一般规定

1. 拌制混凝土的原材料应符合技术要求，并与施工实际用料相同。在拌和前，材料的温度应与室温（应保持 20℃±5℃）相同；水泥如有结块现象，应用 0.9 mm 筛过筛，筛余团块不得使用。

2. 拌制混凝土的材料用量以质量计。称量的精确度：骨料为±1%，水、水泥及外加剂为±0.5%。

（三）主要仪器设备

1. 搅拌机：容量 75～100 L，转速为 18～22 r/min。

2. 磅秤：称量 50 kg，感量 50 g。

3. 其他用具：天平（称量 5 kg，感量 5 g）、量筒（200 mL、1 000 mL）、拌铲、拌板（1.5 m×2 m 左右）、盛器。

（四）拌和方法

1. 人工拌和

（1）按所定配合比备料。

（2）将拌板和拌铲用湿布润湿后，将砂倒在拌板上，然后加入水泥，用铲自拌板一端翻拌至另一端，如此重复，直至充分混合，颜色均匀，再加上石料，翻拌至混合均匀为止。

（3）将干混合物堆成堆，在中间作一凹槽，将已称量好的水倒一半左右在凹槽中（勿使水流出），然后仔细翻拌，并徐徐加入剩余的水继续翻拌，每翻拌一次用铲在拌和物上铲切一次，直到拌和均匀为止。

（4）拌和时力求动作敏捷，拌和时间从加水时算起，应大致符合下列规定：拌和物体积为 30 L 以下时 4～5 min；拌和物体积为 30～50 L 时 5～9 min；拌和物体积为 51～75 L 时 9～12 min。

（5）拌好后，根据试验要求，立即做坍落度测定或试件成型。从开始加水时算起，全部操作须在 30 min 内完成。

2. 机械搅拌法

（1）按所定配合比备料。

（2）预拌一次，即用按配合比的水泥、砂和水组成的砂浆及少量石子在搅拌机中进行涮膛，然后倒出并刮去多余的砂浆，目的是使水泥砂浆黏附满搅拌机的筒壁，以免正式拌和时影响拌和物的配合比。

（3）开动搅拌机，向搅拌机内依次加入石子、砂和水泥，干拌均匀，再将水徐徐加入，全部加料时间不超过 2 min，水全部加入后，继续拌和 2 min。

（4）将拌和物自搅拌机卸出，倾倒在拌板上，再经人工拌和 1～2 min，即可做坍落度测定或试件成型。从开始加水时算起，全部操作必须在 30 min 内完成。

二、普通混凝土拌和物稠度试验

（一）坍落度与坍落扩展度试验

本方法适用于骨料最大粒径不大于 40 mm、坍落度值不小于 10 mm 的混凝土拌和物稠度测定。稠度测定时需配制拌和物约 15 L。

1. 主要仪器设备

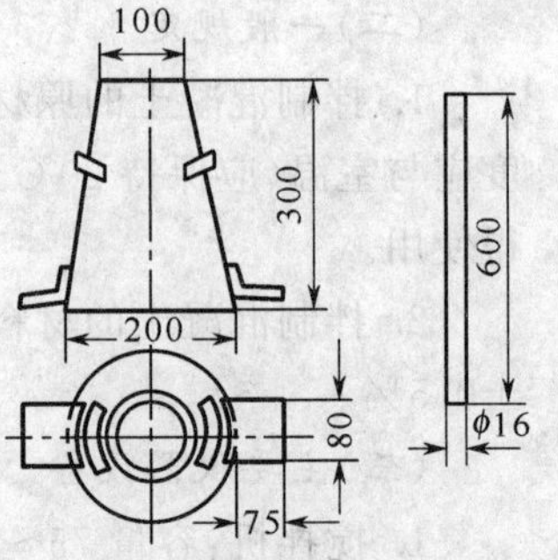

(1)坍落度筒:坍落度筒为由 1.5 mm 厚的钢板或其他金属制成的圆台形筒(图 6)。底面和顶面应互相平行并与锥体的轴线垂直。在筒外三分之二高度处安两个手把,下端应焊脚踏板。筒的内部尺寸:底部直径为 200 mm±2 mm,顶部直径为 100 mm±2 mm,高度为 300 mm±2 mm。

(2)捣棒(直径为 16 mm、长为 600 mm 的钢棒,端部应磨圆)、小铲、木尺、钢尺、拌板、镘刀等。

图 6 坍落度筒及捣棒(单位:)

2. 试验步骤

(1)湿润坍落度筒及其他用具,并把筒放在不吸水的刚性水平底板上,然后用脚踩住两边的脚踏板,使坍落度筒在装料时保持位置固定。

(2)把按要求取得的混凝土试样用小铲分三层均匀地装入筒内,使捣实后每层高度为筒高的三分之一左右。每层用捣棒插捣 25 次。插捣应沿螺旋方向由外向中心进行,各次插捣应在截面上均匀分布。插捣筒边混凝土时,捣棒可以稍稍倾斜。插捣底层时,捣棒应贯穿整个深度;插捣第二层和顶层时,捣棒应插透本层至下一层的表面。浇灌顶层时,混凝土应灌到高出筒口。插捣过程中,如混凝土沉落到低于筒口,则应随时添加。顶层插捣完后,刮去多余的混凝土并用抹刀抹平。

(3)清除筒边底板上的混凝土后,垂直平稳地提起坍落度筒。坍落度筒的提离过程应在 5~10 s 内完成。从开始装料到提起坍落度筒的整个进程应不间断地进行,并应在 150 s 内完成。

(4)提起坍落度筒后,量测筒高与坍落后混凝土试体最高点之间的高度差,即为该混凝土拌和物的坍落度值(以 mm 为单位,结果表达精确至 5 mm)。当混凝土拌和物的坍落度大于 220 mm 时,用钢尺测量混凝土扩展后最终的最大直径与最小直径,在这两个直径之差小于 50 mm 的条件下,用其算术平均值作为坍落扩展度值;否则,此次试验无效。

(5)坍落度筒提离后,如试体产生崩坍或一边剪坏现象,则应重新取样进行测定。如第二次仍出现这种现象,则表示该拌和物和易性不好,应予记录备查。

(6)测定坍落度后,观察拌和物的下述性质,并予以记录。

①黏聚性:用捣棒在已坍落的拌和物锥体侧面轻轻击打,如果锥体逐渐下沉,表示黏聚性良好;如果锥体倒塌、部分崩裂或出现离析,即为黏聚性不好。

②保水性:提起坍落度筒后,如有较多的稀浆从底部析出,锥体部分的拌和物也因失浆而骨料外露,则表明保水性不好;如无这种现象,则表明保水性良好。

3. 坍落度的调整

(1)在按初步计算备好试拌材料的同时,另外还须备好两份为调整坍落度用的水泥与水,后备用的水泥与水的比例应符合原定的水灰比,其数量可各为原来计算用量的 5% 和 10%。

(2)当测得拌和物的坍落度达不到要求,或黏聚性、保水性认为不满意时,可掺入备用的 5% 或 10% 的水泥和水;当坍落度过大时,可酌情增加砂和石子,尽快拌和均匀,重做坍落度测定。

(二)维勃稠度试验

本方法用于骨料最大粒径不大于 40 mm,维勃稠度在 5~30 s 之间的混凝土拌和物稠度测定。测定时需配制拌和物约 15 L。

1. 主要仪器设备

(1)维勃稠度仪(图7)的组成

①振动台:台面长 380 mm、宽 260 mm。振动频率为 50 Hz±3 Hz。装有空容器时,台面的振幅应为 0.5 mm±0.1 mm。

②容器:内径为 240 mm±5 mm,高为 200 mm±2 mm。

③旋转架:与测杆及喂料斗相连,测杆下部安装有透明且水平的圆盘。透明圆盘直径为 230 mm±2 mm,厚为 10 mm±2 mm。由测杆、圆盘及荷重块组成的滑动部分总质量应为 2750 g±50 g。

④坍落度筒及捣棒同坍落度试验,但筒没有脚踏板。

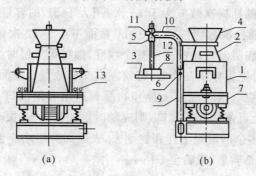

图 7　维勃稠度仪

1—容器;2—坍落度筒;3—透明圆盘;4—喂料斗;5—套筒;6—定位螺丝;7—振动态;
8—荷重;9—支柱;10—旋转架;11—测杆螺丝;12—测杆;13——固定螺丝

(2)其他

其他用具与坍落度试验相同。

2. 测定步骤

(1)将维勃稠度仪放置在坚实水平面上,用湿布将容器、坍落度筒、喂料斗内壁及其他用具擦湿。就位后,测杆、喂料斗的轴线均应和容器的轴线重合,然后拧紧圆头螺丝。

(2)将混凝土拌和物经喂料斗分三层装入坍落度筒。装料及捣插的方法同坍落度试验。

(3)将圆盘、喂料斗都转离坍落度筒,小心并垂直地提起坍落度筒,此时并应注意不使混凝土试体产生横向扭动。

(4)将圆盘转到混凝土圆台体上方,放松螺丝,降下圆盘,使它轻轻地接触到混凝土顶面。拧紧螺丝,同时开启振动台和秒表,当透明圆盘的底面被水泥浆布满的瞬间立即关闭振动台和秒表,记录时间,读数精确至 1 s。

由秒表读得的时间(s)即为该混凝土拌和物的维勃稠度值。

三、拌和物表观密度试验

(一)主要仪器设备

1. 容量筒:容量筒是金属制成的圆筒,两旁装有手把。对骨料最大粒径不大于 40 mm 的拌和物采用容积为 5L 的容量筒,其内径与筒高均为 186 mm±2 mm,筒壁厚为 3 mm;骨料最大粒径大于 40 mm 时,容量筒的内径与筒高均应大于骨料最大粒径的 4 倍,容量筒上缘及内壁应光滑平整,顶面与底面应平行并与圆柱体的轴垂直。

2. 台秤:称量 100 kg,感量 50 g。

3. 振动台:振动频率应为 50 Hz±3 Hz,空载时的振幅应为 0.5 mm±0.1 mm。

4. 捣棒:直径 16 mm、长 600 mm 的钢棒,端部应磨圆。

(二)测定步骤

1. 用湿布把容量筒内外擦干净,称出容量筒质量(精确至 50 g)。

2. 混凝土的装料及捣实方法应根据拌和物的稠度而定。坍落度不大于 70 mm 的混凝土,用振动台振实为宜,大于 70 mm 的用捣棒捣实为宜。

采用捣棒捣实时,应根据容量筒的大小决定分层与插捣次数。用 5L 容量筒时,混凝土拌和物应分两层装入,每层的插捣次数应大于 25 次;用大于 5L 的容量筒时,每层混凝土的高度不应大于 100 mm,每层插捣次数应按每 100 cm² 截面不小于 12 次计算。各次插捣应均匀地分布在每层截面上,插捣底层时捣棒应贯穿整个深度,插捣第二层时捣棒应插透本层至下一层的表面。每一层捣完后可把捣棒垫在筒底,将筒左右交替地颠击地面各 15 次。

采用振动台振实时,应一次将混凝土拌和物灌到高出容量筒口,装料时可用捣棒稍加插捣。振动过程中如混凝土沉落到低于筒口,则应随时添加混凝土,振动直至表面出浆为止。

3. 用刮尺齐筒口将多余的混凝土拌和物刮去,表面如有凹陷应予填平。将容量筒外壁擦净,称出混凝土与容量筒总质量(精确至 50 g)。

(三)结果计算

混凝土拌和物表观密度 ρ_h(kg/m³)按下式计算:

$$\rho_h = \frac{W_2 - W_1}{V} \times 1\,000 \tag{18}$$

式中　W_1——容量筒质量(kg);

W_2——容量筒及试样总质量(kg);

V——容量筒容积(L)。

试验结果的计算精确至 10 kg/m³。

四、普通混凝土立方体抗压强度试验

本试验采用立方体试件,以同一龄期者为一组,每组至少为三个同时制作并同样养护的混凝土试件。

(一)主要仪器设备

1. 压力试验机:试验机的精度(示值的相对误差)应不低于±1%,其量程应能使试件的预期破坏荷载值不小于全量程的 20%,也不大于全量程的 80%。试验机应按计量仪表使用规定进行定期检查,以确保试验机工作的准确性。

2. 振动台:振动台的振动频率为 50 Hz±3 Hz,空载振幅约为 0.5 mm。

3. 试模:试模由铸铁或钢制成,应具有足够的刚度并拆装方便。试模内表面应经机械加工,其不平度应为每 100 mm 不超过 0.04 mm,组装后各相邻面的不垂直度应不超过±0.3°。

4. 捣棒、小铁铲、金属直尺、镘刀等。

(二)试件的制作

1. 每一组试件所用的混凝土拌和物应从同一次拌和成的拌和物中取出。

2. 制作前,应将试模洗干净,并将试模的内表面涂以一薄层矿物油脂或其他脱模剂。

3. 坍落度不大于 70 mm 的混凝土用振动台振实。将拌和物一次装入试模,并稍有富余,然后将试模放在振动台上,用固定装置予以固定。开动振动台,至拌和物表面呈现水泥浆时为止,记录振动时间。振动结束后用镘刀沿试模边缘将多余的拌和物刮去,并随即用镘刀将表面抹平。

坍落度大于 70 mm 的混凝土,采用人工捣实。混凝土拌和物分两层装入试模,每层厚度大致相等。插捣按螺旋方向从边缘向中心均匀进行。插捣底层时,捣棒应达到试模底面;插捣上层时,捣棒应穿入下层深度 20～30 mm。插捣时,捣棒保持垂直,不得倾斜,并用抹刀沿试模内壁插入数次,以防止试件产生麻面。一般每 100 cm² 面积应不少于 12 次。然后刮除多余的混凝土,并用镘刀抹平。

(三)试件的养护

1. 采用标准养护的试件,成型后应覆盖表面,以防止水分蒸发,并应在温度为 20℃±5℃ 情况下静置一昼夜至两昼夜,然后编号拆模。

拆模后的试件应立即放在温度为 20℃±2℃、湿度为 95% 以上的标准养护室中养护。在标准养护室内,试件应放在架上,彼此间隔为 10～20 mm,并应避免用水直接冲淋试件。

2. 无标准养护室时,混凝土试件可在温度为 20℃±2℃ 的不流动水中养护。水的 pH 值不应小于 7。

3. 与构件同条件养护的试件成型后,应覆盖表面。试件的拆模时间可与实际构件的拆模时间相同。拆模后,试件仍需保持同条件养护。

(四)抗压强度试验

1. 试件从养护室取出后,应尽快进行试验,以免试件内部的温、湿度发生显著变化。先将试件擦拭干净,测量尺寸,并检查其外观。试件尺寸测量精确至 1 mm,并据此计算试件的承压面积。如实测尺寸与公称尺寸之差不超过 1 mm,可按公称尺寸进行计算。

试件不得有明显缺损,其承压面的不平度要求为每 100 mm 不超过 0.05 mm,承压面与相邻面的不垂直度偏差应不超过 ±1°。

2. 将试件安放在下承压板上,试件的承压面应与成型时的顶面垂直。试件的中心应与试验机下压板中心对准。开动试验机,当上压板与试件接近时,调整球座,使接触均衡。

3. 加压时,应连续而均匀地加荷。加荷速度应为:混凝土强度等级低于 C30 时,取 0.3～0.5 MPa/s;混凝土强度等级≥C30 时,取 0.5～0.8 MPa/s。当试件接近破坏而开始迅速变形时,停止调整试验机油门,直至试件破坏。记录破坏荷载 P(N)。

(五)试验结果计算

1. 混凝土立方体试件抗压强度 f_{cu}(MPa)按下式计算(精确至 0.1 MPa):

$$f_{cu} = \frac{P}{A} \tag{19}$$

式中　P——破坏荷载(N);

　　　A——受压面积(mm²);

　　　f_{cu}——混凝土立方体试件抗压强度(MPa)。

2. 以三个试件的算术平均值作为该组试件的抗压强度值(精确至 0.1 MPa)。

如果三个测定值中的最小值或最大值中有一个与中间值的差异超过中间值的15%,则把最大及最小值一并舍除,取中间值作为该组试件的抗压强度值。如最大和最小值与中间值相差均超过15%,则此组试验作废。

3. 混凝土的抗压强度是以150 mm×150 mm×150 mm 的立方体试件的抗压强度为标准。采用其他尺寸试件的测定结果,均应换算成边长为150 mm立方体试件的标准抗压强度,换算时分别乘以表2中的换算系数。

表 2   不同试件尺寸可用骨料的最大粒径、插捣次数及抗压强度换算系数

试件尺寸(mm)	骨料最大粒径(mm)	每层插捣次数(次)	抗压强度换算系数
100×100×100	31.5	12	0.95
150×150×150	40	25	1
200×200×200	63	50	1.05

五、混凝土劈裂抗拉强度试验

混凝土的劈裂抗拉强度试验是在立方体试件的两个相对的表面素线上作用均匀分布的压力,使在荷载所作用的竖向平面内产生均匀分布的拉伸应力,当拉伸应力达到混凝土极限抗拉强度时,试件将被劈裂破坏,从而可以测出混凝土的劈裂抗拉强度。

(一)主要仪器设备

1. 压力机:压力机容量200~300 kN,要求同混凝土抗压强度试验要求。

2. 试模:同"普通混凝土抗压强度试验"中的规定。

3. 垫层:垫层应为木质三合板。其尺寸为:宽 $b=15\sim20$ mm,厚 $t=3\sim4$ mm,长 $L\geqslant$立方体试件的边长。垫层不得重复使用。

4. 垫条:在试验机的压板与垫层之间必须加放直径为150 mm 的钢制弧形垫条,其长度不得短于试件边长,其截面尺寸如图8(b)。

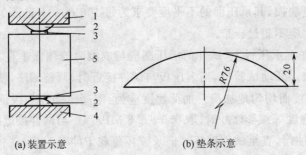

(a)装置示意   (b)垫条示意

图 8   混凝土劈裂抗拉强度试验装置图

1—压力机上压板;2—垫条;3—垫层;4—压力机下压板;5—试件

(二)测定步骤

1. 试件从养护室中取出后,应及时进行试验。在试验前,试件应保持与原养护地点相似的干湿状态。将试件擦拭干净,测量尺寸,检查外观,并在试件侧面中部划线定出劈裂面的位置。劈裂面应与试件成型时的顶面垂直。

2. 量出劈裂面的边长(精确至1 mm),并据此计算试件的劈裂面面积。如实测尺寸与公

称尺寸之差不超过 1 mm,可按公称尺寸计算。

试件承压区的不平度应为每 100 mm 不超过 0.05 mm,承压线与相邻面的不垂直度应不超过±1°。

3. 将试件放在压力机下压板的中心位置。在上下压板与试件之间加垫层和垫条,使垫条的接触母线与试件上的荷载作用线准确对齐,如图 8(a)。

4. 加荷时必须连续而均匀地进行,使荷载通过垫条均匀地传至试件上。加荷速度为:混凝土强度等级低于 C30 时,取 0.02~0.05 MPa/s;强度等级高于 C30 时,取 0.05~0.08 MPa/s。

在试件临近破坏开始急速变形时,停止调整试验机油门,继续加荷,直至试件破坏,记录破坏荷载(P)。

(三)试验结果计算

1. 劈裂抗拉强度按下式计算(精确至 0.01 MPa):

$$f_{ts}=\frac{2P}{\pi A}=0.637\times\frac{P}{A} \tag{20}$$

式中　　f_{ts}——劈裂抗拉强度(MPa);

　　　　P——破坏荷载(N);

　　　　A——试件劈裂面积(m²)。

2. 以三个试件的算术平均值作为该组试件的劈裂抗拉强度值(精确至 0.01 MPa)。其异常数据的取舍原则同"混凝土抗压强度试验"。

3. 采用边长为 150 mm 的立方体试件作为标准试件。如采用边长为 100 mm 的立方体试件,则测得的结果应乘以换算系数 0.85。

试验五　建筑砂浆试验

一、稠度试验(《建筑砂浆基本性能试验方法》JGJ/T 70—2009)

本方法适用于确定配合比或施工过程中控制砂浆的稠度,以达到控制用水量的目的。

(一)仪器设备

1. 砂浆稠度测定仪:砂浆稠度测定仪(图 9)由支架、底座、带滑杆的圆锥体(高度为 145 mm,锥底直径为 75 mm,质量为 300 g)、刻度盘、齿轮测杆及盛砂浆的截头圆锥形金属筒(高度为 180 mm,锥底内径为 150 mm)组成。

2. 砂浆搅拌锅、拌铲、捣棒(直径为 10 mm,长为 350 mm,一端呈半球形钢筋棒)、量筒、秒表等。

(二)测定步骤

1. 将盛浆容器和圆锥体试锥表面用湿布擦干净,并用少量润滑油擦滑杆,再将滑杆上多余的油用吸油纸擦净,使滑杆能自由滑动。

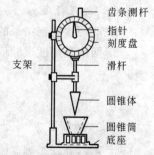

图 9　砂浆稠度测定仪

2. 将搅拌好的砂浆一次装入稠度测定仪的圆锥形金属容器内,装满至距容器上口约 1 cm 为止。用捣棒自筒边向中心插捣 25 次,然后将容器轻轻振动或敲击 5~6 次,使砂浆表面平整,随后将筒移至测定仪底座上。

3. 放松固定螺丝，放下滑杆与圆锥体，对准容器的中心，使圆锥体尖端接触到砂浆表面，扭紧固定螺丝，压下齿轮杆与滑杆顶端接触，读出刻度盘上指针读数，然后松开固定螺丝，使圆锥体自由沉入砂浆中 10 s。在刻度盘上读出圆锥体下沉距离（精确至 1 mm），即为砂浆的稠度值。

4. 圆锥形容器内的砂浆，只允许测定一次稠度，重复测定时应重新取样测定。

（三）结果评定

取两次测定结果的算术平均值作为砂浆稠度测定结果（计算精确至 1 mm）。如两次测定值之差大于 20 mm，则应另取砂浆搅拌后重新测定。

二、分层度试验（JGJ/T 70—2009）

本方法适用于测定砂浆拌和物在运输、停放时内部组分的稳定。

（一）仪器设备

1. 砂浆分层度桶（图 10）：内径为 150 mm，上节高度为 200 mm，下节带底净高为 100 mm，用金属板制成，上、下连接处需加宽到 3～5 mm，并设有橡胶垫圈。

2. 水泥胶砂振动台：振幅为（0.85±0.05）mm，频率为（50±3）Hz。

3. 稠度仪、木槌等。

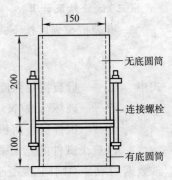

图 10 砂浆分层度测定仪
（单位：mm）

（二）试验步骤

1. 首先将砂浆拌和物按稠度试验方法测定稠度。

2. 将砂浆拌和物一次装入分层度桶内，待装满后用木槌在容器周围距离大致相等的四个不同地方轻轻敲击 1～2 下。如砂浆沉入到低于筒口，则应随时添加砂浆，然后刮去多余的砂浆并用抹刀抹平。

3. 静置 30 min 后，去掉上节 200 mm 砂浆，剩余 100 mm 砂浆倒出放在搅拌锅内拌 2 min，再按稠度试验方法测定稠度。前后测得的稠度之差为该砂浆的分层度值。

（三）结果评定

1. 取两次测定结果的算术平均值作为砂浆分层度值。

2. 两次分层度试验值之差如大于 10 mm，应重做试验。

试验六 钢筋试验

一、一般规定

1. 钢筋的检查和验收按照《混凝土结构工程施工质量验收规范》（GB 50204）的规定进行。钢筋应该分批进行检查和验收，每批应该由同一牌号、同一炉罐号、同一规格的钢筋组成。允许同一牌号、同一冶炼方法、同一浇铸方法的不同炉罐号组成混合批，但各炉罐号含碳量之差不大于 0.02%，含锰量之差不大于 0.15%。

2. 钢筋应有出厂证明书或试验报告单。验收时应抽样做机械性能试验，包括拉伸试验和冷弯试验两个项目。两个项目中如有一个项目不合格，该批钢筋即为不合格品。

3. 直径为 12 mm 或小于 12 mm 的热轧Ⅰ级钢筋有出厂证明书或试验报告单时,可不再做机械性能试验。

4. 钢筋在使用中如有脆断、焊接性能不良或机械性能显著不正常时,尚应进行化学成分分析。

5. 取样方法和结果评定规定:自每批钢筋中任意抽取 4 根,于每根距端部 50 cm 处截取一定长度的钢筋做试样,两根做拉伸试验,另两根做冷弯试验。在拉伸试验的两根试件中,如其中一根试件的屈服点、抗拉强度和伸长率三个指标中有一个指标达不到钢筋标准中规定的数值,应再抽取双倍(4 根)钢筋,制取双倍试件重做试验。如仍有一根试件的一个指标达不到标准要求,则不论这个指标在第一次试件中是否达到标准要求,拉伸试验项目也作为不合格。在冷弯试验中,如有一根试件不符合标准要求,应同样抽取双倍钢筋制成双倍试件重做试验。如仍有一根试件不符合标准要求,冷弯试验项目即为不合格。

6. 试验应在 20℃±10℃ 下进行。如试验温度超出这一范围,应于试验记录和报告中注明。

二、拉伸试验

(一)主要仪器设备

1. 万能材料试验机:为保证机器安全和试验准确,其吨位选择最好是使试件达到最大荷载时指针位于第三象限内。试验机的测力示值误差不大于 1%。

2. 量爪游标卡尺(精确度为 0.1 mm)。

(二)试件制作和准备

1. 抗拉试验用钢筋试件不得进行车削加工,可以用两个或一系列等分小冲点或细划线标出原始标距(标记不应影响试件断裂),测量标距长度 L_0(精确至 0.1 mm),如图 11 所示。计算钢筋强度用横截面积采用表 3 所列公称横截面积 A(mm²)。

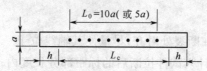

图 11　钢筋拉伸试件

a—试件原始直径;L_0—标距长度;h—夹头长度;L_c—试样平行长度

表 3　钢筋的公称横截面积

公称直径(mm)	公称横截面积(mm²)	公称直径(mm)	公称横截面积(mm²)
8	50.27	22	380.1
10	78.54	25	490.9
12	113.1	28	615.8
14	153.9	32	804.2
16	201.1	36	1018
18	254.5	40	1257
20	3142	50	1964

（三）屈服强度和抗拉强度测定

1. 调整试验机测力度盘的指针,使之对零,并拨动副指针,使之与主指针重叠。

2. 将试件固定在试验机夹头内,开动试验机进行拉伸。拉伸速度为:屈服前,应力增加速率按表4规定,并保持试验机控制器固定于这一速率位置上,直至该性能测出为止;屈服后或只需测定抗拉强度时,试验机活动夹头在荷载下的移动速度不大于 $0.5L_c/min$。

表 4　屈服前的加荷速率

金属材料的弹性模量（MPa）	应力速率（MPa/s）	
	最　小	最　大
＜150 000	1	10
～＞150 000	3	30

3. 拉伸中,测力度盘的指针停止转动时的恒定荷载,或第一次回转时的最小荷载,即为所求的屈服点荷载 $F(N)$,按下式计算试件的屈服点:

$$R_{eL} = \frac{F}{A} \tag{21}$$

当 $R_{eL} > 1\,000$ MPa 时,应计算至 10 MPa;R_{eL} 为 200～1 000 MPa 时,计算至 5 MPa;$R_{eL} \leq 200$ MPa 时,计算至 1 MPa。小数点数字按"四舍六入五单双法"处理。

4. 向试件连续加荷直至拉断,由测力度盘读出最大荷载 $F(N)$。按下式计算试件的抗拉强度:

$$R_m = \frac{F}{A} \tag{22}$$

R_m 计算精度的要求同 R_{eL}。

（四）伸长率测定

1. 将已拉断试件的两段在断裂处对齐,尽量使其轴线位于一条直线上。如拉断处由于各种原因形成缝隙,则此缝隙应计入试件拉断后的标距部分长度内。

2. 如拉断处到邻近的标距点的距离大于 $L_0/3$ 时,可用卡尺直接量出已被拉长的标距长度 L_1(mm)(精确至 0.1 mm)。

3. 如拉断处到邻近的标距端点的距离小于或等于 $L_0/3$ 时,可按下述移位法确定 L_1:在长段上,从拉断处 O 点取基本等于短段格数,得 B 点;接着取等于长段所余格数[偶数,图 12(a)]的一半,得 C 点;或者取所余格数[奇数,图 12(b)]减 1 与加 1 之半,得 C 与 C_1 点。移位后的 L_1 分别为 $AO+OB+2BC$ 或者 $AO+OB+BC+BC_1$。

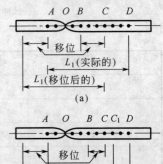
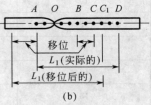

如用直接量测所求得的伸长率能达到技术条件的规定值,则可不采用移位法。

4. 按下式计算伸长率(精确至 1%):

$$A_{10}(\text{或 } A_5) = \frac{L_1 - L_0}{L_0} \times 100\% \tag{23}$$

图 12　用移位法测量断后标距 L_1

式中　A_{10}, A_5——$L_0 = 10d$ 和 $L_0 = 5d$ 时的伸长率;

　　　　L_0——原标距长度 10d 或 5d(mm)。

5. 如试件在标距端点上或标距外断裂,则试验结果无效,应重做试验。

三、冷弯试验

(一)主要仪器设备

压力机或万能试验机,同时还应有不同直径的弯心(弯心直径按有关标准规定)。

(二)试验步骤

1. 钢筋冷弯试件不得进行车削加工,试件长度通常按下式确定:

$$L \approx 5a + 150(\text{mm}) \tag{24}$$

式中　a——试件原始直径(mm)。

2. 半导向弯曲

试样一端固定,绕弯心直径进行弯曲,如图 13(a)所示,试样弯曲到规定的角度或出现裂纹、裂缝或断裂为止。

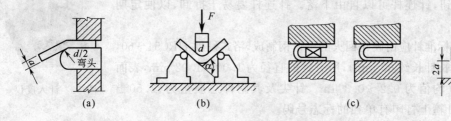

图 13　弯曲试验示意图

3. 导向弯曲

(1)试样放置于两个支点上,将一定直径的弯心在试样的两个支点中间施加压力,使试样弯曲到规定的角度,如图 13(b),或出现裂纹、裂缝、断裂为止。

(2)试样在两个支点上按一定弯心直径弯曲至两臂平行时,可一次完成试验,亦可先弯曲到图 12(b)所示的状态,然后放置在试验机平板之间继续施加压力,压至试样两臂平行。此时可以加与弯心直径相同尺寸的衬垫进行试验,如图 13(c)。

当试样需要弯曲至两臂接触时,首先将试样弯曲到图 13(b)所示的状态,然后放置在试验机两平板间继续施加压力,直至两臂接触,如图 13(d)。

(3)试验应在平稳压力作用下缓慢施加试验压力。两支辊间距离为($d + 2.5a$)±$0.5a$,并且在试验过程中不允许有变化。

(4)试验应在 10~35℃ 或控制条件 23℃±5℃ 下进行。

(三)试验结果

弯曲后,按有关标准规定检查试样弯曲外表面,进行结果评定。若无裂纹、裂缝或断裂,则评定试样合格。

试验七　石油沥青试验

一、沥青针入度试验

(一)试验目的、依据

测定石油沥青的针入度指标,了解沥青的粘结性,并作为评定石油沥青牌号的依据。本方法依据《沥青针入度测定法》(GB/T 4509—2010)测定沥青的针入度。

(二)主要仪器设备

1. 针入度仪:能使针连杆在无明显摩擦下垂直运动,并能指示穿入深度精确到 0.1 mm 的仪器均可以使用,如图 14 所示。针连杆的质量为 (47.5±0.05)g。针和针连杆的总质量为(50±0.05)g,另外仪器附有 (50±0.05)g 和(100±0.05)g 的砝码各一个,使组成(100±0.05)g 和 (200±0.05)g 载荷以满足试验所需载荷条件。仪器设有放置平底玻璃皿的平台,并有可调水平的机构,针连杆应与平台垂直。仪器设有针连杆制动按钮,紧压按钮,针连杆可以自由下落。针连杆要易于拆卸,以便定期检查其质量。

图 14　针入度仪

2. 标准针:标准针应由硬化回火的不锈钢制成,洛式硬度 HRC54～60,针长约 50 mm(长针长约 60 mm),所有针的直径为 1.00～1.02 mm,表面粗糙度的算术平均值为 0.2～0.3 μm。针尖及其附件总质量为(2.50± 0.05)g。每个针箍上打印有单独的标志号码。

3. 试样皿:应使用金属或玻璃的圆柱形平底容器,最小尺寸如表 5 所示。

表 5　试样皿尺寸

针入度范围	直径(mm)	深度(mm)
小于 40	33～55	8～16
小于 200	55	35
200～350	55～75	45～70
350～500	55	70

4. 恒温水浴:容量不小于 10 L,能保持温度在试验温度的±0.1℃范围内。水浴中距水底部 50 mm 处有一个带孔的支架,支架离水面至少 100 mm。如果针入度测定时在水浴中进行,支架应能支撑针入度仪。

5. 平底玻璃皿:平底玻璃皿的容量不小于 350 mL,深度要没过最大的样品皿。内设一个不锈钢支架,以保证试样皿稳定。

6. 计时器:刻度为 0.1 s 或小于 0.1 s,60 s 内的准确度达到±0.1 s 的任何计时装置均可使用。直接连到针入度仪上的任何计时设备都应进行精确校正以提供±0.1 s 的时间间隔。

7. 温度计:刻度范围−8～55℃,分度值为 0.1℃。

(三)样品制备

1. 加热样品,不断搅拌以防局部过热,加热到样品能够易于流动。加热时焦油沥青的加热温度不超过软化点的 60℃,石油沥青不超过软化点的 90℃。加热时间在保证样品充分流动的基础上应尽量少。加热、搅拌过程中避免试样中进入气泡。

2. 将试样倒入试样皿中,试样深度应至少是预计锥入深度的 120%。盖住试样皿以防灰尘落入。

3. 将盛有试样的试样皿在 15～30℃的室温下,冷却 45min～1.5h(小试样皿 ϕ33 mm× 16 mm)、1 h～1.5 h(中等试样皿 ϕ55 mm×35 mm)、1.5 h～2.0 h(较大试样皿)后,将试样皿和平底玻璃皿一起放入测试温度的水浴中,在规定的试验温度下恒温 45 min～1.5 h(小试样皿)、1 h～1.5 h(中等试样)、1.5 h～2.0 h(更大试样皿),水面应没过试样表面 10 mm 以上。

(四)试验步骤

1. 调节针入度仪水平,检查针连杆和导轨,确保上面无水和其他物质。如果预测针入度超过 350 应选择长针,否则用标准针。用合适的溶剂将针擦干净,用干净布擦干,固紧好针,放好规定质量的砝码。

2. 如果测试时针入度仪是在水浴中,则直接将试样皿放在浸在水中的支架上,将试样完全浸在水中。如果试验时针入度仪不在水浴中,则将已恒温到试验温度的试样皿放在平底玻璃皿中的三角支架上,用与水浴相同温度的水完全覆盖样品,将平底玻璃皿放置在针入度仪的平台上。慢慢放下针连杆,使针尖刚刚接触到试样的表面,必要时用放置在合适位置的光源观察针头位置使针尖与水中针头的投影刚刚接触为止。轻轻拉下活杆,使其与针连杆顶端相接触,调节针入度仪的表盘读数指零或归零。

3. 在规定时间内快速释放针连杆,同时启动秒表或计时装置,使标准针自由下落穿入沥青试样中,到规定时间使标准针停止移动。

4. 拉下活杆,再使其与针连杆顶端相接触,此时表盘指针的读数即为试样的针入度;或自动方式停止锥入,通过数据显示设备直接读出锥入深度数值,得到针入度,用 1/10 mm 表示。

5. 同一试样至少重复测定三次。每一试验点的距离及试验点与试样皿边缘的距离都不得小于 10 mm,每次试验前都应将试样和平底玻璃皿放入恒温水浴中,每次测定都要用干净的针。当针入度小于 200 时,可将针取下用合适的溶剂擦净后继续使用。当针入度超过 200 时,每个试样皿中扎一针,三个试样皿得到三个数据。或者每个试样至少用三根针,每次测定后将针留在试样中,直到三次测定完毕后再将针从试样中取出。这样测得的针入度的最高值和最低值之差,不得超过规定——同一操作者在同一试验室用同一台仪器对同一样品测得的两次结果不超过平均值的 4%。

(五)报   告

1. 取三次测定针入度的平均值,取至整数,作为试验结果。三次测定的针入度至相差不得大于表 6 中的数值。

表 6   针入度测定允许最大差值   单位:1/10 mm

针入度	0～49	50～149	150～249	250～350	350～500
最大差值	2	4	6	8	20

2. 如果误差超过了这一范围,利用前样品制备中的第 2 条所说明的第二个样品重复试验。

3. 如果结果再次超过允许值,则取消所有的试验结果,重新进行试验。

二、延度测定

本试验依据《沥青延度测定法》(GB/T 4508—2010)。用规定的试件在一定温度下以一定速度拉伸至断裂时的长度,称为石油沥青的延度,以 cm 表示。非经特殊说明,试验温度为 25℃±0.5℃,延伸速度为 5 cm/min±0.5 cm/min。

(一)主要仪器设备

1. 延度仪:凡能将试件持续浸没于水中,按照 5 cm/min± 0.5 cm/min 速度拉伸试件的仪器均可使用,该仪器在启动时应无明显振动。

2. 试件模具:黄铜制造,由两个弧形端模和两个侧模组成,其形状及尺寸应符合图 15 的要求。

(a) 自动沥青延伸度测定仪

3. 水浴:容量至少为 10 L,能保持试验温度变化不大于 0.1℃,试件浸入水中深度不得小于 10 cm,水浴中设置带孔搁架,搁架距底部不得小于 5 cm。

4. 温度计:0~50℃,分度 0.1℃和 0.5℃各一支。

5. 隔离剂(按质量计甘油 2 份、滑石粉 1 份)、支撑板(黄铜板,一面应磨光至表面粗糙度为 Ra0.63)等。

(b) 延度模具

图 15 沥青延度仪及模具

(二)试验准备

1. 将模具组装在支撑板上,将隔离剂涂于支撑板表面和模具侧模的内表面。板上模具水平放好。

2. 加热样品,充分搅拌以防局部过热,直到样品容易倾倒。加热时焦油沥青的加热温度不超过软化点 60℃,石油沥青不超过软化点 90℃。加热时间在不影响样品性质和保证样品充分流动的基础上应尽量短。

3. 试件在 15~30℃的空气中冷却 30~40 min,然后放入 25℃±0.1℃的水浴中,保持 30 min 后取出,用热的直刀或铲将高出模具的沥青刮去,使沥青面与模面齐平。沥青的刮法应自模的中间刮向两边,表面应刮得十分光滑。将试件连同金属板再浸入 25℃±0.1℃的水浴中 1 ~1.5 h。

4. 将支撑板、模具和试件一起放入水浴中,在试验温度下保持 85~95 min。然后从板上取下试件,拆掉侧模,立即进行拉伸试验。

(三)试验步骤

1. 将模具两端的孔分别套在试验仪器柱上,然后以一定速度拉伸,直到试件拉伸断裂。拉伸速度允许误差在±5%以内,测量试件从拉伸到断裂所经过的距离,单位以 cm 计。

2. 如果沥青浮于水面或沉入槽底时,则试验不正常,应在水中加入乙醇或食盐水调整水的密度,使沥青材料既不浮于水面也不沉入槽底。

3. 正常的试验,应将试件拉成锥形或线形或柱形,在断裂时实际横断面接近为零或一均匀断面。如三次试验不能得到上述结果,则报告在该条件下延度无法测定。

(四)试验结果

取平行测定 3 个结果的平均值作为测定结果。若 3 次测定值不在其平均值的 5%以内,但其中两个较高值在平均值的 5% 之内,则弃去最低测定值,取两个较高值的平均值作为测定结果,否则重新测定。

三、软化点测定

将规定质量的钢球放在内盛规定尺寸金属环的试样盘上,以恒定的加热速度加热此组件,试样软到足以使被包在沥青中的钢球下落达 25.4 mm 时的温度,即为石油沥青的软化点,以℃表示。

(一)主要仪器设备

1. 沥青软化点测定仪(图 16)。

2. 水银温度计。

3. 电炉及其他加热器、黄铜板、筛、小刀(切沥青用)、甘油—滑石粉隔离剂(以质量计甘油 2 份、滑石粉 1 份)、新煮沸过的蒸馏水。

图 16　沥青软化点测定仪

(二)试验准备

1. 将黄铜环置于涂有隔离剂的黄铜板上。

2. 将预先脱水的试样加热熔化,不断搅拌,以防止局部过热,加热温度不得高于试样估计软化点 100℃,加热时间不超过 30 min。用筛过滤。将试样注入黄铜环内,至高出环面为止。若估计软化点在 120℃以上时,应将黄铜环与金属板预热至 80~100℃。

3. 试样在 15~30℃ 的空气中冷却 30 min 后,用热刀刮去高出环面的试样,使之与环面齐平。

4. 估计软化点低于 80℃ 的试样,将盛有试样的黄铜环及板置于盛满水的保温槽内,水温保持在 5℃±0.5℃,恒温 15 min。估计软化点高于 80℃ 的试样,将盛有试样的黄铜环及板置于盛满甘油的保温槽内,甘油温度保持在 32℃±1℃,恒温 15 min,或将盛试样的环水平地安放在环架中承板的孔内,然后放在盛有水或甘油的烧杯中,恒温 15 min,温度要求同保温槽。

5. 烧杯内注入新煮沸并冷却至 5℃ 的蒸馏水(估计软化点不高于 80℃ 的试样),或注入预先加热至约 32℃ 的甘油(估计软化点高于 80℃ 的试样),使水面或甘油面略低于环架连杆上的深度标记。

(三)试验步骤

1. 从水或甘油保温槽中取出盛有试样的黄铜环,放置在环架中承板的圆孔中,并套上钢球定位器把整个环架放入烧杯内,调整水面或甘油液面至深度标记,环架上任何部分均不得有气泡。将温度计由上承板中心孔垂直插入,使水银球底部与铜环下面齐平。

2. 将烧杯移放至有石棉网的三脚架上或电炉上,然后将钢球放在试样上(须使各环的平面在全部加热时间内完全处于水平状态)立即加热,使烧杯内水或甘油温度在 3 min 后保持每分钟上升 5℃±0.5℃,在整个测定中如温度的上升速度超出此范围时,则试验应重做。

3. 试样受热软化下坠至与下承板面接触时的温度,即为试样的软化点。

（四）试验结果

取平行测定的两个结果的算术平均值作为测定结果。重复测定两个结果间的差数不得大于表7的规定。

表7　软化点、允许差数

软化点,℃	允许差数,℃
<80	1
80～100	2
100～140	3

四、沥青混合料试验

（一）试验目的

依据《公路工程沥青及沥青混合料试验规程》(JTG E20—2011)测定沥青混合料的物理常数(表观密度、孔隙率、沥青饱和度)以及力学指标(稳定度和流值)，借以确定沥青混合料的组成配合比。

（二）试验仪器

1. 马歇尔试验仪：外形如图17所示。

图17　马歇尔试验仪

2. 标准击实仪：由击实锤、$\phi 98.5$ mm± 0.5 mm 平圆形压实头及带手柄的导向棒组成。用机械将击实锤提升至 457.2 mm± 1.5 mm 高度，沿着导向棒自由落下连续击实，标准击实锤质量(4 536$\pm$9)g。

3. 试模：内径 101.6 mm± 0.2 mm 和高 87.0 mm 的圆柱形钢筒。

4. 击实台：一台，在 200 mm$\times$200 mm$\times$457 mm 砍木墩上面放置一块 305 mm$\times$305 mm$\times$25 mm 的钢板，也可以用其他型式的击实台，但须与上述装置产生同样的击实效果。

5. 电烘箱：大、中型各一台，附有温度调节器。

6. 拌和设备：人工拌和用拌盘、锅和铁铲等，或采用能保温的试验室用小型拌和机。

7. 恒温水槽：附有温度调节器，容量最少能同时放置三组(至少九个)试件。

8. 布洛克菲尔德黏度计。

9. 温度计：分度值 1℃，量程 0～300℃。

10. 其他：脱模机、加热设备(电炉或煤气炉)、沥青熔化锅、天平或电子秤(称量沥青，感量不大于 0.1 g;称量矿料,感量不大于 0.5 g)、标准筛(按混合料级配尺寸而定)、插刀或大螺丝刀、拌和铲、滤纸(或普通纸)、胶布、卡尺、秒表、粉笔、棉纱、水桶、搪瓷盘(若干个,盛矿质集料用)等。

(三)试验准备工作

1. 确定制作沥青混合料试件的拌和温度与压实温度。

(1)按规范 JTG E20—2011 沥青的黏度,绘制黏温曲线。按表 8 的要求确定适宜沥青混合料拌和及压实的沥青等黏温度。

表 8　沥青混合料拌和及压实的沥青等黏温度

沥青结合料种类	黏度与测定方法	适宜于拌和的沥青结合料黏度	适宜于压实的沥青结合料黏度
石油沥青	表观黏度,规范中 T0625	0.17Pa·s±0.02 Pa·s	0.28Pa·s±0.03 Pa·s

(2)缺乏沥青黏度测定条件时,试件拌和与压实温度可按表 9 选用,并根据沥青品种和标号作适当调整。针入度小、稠度大的沥青取高限;针入度大、稠度小的沥青取低限,一般取中值。

表 9　沥青混合料拌和及压实温度参考表

沥青结合料种类	拌合温度(℃)	压实温度(℃)
石油沥青	140～160	120～150
改性沥青	160～175	140～170

(3)常温沥青混合料的拌和及压实在常温下进行。

2. 将石料及砂和石粉分别过筛、洗净,并分别装入浅盘中,置于 105±0.5℃的烘箱中烘干至恒重(一般不少于 4～6h),按集料试验方法测定各种矿料的视密度及矿料颗粒组成。

3. 各种矿料置烘箱中加热至沥青拌和温度以上约 15℃(采用石油沥青时为 163℃;采用改性沥青时为 180℃)备用。需要时,可将集料筛分成不同粒径,按级配要求配料。

4. 按照《公路工程沥青及沥青混合料试验规程》(JTG E20—2011)采取沥青试样,用烘箱加热至规定的沥青混合料拌和温度(根据沥青的品种和标号确定,加热至 120～180℃),但不得超过 175℃。

5. 将全套试模、击实座等放入 100℃烘箱中加热 1 h 备用。

(四)试件制备

1. 按照各种矿料在混合料中所占的配合比例,称出每一组试件(每组 4～6 个)或一个试件所需要的材料置于瓷盘中;将加热的粗细集料置于拌和机中,用小铲子适当混合;然后加入需要数量的热沥青,开动搅拌机使拌和叶片插入混合料中拌和 1～1.5 min;暂停拌和,加入加热的矿粉,继续拌和至均匀为止,并使沥青混合料保持在要求的拌和温度范围内。标准的总拌和时间为 3 min。

2. 称取拌好的一个试件所需的混合料用量约 1 200 g(当一次拌和几个试件时,宜将其倒入经预热的金属盘中,用小铲适当拌和均匀,分成几份,分别取用),用小铲铲入垫有一张滤纸的热试模中,并用插刀或大螺丝刀沿周边插捣 15 次,于中间插捣 10 次。

3. 将装好符合要求压实温度的混合料的试模放在击实台上,再垫上一张滤纸,把装有击实锤及导向棒的压实头放入试模中,开启电机,将击实锤从 457 mm 的高度自由落下,如此击实到规定的次数(50~75次)。达到击实次数后,将模型倒置,再以同样的次数击实另一面。

4. 卸去套模和底板,将试模放置到冷水中3~5 min后,置脱模器上脱出试件。

5. 压实后试件的高度应为(63.5±1.3)mm;如试件高度不符合要求时,试件作废,并按下式调整沥青混合料的用量至(63.5±1.3)mm 高度。

$$调整后混合料质量=\frac{要求试件高度×原用混合料质量}{所得试件的高度} \qquad (25)$$

6. 将试件仔细地放在平滑的台面上,在室温下静置12 h,测量其高度及密度。

(五)测定试件的表观密度

1. 测量试件的直径及高度:用卡尺测量试件中部的直径,用马歇尔试件高度测定器或用卡尺在十字对称的4个方向测量试件边缘10 mm处的高度,准确至0.1 mm,并以其平均值作为试件的高度。如试件高度不符合(63.5±1.3)mm 或两侧高度差大于2 mm,此试件作废。

2. 质量(如试件空隙率较大时应采用蜡封法),准确至0.1 g,并计算试件的表观密度。

(六)稳定度与流值的测定

1. 将测定密度后的试件置于(60±1)℃(石油沥青)或(33.8±1)℃(煤沥青)的恒温水槽中保持30~40 min,试件间应有间隔,底下距水槽底部不小于5 cm。

2. 将上下压头内面拭净,必要时在导棒上涂以少许机油,使上压头能自由滑动。从水槽中取出试样放在下压头上,再盖上上压头,然后装在加载设备上。

3. 当采用自动马歇尔试验仪时,将自动马歇尔试验仪的压力传感器、位移传感器与计算机或 X-Y 记录仪正确连接,调整好适宜的放大比例,压力和位移传感器调零。

4. 当采用压力环和流值计时,将流值计安装在导棒上,使导向套管轻轻地压着上压头,同时调整流值计读数归零。

5. 在上压头的球座上放妥钢球,并对准应力环下的压头,然后调整应力环中的百分表归零。

6. 启动加载设备,使试件承受荷载,加荷速度为(50±5)mm/min,当达到最大荷载时,荷载开始减小的瞬息,取下流值计,读取应力环中百分表的读数及流值计读数。

7. 从恒温水槽中取出试件至测出最大荷载值的时间,不应超过30 s。

(七)试验数据处理与计算

1. 当采用自动马歇尔试验仪时,将计算机采集的数据绘制成压力和试件变形曲线,或由 X-Y 记录仪自动记录的荷载—变形曲线,按图18所示的方法在切线方向延长曲线与横坐标相交于 O_1,将 O_1 作为修正原点,从 O_1 起量取相应于荷载最大值时的变形作为流值(FL),以 mm 计,准确至0.1 mm。最大荷载即为稳定度(MS),以 kN 计,准确至0.01 kN。

2. 采用压力环和流值计测定时,根据应力环标定曲线,将应力环中百分表的读数换算为荷载值,或者荷载测定装置读取的最大值即为试件的稳定度(MS),以 kN 计,准确至0.01 kN。

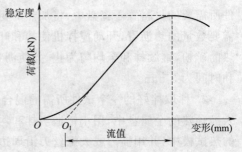

图18 马歇尔试验结果的修正方法

3. 试件的马歇尔模数按下式计算：

$$T = \frac{MS}{FL} \qquad (26)$$

式中　T——试件的马歇尔模数(kN/mm)；

　　MS——试件的稳定度(kN)；

　　FL——试件的流值(mm)。

4. 由流值计及位移传感器测定装置读取的试件垂直变形，即为试件的流值(FL)，以 mm 计，准确至 0.1 mm。

5. 计算出试件的空隙率、沥青体积百分率、沥青饱和度及矿料的间隙率等体积指标。

6. 报告。

(1)当一组测定值中某个测定值与平均值之差大于标准差的 k 倍时，该测定值应予舍弃，并以其余测定值的平均值作为试验结果。当试件数目 n 为 3、4、5、6 个时，k 值分别为 1.15、1.46、1.67、1.82。

(2)报告中需列出马歇尔稳定度、流值、马歇尔模数，以及试件尺寸、密度、空隙率、沥青用量、沥青体积百分率、沥青饱和度、矿料间隙率等各项物理指标。

参 考 文 献

[1] 柯国军. 土木工程材料[M]. 北京:北京大学出版社,2006.

[2] 葛勇. 土木工程材料学[M]. 北京:中国建材工业出版社,2007.

[3] 王元纲,李洁,周文娟. 土木工程材料[M]. 北京:人民交通出版社,2010.

[4] 杨彦克,李固华,潘绍伟. 建筑材料[M]. 成都:西南交通大学出版社,2013.

[5] 陈宝璠. 市政工程材料[M]. 北京:中国水利水电出版社,2012.

[6] 李东侠. 建筑材料[M]. 北京:北京理工大学出版社,2012.

[7] 白宪臣. 土木工程材料[M]. 北京:中国建筑工业出版社,2011.

[8] 湖南大学,天津大学,同济大学,等. 土木工程材料[M]. 北京:中国建筑工业出版社,2011.

[9] 李美娟. 土木工程材料实验[M]. 北京:中国石化出版社,2012.

[10] 彭小琴. 土木工程材料[M]. 重庆:重庆大学出版社,2013.

[11] 肖力光. 土木工程材料[M]. 北京:化学工业出版社,2013.

[12] 霍洪媛. 土木工程材料[M]. 北京:中国水利水电出版社,2012.

[13] 钱晓倩. 建筑工程材料[M]. 杭州:浙江大学出版社,2009.

[14] 余丽武. 土木工程材料[M]. 南京:东南大学出版社,2011.

[15] 符芳. 建筑材料[M]. 南京:东南大学出版社,2006.

[16] 张巨松. 混凝土学[M]. 哈尔滨:哈尔滨工业大学出版社,2011.

[17] 张丹. 土木工程材料实验指导[M]. 长春:吉林教育出版社,2007.

[18] 陈立军,等. 混凝土及其制品工艺学[M]. 北京:中国建筑工业出版社,2012.

[19] 曾正明. 建筑装饰材料速查手册[M]. 北京:机械工业出版社,2008.